深度学习

算法入门与
Keras 编程实践

李易 ◎ 编著

DEEP LEARNING

INTRO TO ALGORITHM AND
KERAS IMPLEMENTATION
PRACTICES

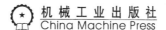

机械工业出版社
China Machine Press

图书在版编目（CIP）数据

深度学习：算法入门与 Keras 编程实践 / 李易编著 . — 北京：机械工业出版社，2021.2
ISBN 978-7-111-67415-3

Ⅰ. ①深…　Ⅱ. ①李…　Ⅲ. ①机器学习　Ⅳ. ① TP181

中国版本图书馆 CIP 数据核字（2021）第 012495 号

　　深度学习作为人工智能领域的"排头兵"，将在未来的新一轮产业升级中起到至关重要的作用。本书以"理论＋实践"的形式帮助读者快速建立深度学习知识体系，使读者不仅能在算法层面上理解各种神经网络模型，而且能借助功能强大且极易上手的 Keras 框架，熟练地搭建和训练模型，应用于解决实际问题。

　　全书共 12 章，内容涵盖入门深度学习的绝大部分基础知识。第 1 章讲解如何搭建深度学习的编程环境，并简单回顾了学习深度学习必备的数学知识。第 2 章从回归算法出发带领读者踏上深度学习之路。第 3 ~ 9 章全面讲解时下几种主流的神经网络结构，包括多层感知机（MLP）、卷积神经网络（CNN）、循环神经网络（RNN）、自动编码器（AE）、变分自动编码器（VAE）、对抗生成网络（GNN）等。第 10 ~ 12 章着重介绍时下几类主流的深度学习应用，包括图像识别、目标检测和自然语言处理等。无论是算法原理还是编程实践，本书都从易到难、循序渐进地讲解，并配合简单轻松的实例帮助读者加深印象。

　　本书不仅适用于需要在工作中应用深度学习技术的专业人员，而且适用于具备一定计算机编程基础的人工智能和深度学习爱好者。对于大专院校相关专业的师生，本书也是一本不错的参考读物。

深度学习：算法入门与 Keras 编程实践

出版发行：机械工业出版社（北京市西城区百万庄大街 22 号　邮政编码：100037）

责任编辑：迟振春　　　　　　　　　　　　责任校对：庄　瑜
印　　刷：中国电影出版社印刷厂　　　　　版　　次：2021 年 4 月第 1 版第 1 次印刷
开　　本：185mm×260mm　1/16　　　　　印　　张：16.5
书　　号：ISBN 978-7-111-67415-3　　　　定　　价：89.80 元

客服电话：（010）88361066　88379833　68326294　　　投稿热线：（010）88379604
华章网站：www.hzbook.com　　　　　　　　　　　　　　读者信箱：hzit@hzbook.com

PREFACE 前言

随着现代化计算机科学的发展以及计算机运算能力的提升，人工智能得以高速发展并迅速走进我们的生活和工作之中。而深度学习作为人工智能领域的"排头兵"，经过十多年的发展，已经能够出色地完成非常复杂的工作，并将在未来新一轮的产业升级中起到至关重要的作用。本书从基础理论和编程实践两方面展开论述，带领读者在算法层面上理解各种神经网络模型，并借助 Keras 框架搭建和训练模型，应用于解决实际问题。

全书共 12 章。第 1 章讲解如何搭建深度学习的编程环境，并简单回顾了学习深度学习必备的数学知识。第 2 章从回归算法出发带领读者踏上深度学习之路。第 3~9 章全面讲解时下几种主流的神经网络结构，包括多层感知机（MLP）、卷积神经网络（CNN）、循环神经网络（RNN）、自动编码器（AE）、变分自动编码器（VAE）、对抗生成网络（GNN）等。第 10~12 章着重介绍时下几类主流的深度学习应用，包括图像识别、目标检测和自然语言处理等。无论是算法原理还是编程实践，本书都从易到难、循序渐进地讲解，并配合简单轻松的实例帮助读者加深印象。

本书定位为一本深度学习入门教程，旨在帮助读者快速建立深度学习知识体系，并使读者能通过训练简单的神经网络模型来解决实际问题。对于希望在深度学习这门学科上深耕细作、更上一层楼的读者，笔者建议选定自己感兴趣的方向（如计算机图像处理、自然语言处理、强化学习等），通过阅读论文及勤写代码来全面提升自己的水平。

本书不仅适用于需要在工作中应用深度学习技术的专业人员，而且适用于具备一定计算机编程基础的人工智能和深度学习爱好者。对于大专院校相关专业的师生，本书也是一本不错的参考读物。

由于笔者水平有限，书中难免有不足之处，恳请广大读者批评指正。读者除了可扫描二维码关注公众号获取资讯以外，也可加入 QQ 群 815551372 进行交流。

李易

2020 年 12 月

如何获取学习资源

一　扫描关注微信公众号

在手机微信的"发现"页面中点击"扫一扫"功能，进入"扫二维码 / 条码 / 小程序码"界面，将手机摄像头对准封面前勒口中的二维码，扫描识别后进入"详细资料"页面，点击"关注公众号"按钮，关注我们的微信公众号。

二　获取资源下载地址和提取码

点击公众号主页面左下角的小键盘图标，进入输入状态，在输入框中输入关键词"keras"，点击"发送"按钮，即可获取本书学习资源的下载地址和提取码，如右图所示。

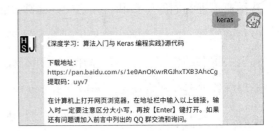

三　打开资源下载页面

在计算机的网页浏览器地址栏中输入前面获取的下载地址（输入时注意区分大小写），如右图所示，按【Enter】键即可打开学习资源下载页面。

四　输入提取码并下载文件

在资源下载页面的"请输入提取码"文本框中输入前面获取的提取码（输入时注意区分大小写），再单击"提取文件"按钮。在新页面中单击打开文件夹，在要下载的文件名后单击"下载"按钮，即可将其下载到计算机中。如果页面中提示选择"高速下载"或"普通下载"，请选择"普通下载"。下载的文件如果为压缩包，可借助 7-Zip、WinRAR 等软件解压后再使用。

> **提示**
>
> 读者在下载和使用学习资源的过程中如果遇到自己解决不了的问题，请加入 QQ 群 815551372，下载群文件中的详细说明，或者向群管理员寻求帮助。

CONTENTS 目录

第 4 章 神经网络进阶——如何提高性能

第 5 章 卷积神经网络

第 6 章 循环神经网络

第 7 章 自动编码器

第 8 章 变分自动编码器

第 9 章 对抗生成网络

第 10 章 AI 的眼睛 I ——基于 CNN 的图像识别

第 11 章 AI 的眼睛 II——基于 CNN 的目标检测

第 12 章 循环神经网络的进阶算法

第 1 章

深度学习入门

· · · ·

- Keras 的介绍与安装
- 学习深度学习需要具备的数学基础知识

近几年，"人工智能"（Artificial Intelligence，AI）开始成为热点话题。如果你是个资深游戏玩家，那么你可能更早就接触到了 AI。例如，在游戏中由计算机扮演的敌人知道怎么用最有效的方式向你发起进攻并清空你的血槽，那么就可以说敌人具有一定的智能性。如果敌人非常聪明，知道躲过你的进攻并让你束手无策，则可以说敌人的智能性非常高。事实上，AI 这个词早在 20 世纪 50 年代就出现了。伟大的计算机科学家图灵发表论文 "Can Machine Think?"，引领人类开始对 AI 这片星辰大海展开探索，也为人类的发展开启了新的篇章。关于 AI 这个词，顾名思义，背后也潜藏着人类对自身发展许下的美好愿望——希望人类能够造出像自己一样具有高度智能的机器。因此，人类希望 AI 可以具备学习、决策、感知、推理等多种能力。细想一些科幻电影，里面的机器人不正是具备了这些能力吗？它们就是人工智能的产品。

不同的人对 AI 的定义也各不相同，这里引用 DataRobot 的 CEO Jeremy Achin 在 2017 年的一次演讲中对 AI 的定义："AI is a computer system able to perform tasks that ordinarily require human intelligence...Many of these artificial intelligence systems are powered by machine learning, some of them are powered by deep learning and some of them are powered by very boring things like rules." 在这里，他提到了两个概念——machine learning（机器学习）和 deep learning（深度学习），并提出现在的 AI 主要是由机器学习、深度学习和一些规则来实现的。可以对这些概念进行如下图所示的分类。

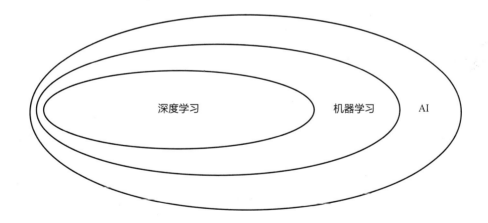

由上图可知，机器学习是实现 AI 的一种主要途径，而深度学习又是机器学习的一个学科分支。继传统机器学习在 AI 领域多次勇攀高峰摘得荣耀之后，"深度学习"一词于 20 世纪 80 年代被提出并持续发光发热，光芒一度掩盖了传统的机器学习。在理解"机器学习"和"深度学习"这两个概念之前，先要知道"学习"这个概念。回想小时候，父母会给我们一些画着各类动物的图片，让我们根据图片学会区分各种动物，或者美术老师会给我们一些图片，让我们用画笔照着图片临摹。之后，我们便能在动物园辨别各种动物，也能用画笔画出各种事物。我们是怎么做到的呢？因为我们会从图片中总结规律，例如，大象鼻子都长，长颈鹿脖子都长，等等。这个过程就称为"学习"。通过学习总结出规律以后，我们就只需要按照这些规律去辨别动物和作画。科学家通过"拟人"的手段，让计算机也具备学习能力。而计算机只认识数据，因此，计算机的学习过程是利用算法来分析、解析数据，从而得到数据的特点，之后便可以对新的数据进行预测和判断。

有一些计算机编程基础的读者也许会问：学习的算法和传统的硬编码（即将程序的规则写死）有什么不同？假设你要写一个能辨别图片上所画动物的程序。首先，图片会被转换成数字矩阵，继而被计算机识别。如果你使用传统的硬编码方式编程，那么便需要自己去发现矩阵中的每个值与所对应动物的关系，并写出无数条 if 语句来帮助计算机判断，工作量非常大。如果需要辨别 4K 分辨率的动物图片，那么硬编码的编程方式根本无法完成任务。而借助学习算法，可以让计算机自己学习图片的特征，然后进行判断。又如，给你数十万个用户的网购记录，让你给用户推荐合适的商品，用硬编码方式编程同样无法完成任务，必须使用学习算法。

传统机器学习的历史比较悠久，大都是利用统计学算法完成既定任务。随着计算机的运算能力和计算机科学发展水平的提高，深度学习开始出现在人们的视野中，并在近些年得到了迅猛发展。随着大数据时代的到来，人类开始用深度神经网络对大批量的数据进行学习，并且发现深度神经网络能够出色地完成几乎各类任务。这些任务的类型有图像识别、信号处理、语言处理等，所处领域涵盖医疗诊断、自动驾驶、金融、安防等，十分广泛。如今，深度学习已不是一门非常前沿的学科，它已渗透到我们的生活之中。智能语音助手、人脸识别、自动修图软件、自动驾驶系统等应用的背后都有深度学习的身影，这也是全球各国对深度学习的发展和应用落地如此重视的原因。

笔者认为，虽然人工智能的时代还未完全到来，但是学习深度学习仍然是一件非常有意义的事情：一方面，可以增进我们对当前前沿学科的了解，并且这也顺应了时代的发展；另一方面，深度学习算法以及在学习深度学习的过程中养成的思维习惯对我们的工作和学习都有一定的积极作用。本书将会带领读者迈入深度学习的大门，帮助读者从算法层面到应用层面建立对深度学习的理解，并使读者初步具备构建深度学习算法模型以完成应用任务的能力，例如，做一套自己家的人脸识别系统，做一个简单的音乐、图片、诗歌生成器等。并且笔者还希望未来能有读者投身于深度学习领域，享受深度学习的乐趣。

1.1 Keras 的介绍与安装

深度学习是关于计算机算法的学科，这就意味着我们要编写代码，让计算机实现这些算法。这显然对编程能力要求较高，对于大部分人尤其是刚刚来到"编程新手村"的"萌新"们来说太不友好。幸运的是，市面上有一些开发得非常成熟的深度学习框架，如谷歌的 Keras 和 TensorFlow、Facebook 的 PyTorch、Theano 等。这些框架大幅降低了深度学习代码的编写难度，让模型搭建变得非常简单。

对于"萌新"来说，可以将深度学习框架想象成完成深度学习算法建模时使用的一个工具箱。如果要建造一座房子，那么现在不需要徒手完成了，可以去这个工具箱中取出螺丝刀、锤子和钳子来使用。如果这个工具箱更加高级一些，那么你还能找到电锯、电动螺丝刀甚至气动射钉枪等"豪华"装备，从而更加快速高效地建造房子。Keras 就是这样一个"豪华"工具箱。笔者认为 Keras 是对"萌新"最友好的高级 API，所以选择它作为本书的深度学习框架。

下面来带大家一步步地搭建自己的深度学习开发环境。为了能正常使用 Keras，需要在计算机中预装 Python 3.5 以上版本和 TensorFlow。笔者用的是 Keras 2.3.1、TensorFlow 1.14 和 Python 3.6.8。读者也可以安装最新版的 TensorFlow 和 Keras，并且不需要担心版本的不同会给代码的编写带来麻烦，因为在不同版本的 Keras 和 TensorFlow 中，深度学习代码并没有什么变化。

第一步：查询安装的 Python 版本号

打开命令提示符窗口，输入命令"python --version"或"python -V"，按【Enter】键，就可以看到当前计算机中安装的 Python 的版本号，如下图所示。

输入命令时需要注意，输入"python"后还要输入空格，并且第二条命令中的"V"为大写。

第二步：安装 TensorFlow

我们可以在命令提示符窗口中输入以下命令来安装 TensorFlow：

```
pip install tensorflow==1.14
```

这行命令的意思是指定安装 TensorFlow 1.14 版本。如果想安装最新版本，可直接输入"pip install tensorflow"。随后可以看到 TensorFlow 的下载和安装进度，如下图所示。

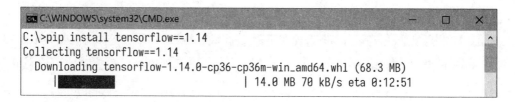

如果 TensorFlow 下载缓慢或者安装失败，尤其是看到 client.py、socket.py、ssl.py 等文件的报错，如下图所示，那么基本可以确定是 PyPI 资源下载服务器不稳定导致的。

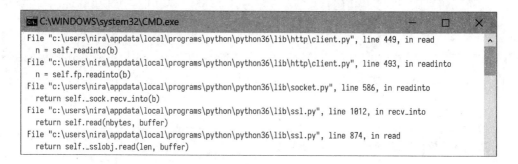

这时可用以下命令将 PyPI 资源下载服务器的地址设置为清华大学镜像站：

```
pip config set global.index-url https://pypi.tuna.tsinghua.edu.cn/simple
```

然后就可以愉快地下载 TensorFlow 了。为了验证 TensorFlow 是否安装成功，可用"pip list"命令查看 TensorFlow 是否在已安装的扩展包列表里。或者打开 Python shell，输入语句"import tensorflow"，如果没有任何报错信息，则说明 TensorFlow 安装成功，如下图所示。

```
Python 3.6 (64-bit)
Python 3.6.8 (tags/v3.6.8:3c6b436a57, Dec 24 2018, 00:16:47) [MSC v.1916 64 bit (AMD64)] on win32
Type "help", "copyright", "credits" or "license" for more information.
>>> import tensorflow
>>>
```

第三步：安装 Keras

在命令提示符窗口中输入以下命令来安装 Keras：

```
pip install keras==2.3.1
```

在安装 Keras 时，还会一并自动安装 NumPy 等库。如果安装顺利，在 Python shell 中载入 Keras 后能看到如下图所示的提示信息。

```
Python 3.6 (64-bit)
>>> import keras
Using TensorFlow backend.
>>>
```

如果前面未安装 TensorFlow，则会出现如下图所示的报错信息，因为 Keras 没有找到 TensorFlow。

```
Python 3.6 (64-bit)
>>> import keras
Using TensorFlow backend.
Traceback (most recent call last):
  File "<stdin>", line 1, in <module>
  File "C:\Users\NIRA\AppData\Local\Programs\Python\Python36\lib\site-packages\keras\__init__.py", line 3, in <module>
    from . import utils
  File "C:\Users\NIRA\AppData\Local\Programs\Python\Python36\lib\site-packages\keras\utils\__init__.py", line 6, in <module>
    from . import conv_utils
  File "C:\Users\NIRA\AppData\Local\Programs\Python\Python36\lib\site-packages\keras\utils\conv_utils.py", line 9, in <module>
    from .. import backend as K
  File "C:\Users\NIRA\AppData\Local\Programs\Python\Python36\lib\site-packages\keras\backend\__init__.py", line 1, in <module>
    from .load_backend import epsilon
  File "C:\Users\NIRA\AppData\Local\Programs\Python\Python36\lib\site-packages\keras\backend\load_backend.py", line 90, in <module>
    from .tensorflow_backend import *
  File "C:\Users\NIRA\AppData\Local\Programs\Python\Python36\lib\site-packages\keras\backend\tensorflow_backend.py", line 5, in
<module>
    import tensorflow as tf
ModuleNotFoundError: No module named 'tensorflow'
>>>
```

到这里就完成了 TensorFlow 和 Keras 的基本安装。

需要说明的是，第二步中安装的是 TensorFlow 的 CPU 版本，如果读者的计算机配有英伟达独立显卡，那么还可以安装 TensorFlow-gpu，利用显卡的 GPU 加速神经网络的计算。在安装 TensorFlow-gpu 之前，需要做一些准备工作，然后安装 CUDA 和 cuDNN 这两个驱动。

先打开网页 https://developer.nvidia.com/cuda-gpus，按照网页中的说明确认 GPU 型号是否兼容。接着安装微软的 Visual Studio，它是安装 CUDA 的先决条件。然后打开 CUDA 官网 https://docs.nvidia.com/cuda/cuda-installation-guide-microsoft-windows/index.html，按照网页中

的说明下载和安装 CUDA。再到 https://developer.nvidia.com/cudnn 下载 cuDNN，并参考网址 https://docs.nvidia.com/deeplearning/cudnn/install-guide/index.html#install-windows 中的流程进行安装。

安装好 CUDA 和 cuDNN 后，就可以安装 TensorFlow-gpu 了。不同操作系统中的安装方法和具体步骤也不同，故这里不做详细介绍。读者可以参考 TensorFlow 官网的安装步骤，也可以用搜索引擎搜索详细的安装说明。虽然过程比较烦琐，但是只要按照说明一步步操作，就能完成安装。安装完毕后，在 Python shell 中输入以下语句：

```
import tensorflow as tf
tf.test.is_built_with_cuda()
```

如果此时已经安装好 CUDA，会得到返回值 True。接着输入以下语句，查看 GPU 是否支持安装的 TensorFlow：

```
tf.test_is_gpu_available(cuda_only=False, min_cuda_compute_capabili-
ty=None)
```

如果 GPU 支持 TensorFlow，会得到返回值 True。此外，在载入 TensorFlow 后，可以在 Python shell 中输入 "tensorflow.test.gpu_device_name()" 来查看 GPU 的相关信息。

读者也可以用 Conda 来安装 TensorFlow 和 Keras，方法大同小异，故不再赘述。至于 IDE，可以根据自己的喜好选择 PyCharm、Spyder 等。

到这里，已经初步搭建好一个深度学习的开发环境。如果读者不想在本地使用 Keras，也可以使用支持在线编写深度学习程序的网站，如 Google Colab、Jupyter Notebook 等。其中，Google Colab 提供免费的线上 GPU 加速服务，非常实用。

1.2　学习深度学习需要具备的数学基础知识

前面说过深度学习是关于计算机算法的学科，而算法离不开数学，并且深度学习也涉及数学的多个分支领域，因此，后续章节中肯定有一些针对算法模型的数学推导。不过不用担心，本节会带大家展开一段短暂的数学之旅，学习本书需要用到的线性代数、概率与统计学、微积分的基础知识。如果你是一个数学高手，可以跳过本节。

1．线性代数

　　线性代数部分主要讲解标量、向量、矩阵和张量。标量很简单，就是一个数，如 5。而向量中存在有一定顺序的一列数，例如：

$$\begin{bmatrix} -3 \\ 2 \\ 1 \\ 7 \end{bmatrix} \text{或者} \begin{bmatrix} -3 & 2 & 1 & 7 \end{bmatrix}$$

第一个向量称为列向量（维度为 4×1，四行一列），第二个向量称为行向量（维度为 1×4，一行四列）。这两个向量虽然有一样的元素，但是并不相等。在计算机科学中，向量也是一维数组。如果将一维数组增加一个维度变为二维，那么这个数组也可称为矩阵，例如：

$$\begin{bmatrix} 3 & -1 & 6 & 9 \\ 0 & 21 & -9 & 10 \end{bmatrix}$$

我们称这个矩阵的维度为 2×4，因为我们习惯先看行数再看列数。

　　要在 Python 中建立一个向量，可以使用如下代码：

```
import numpy as np
arr = np.array([1, 2, 3])
```

　　以上代码先载入 NumPy 库，再利用 array() 函数将 [1, 2, 3] 这个 Python 列表（list）转换成 NumPy 数组。如果用 shape 属性查看 arr 的维度，会返回 (3,)。因为 array() 函数中只用了一对中括号，所以 arr 既是一维数组也是向量。如果对这个向量中的一个元素感兴趣，想取出来研究，那么需要知道它在这个向量中的位置，即索引。通过索引就可以取出向量中的元素，例如，arr[0] 指向的是 1，arr[1] 指向的是 2，arr[2] 指向的是 3。

　　如果想建立一个矩阵，可以使用如下代码：

```
mat = np.array([[3, 0], [-1, 21], [6, -9], [9, 10]])
```

　　如果用 shape 属性查看 mat 的维度，会返回 (4, 2)，代表这是一个 4×2 的矩阵，即

$$\begin{bmatrix} 3 & 0 \\ -1 & 21 \\ 6 & -9 \\ 9 & 10 \end{bmatrix}$$

如果对矩阵中的一个元素感兴趣，可以通过行和列的索引将其取出。例如，mat[0][1] 代表第 0 行第 1 个数，指向的是 0。

如果要让 mat 变成 2×4 的矩阵

$$\begin{bmatrix} 3 & -1 & 6 & 9 \\ 0 & 21 & -9 & 10 \end{bmatrix}$$

需要用到转置，即将矩阵中每一个元素的行坐标和列坐标对调。转置用数学符号表示就是 X^{T}，上标中的 T 来自英文单词 transpose（转置）。在 Python 中可用以下语句实现转置：

```
mat = mat.T
```

此时用 shape 属性查看 mat 的维度，结果就是 2×4。用转置也可以实现

$$\begin{bmatrix} -3 \\ 2 \\ 1 \\ 7 \end{bmatrix} \text{和} \begin{bmatrix} -3 & 2 & 1 & 7 \end{bmatrix}$$

的相互转换。但是在转换之前，一定要先将其变为矩阵（二维）。可以根据 array 后跟着多少个连续的中括号来判断变量的维度，例如，array([[1, 2], [3, 4]]) 是一个二维矩阵，array([[[1,2], [3,4]]]) 是一个三维矩阵，使用 shape 属性可以看到它的维度是 1×2×2。如果维度超过了 3，我们也可以习惯性地称之为张量。但实际上，张量是一个更加广义的概念，向量是一维张量，矩阵是二维张量。本书还是按照惯例将一维张量和二维张量分别称为向量和矩阵。笔者认为 TensorFlow 这个名字就参考过 tensor（张量）这个词，所以称它为"张量流"也不为过。

接下来讲解向量和矩阵的计算。当一个向量与一个标量相乘时，只需要将向量中的每一个元素和标量相乘。例如，

$$v = \begin{bmatrix} 1 \\ 2 \\ 3 \end{bmatrix} \qquad k = 2$$

那么有

$$kv = \begin{bmatrix} 2\times1 \\ 2\times2 \\ 2\times3 \end{bmatrix} = \begin{bmatrix} 2 \\ 4 \\ 6 \end{bmatrix}$$

当一个矩阵与一个标量相乘时，也只需要将矩阵中的每一个元素和标量相乘。当任何维度的张量与一个标量相乘时，结果中张量的维度是不变的。

如果一个向量与另一个向量做点乘，就需要考虑它们各自的维度，要求第一个向量的列数和第二个向量的行数相等。例如：

$$v_1 = \begin{bmatrix} 1 \\ 2 \\ 3 \end{bmatrix} \qquad v_2 = \begin{bmatrix} 4 & 5 & 6 \end{bmatrix}$$

v_1 的维度是 3×1，v_2 的维度是 1×3，因此可以做点乘。向量和向量点乘的计算方法是：将第一个向量的每一行的每一个元素和第二个向量的每一列的每一个元素分别相乘再相加。则 v_1 和 v_2 的点乘计算如下：

$$v_2 \cdot v_1 = [1 \times 4 + 2 \times 5 + 3 \times 6] = [32]$$

计算结果的维度是 1×1。

如果一个矩阵要和一个向量做点乘，例如，

$$m_1 = \begin{bmatrix} 1 & 2 \\ 3 & 4 \end{bmatrix} \qquad v_1 = \begin{bmatrix} 5 \\ 6 \end{bmatrix}$$

那么有

$$m_1 \cdot v_1 = \begin{bmatrix} 1 \times 5 + 2 \times 6 \\ 3 \times 5 + 4 \times 6 \end{bmatrix} = \begin{bmatrix} 17 \\ 39 \end{bmatrix}$$

m_1 的维度是 2×2，v_1 的维度是 2×1，m_1 的列数和 v_1 的行数相等，可以做点乘，并且计算结果的维度是 2×1。但是 $v_1 \cdot m_1$ 就不行了。

可以用同样的方法处理矩阵之间的点乘。例如，

$$m_1 = \begin{bmatrix} 1 & 2 \\ 3 & 4 \end{bmatrix} \qquad m_2 = \begin{bmatrix} 5 & 7 \\ 6 & 8 \end{bmatrix}$$

那么有

$$m_1 \cdot m_2 = \begin{bmatrix} 17 & 23 \\ 39 & 53 \end{bmatrix}$$

如果用 NumPy 库完成向量的点乘，可以使用 dot() 函数。示例代码如下：

```
mat_1 = np.array([[1, 2], [3, 4]])
mat_2 = np.array([[5, 7], [6, 8]])
np.dot(mat_1, mat_2)
```

运行后可以得到 array([[17, 23], [39, 53]])。如果将 dot() 函数中的 mat_1 和 mat_2 对调，那么得到的结果便是 array([[26, 38], [30, 44]])。由此可见，向量的点乘不满足交换律。通过试验还能发现向量的点乘不满足结合律。如果 NumPy 库发现在做点乘时维度不匹配，就会报类似如下所示的错误：

```
Traceback (most recent call last):
File"<stdin>", line 1, in <module>
ValueError: shapes (2,2) and (3,) not aligned: 2 (dim 1) != 3 (dim 0)
```

这些错误信息的大致意思是两个值的维度信息不匹配，无法做点乘。

向量或矩阵的相加就非常简单了，只要两个向量或矩阵的维度相同就可以相加。例如，

$$v_1 = \begin{bmatrix} 1 \\ 2 \\ 3 \end{bmatrix} \qquad v_2 = \begin{bmatrix} 4 \\ 5 \\ 6 \end{bmatrix}$$

那么有

$$v_1 + v_2 = \begin{bmatrix} 1+4 \\ 2+5 \\ 3+6 \end{bmatrix} = \begin{bmatrix} 5 \\ 7 \\ 9 \end{bmatrix}$$

又如，

$$m_1 = \begin{bmatrix} 1 & 2 \\ 3 & 4 \end{bmatrix} \qquad m_2 = \begin{bmatrix} 5 & 7 \\ 6 & 8 \end{bmatrix}$$

那么有

$$m_1 + m_2 = \begin{bmatrix} 1+5 & 2+7 \\ 3+6 & 4+8 \end{bmatrix} = \begin{bmatrix} 6 & 9 \\ 9 & 12 \end{bmatrix}$$

最后要提的一点是，在一些特殊情况下，需要改变向量、矩阵或张量的维度。例如，要把 arr = np.array([1, 2, 3]) 从一个列向量变成一个行向量。如果用转置，那么会发现根本无法做到，转置后向量的维度仍然是 (3,)。此时可以用 NumPy 库的 reshape() 函数来解决维

度转换的问题，示例代码如下：

```
arr = np.reshape(arr, (3, 1))
```

这时 arr 的维度是 3×1，接着可以用 np.reshape(arr, (1, 3)) 将其维度变为 1×3。reshape() 函数在深度学习代码中的使用率非常高。

2．概率与统计学

深度学习对概率与统计这两门学科的依赖性很高。在进行分类时，深度学习模型通常是计算每一类别的概率，而对应最高概率的类别就是模型的分类结果。例如，一个深度学习模型在给新收到的电子邮件进行分类，如果模型计算出某封邮件是垃圾邮件的概率较大，就说明模型认为这封邮件是垃圾邮件。因此，我们在研究深度学习之前，要对概率与统计的知识有一定的了解。同时，概率与统计的关系比较紧密，所以这里把它们放在一起讲解。概率学涉及预测未来要发生的事件，统计学则涉及分析以前发生的事件。

在概率论中，如果用 E 代表一个事件，那么 $P(E)$ 代表这个事件会发生的概率。这个事件可以是抛一次硬币、掷一次骰子等。不管是抛硬币还是掷骰子，其结果都是随机的，你无法准确知道下一次的结果。因此，可以用随机变量来表示这些事件的结果。例如，抛硬币时下一次正面朝上或反面朝上的概率都是 1/2，掷骰子时下一次掷到任何一个点数的概率都是 1/6。如果有两个事件，分别用 A 和 B 表示，并且它们之间不存在联系，那么要计算事件 A 和事件 B 同时发生的概率，只需将事件 A 发生的概率和事件 B 发生的概率相乘。例如，明天把手机弄丢的概率为 $P(A) = 0.4$，下周五把钱包弄丢的概率是 $P(B) = 0.1$，那么这两个八竿子打不着的事件碰巧都发生的概率就是 $P(A \cap B) = 0.4 \times 0.1 = 0.04$，我们称这个概率为联合概率。当然，事件 A 和事件 B 之间也可能存在联系。例如，根据常识，下雨（事件 A）可能导致严重堵车（事件 B）。把今天下雨的概率记为 $P(A)$，下班后会发生严重堵车的概率记为 $P(B)$，今天下雨导致严重堵车的概率记为 $P(B|A)$，下雨的同时又发生严重堵车的概率记为 $P(A \cap B)$，那么有

$$P(B|A) = \frac{P(A \cap B)}{P(A)}$$

这个 $P(B|A)$ 被定义为条件概率。把这个公式变形，可得到

$$P(A \cap B) = P(A)P(B|A)$$

可以将这个公式理解为：两个有关联的事件同时发生的概率等于其中一个事件发生的概率乘以由这个事件导致的另一个事件发生的概率。用下雨和堵车的例子来理解这个公式就是：今天下班后一边下雨一边严重堵车的概率等于今天下雨的概率和由下雨导致堵车的概率之积。

如果把上面的公式变为

$$P(A \cap B) = P(A)P(B|A) = P(B)P(A|B)$$

可以得到

$$P(B|A) = \frac{P(B)P(A|B)}{P(A)}$$

这个著名的公式称为贝叶斯定理。贝叶斯定理建立的是两个条件的概率关系。在下雨和堵车的例子中，要知道今天下雨导致下班后严重堵车的概率 $P(B|A)$，只需知道以往下班堵车的概率 $P(B)$、通过以往数据得到的下班时下雨的概率 $P(A)$、以往下班堵车时赶上下雨的概率 $P(A|B)$。注意，这里不能将 $P(A|B)$ 理解为"因为下班堵车所以下雨"的概率，这是不符合逻辑的。这里的 $P(B)$ 称为先验分布（prior distribution）；$P(A)$ 是事件 A 真实发生的概率；$P(A|B)$ 是当事件 B 真实发生时观测到事件 A 发生的可能性，这个值可以通过计算得到；$P(B|A)$ 是后验分布（posterior distribution）。所以，换而言之，贝叶斯定理让我们可以利用以往的数据预测未来的情况。

既然说到了概率，就顺便讲讲方差和期望。首先来讲概率密度（probability density）。如下图所示，如果 x 是一个连续变量，那么概率密度是指 x 位于无穷小长度段 δx 内的小区域中（图中两条竖直虚线范围内）的概率 $P(x)\delta x$，其中 δx 趋近于 0。

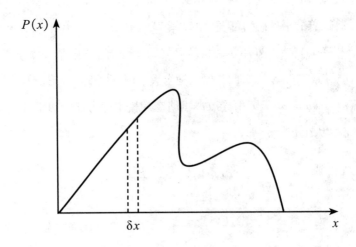

既然 $P(x)$ 是一个概率密度，那么它必须具备两个特征：首先，$P(x) \geqslant 0$；其次，曲

线围成的面积一定为 1。打个比方，在掷骰子时，得到一个特定结果（如 3 点）的概率为 1/6，那么得到 6 个结果中的任意一个的概率就是 1。

如果想知道 x 在一段区间内的概率，那么在 x 离散时，只需将若干个 $P(x)\delta x$ 累加。例如，掷骰子时下一轮得到 1 点或 2 点的概率为 $\frac{1}{6}\times 2=\frac{1}{3}$。在 x 连续时，则要用到积分公式

$$P(Z)=\int_{-\infty}^{z}P(x)\mathrm{d}x$$

该公式的意思是，$P(Z)$ 为 x 落在 $-\infty$ 到 z 之间的概率。这个累加起来的概率称为累积概率（cumulative probability）。

如果要求一个满足概率分布 $P(x)$ 的函数 $f(x)$ 的平均值，将这个平均值称为期望（expectation），用 $E[f]$ 表示，那么当 x 离散时，

$$E[f]=\sum_{x}P(x)f(x)$$

当 x 连续时，

$$E[f]=\int P(x)f(x)\mathrm{d}x$$

如果要知道 $f(x)$ 相对于它的期望 $E[f]$ 的变化性是否大，就要求函数 $f(x)$ 的方差 $\mathrm{var}[f]$，公式为

$$\mathrm{var}[f]=E[(f(x)-E[f(x)])^2]$$

把上面的公式变形，可以得到

$$\mathrm{var}[f]=E[f(x)^2]-E[f(x)]^2$$

简单的概率知识讲完了，接着来讲解分布的知识。首先来看看伯努利分布（Bernoulli distribution）。如果用 x 代表抛硬币的两种结果，$x=1$ 代表正面朝上，$x=0$ 代表反面朝上，那么 $x=1$ 的概率可以表示为 $P(x=1|\mu)=\mu$，其中 $0\leqslant\mu\leqslant 1$。因此，$P(x=0|\mu)=1-\mu$。那么，关于 x 的概率分布就应该是

$$\mathrm{Bern}(x|\mu)=\mu^x(1-\mu)^{1-x}$$

如果通过观测 x 得到了一组数据 Dataset = $\{x_1, x_2, x_3, \cdots, x_N\}$，假设每一次观测结果独立，那么可以构建一个似然函数（likelihood function），公式为

$$P(\text{Dataset}|\mu) = \prod_{n=1}^{N} P(x_n|\mu)$$

假设分布满足伯努利分布，那么有

$$P(\text{Dataset}|\mu) = \prod_{n=1}^{N} \mu^{x_n}(1-\mu)^{1-x_n}$$

这个似然函数也是机器学习和深度学习论文中的高频词汇，其重要程度可想而知。

似然函数通常可以用来描述构建的模型的性能，因此，似然函数是需要被最大化的。当看到一个累乘符号 $\prod$ 时，我们应该下意识地用对数函数将其线性化。因此有

$$\ln P(\text{Dataset}|\mu) = \sum_{n=1}^{N} \ln P(x_n|\mu) = \sum_{n=1}^{N} [x_n \ln \mu + (1-x_n)\ln(1-\mu)]$$

为了求 $\ln P(\text{Dataset}|\mu)$ 的最大值，可以对其求导并令其导数为 0，此时对应的参数 μ 可以让模型性能达到最优。最终可以得到

$$\mu_{\text{max likelihood}} = \frac{1}{N}\sum_{n=1}^{N} x_n$$

假设在 Dataset 中得到硬币正面的次数是 m，那么 $\mu_{\text{max likelihood}} = \dfrac{m}{N}$。把所有的得到 m 个正面的方法累加起来，可以得到二项分布

$$\text{Bim}(x|\mu) = \binom{N}{m}\mu^{x}(1-\mu)^{1-x}$$

其中

$$\binom{N}{m} = \frac{N!}{(N-m)!\,m!}$$

本书中会出现的另一个概率分布是高斯分布（Gaussian distribution），又称正态分布（normal distribution）。高斯分布也是深度学习中的"常客"，做参数初始化或数据归一化、在数据中加入一些噪声时都会用到它。高斯分布的概率密度函数为

$$N(x|\mu, \sigma^2) = \frac{1}{\sqrt{2\pi\sigma^2}}\mathrm{e}^{-\frac{1}{2\sigma^2}(x-\mu)^2}$$

高斯分布的函数图像如下图所示，图中的曲线 A 和 B 分别代表两个高斯分布函数。

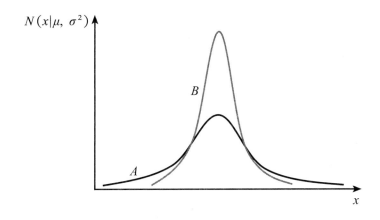

高斯函数中的均值 μ 决定顶点对应的 x 位置；标准差 σ 决定曲线的形状，σ 越大，顶点越低，曲线越扁平。上图中的曲线 A 就拥有比曲线 B 更大的 σ。在高斯分布的基础上，如果使得均值 $\mu = 0$，标准差 $\sigma = 1$，即成为一个标准正态分布，那么其概率密度函数变为

$$\varphi(x) = \frac{1}{\sqrt{2\pi}} e^{-\frac{1}{2}x^2}$$

使用 NumPy 库的 random.normal() 函数可以生成满足正态分布的随机数，示例代码如下：

```
output = np.random.normal(0, 1, 5)
```

random.normal() 函数的第一个参数是 μ，第二个参数是 σ，第三个参数是输出尺寸（可为一维或多维）。上面这行代码得到的 output 是一个均值为 0、标准差为 1、长度为 5 的 NumPy 数组。用 shape 属性获取 output 的维度，结果是 (5,)。

使用 NumPy 库的 mean() 和 std() 函数可分别求一组数的均值和标准差，示例代码如下：

```
output = np.random.normal(0, 1, 1000)
mean = np.mean(output)
std = np.std(output)
```

如果 random.normal() 函数的第三个参数较小，则随机生成的数较少，那么得到的均值和标准差就不一定是 0 和 1，甚至差得有点远，这属于正常现象。总体来说，生成的数越多，均值和标准差就越接近 0 和 1。

3. 微积分

后面的章节要讲解的神经网络的反向传播是利用微积分的原理来实现的，因此，在这里回顾一下微积分的基础知识。

首先来讲导数。导数即斜率。在一个连续函数的图像上的任意一点都可以作一条切线，这条切线的斜率就是这个函数在这一点上的导数。如下图所示，函数 $f(x)$ 在 x_1 上的切线 A 的斜率就是 $f(x)$ 在 x_1 上的导数。

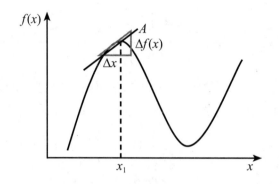

一个连续函数上的任意一点都可以求导数。导数越大说明函数增长越快，导数越小说明函数增长越慢，导数小于 0 代表函数在减小，导数为 0 代表函数达到了局部的最大值或最小值（函数图像上的波峰或波谷）。导数的定义为

$$\frac{\mathrm{d}}{\mathrm{d}x}f(x) = \lim_{\Delta x \to 0} \frac{f(x + \Delta x) - f(x)}{\Delta x}$$

可用这个公式对任意连续函数求导。常用函数的导数有 $\frac{\mathrm{d}}{\mathrm{d}x}x^2 = 2x$，$\frac{\mathrm{d}}{\mathrm{d}x}2x = 2$，$\frac{\mathrm{d}}{\mathrm{d}x}2 = 0$ 等。

将求导过程反过来，就能进行积分运算。因为本书中较少用到积分，所以这里不做讲解。

如果要对一个复合函数 $g(f(x))$ 求导，则要用到链式法则（chain rule），公式如下：

$$\frac{\mathrm{d}}{\mathrm{d}x}g(f(x)) = \frac{\mathrm{d}g}{\mathrm{d}f}\frac{\mathrm{d}f}{\mathrm{d}x}$$

假设 $f(x) = x^2$，$g(f) = f^2$，代入链式法则公式，可得

$$\frac{\mathrm{d}}{\mathrm{d}x}g(f(x)) = \frac{\mathrm{d}g}{\mathrm{d}f}\frac{\mathrm{d}f}{\mathrm{d}x} = 2f \times 2x = 4x^3$$

如果要对两个函数的积求导，可以使用如下公式：

$$\frac{\mathrm{d}}{\mathrm{d}x}(f(x)g(x)) = g(x)\frac{\mathrm{d}}{\mathrm{d}x}f(x) + f(x)\frac{\mathrm{d}}{\mathrm{d}x}g(x)$$

假设 $f(x) = x^2$，$g(x) = x^3$，代入上述公式，可得

$$\frac{\mathrm{d}}{\mathrm{d}x}(f(x)g(x)) = g(x)\frac{\mathrm{d}}{\mathrm{d}x}f(x) + f(x)\frac{\mathrm{d}}{\mathrm{d}x}g(x) = x^3 \times 2x + x^2 \times 3x^2 = 5x^4$$

如果要对两个函数的商求导，可以使用如下公式：

$$\frac{\mathrm{d}}{\mathrm{d}x}\left(\frac{f(x)}{g(x)}\right) = \frac{g(x)\frac{\mathrm{d}}{\mathrm{d}x}f(x) - f(x)\frac{\mathrm{d}}{\mathrm{d}x}g(x)}{g(x)^2}$$

如果在函数 $f(x)$ 中增加一个变量 y，变为 $f(x, y)$，则在求导时要引入偏导的概念。假设 $f(x, y) = x^3 + x^2y + xy^2$。要求关于 x 的导数，需将 y 看成常数，则 $\frac{\partial}{\partial x}f(x, y) = 3x^2 + 2xy + y^2$；要求关于 y 的导数，需将 x 看成常数，则 $\frac{\partial}{\partial y}f(x, y) = x^2 + 2xy$。

把 $f(x, y)$ 关于 x 和 y 的导数放在一个向量里，这个向量用 ∇ 表示，读作 "del"。这就是后面章节中要讲到的 "梯度下降法" 中的 "梯度"。多变量函数 f 的梯度就是

$$\nabla f(x_1, x_2, \cdots, x_N) = \left[\frac{\partial f}{\partial x_1}, \cdots, \frac{\partial f}{\partial x_N}\right]$$

其中 $x_1, x_2, \cdots, x_N$ 代表函数 f 的 N 个实数变量。

现在，我们已经知道如何对多变量控制的函数进行求导。如果函数 f 是一个向量该怎么办呢？假设 f 完成从 N 维实数空间到 m 维实数空间的映射，那么有

$$f = \begin{bmatrix} f_1(x_1, x_2, \cdots, x_N) \\ f_2(x_1, x_2, \cdots, x_N) \\ \vdots \\ f_m(x_1, x_2, \cdots, x_N) \end{bmatrix}$$

则 f 的梯度是

$$\nabla f = \begin{bmatrix} \frac{\partial f_1}{\partial x_1} & \frac{\partial f_1}{\partial x_2} & \cdots & \frac{\partial f_1}{\partial x_N} \\ \frac{\partial f_2}{\partial x_1} & \frac{\partial f_2}{\partial x_2} & \cdots & \frac{\partial f_2}{\partial x_N} \\ \vdots & \vdots & & \vdots \\ \frac{\partial f_m}{\partial x_1} & \frac{\partial f_m}{\partial x_2} & \cdots & \frac{\partial f_m}{\partial x_N} \end{bmatrix}$$

这个矩阵称为雅可比矩阵（Jacobian matrix）。例如，$f = \begin{bmatrix} x^2 + y \\ x + y^2 \end{bmatrix}$，则 $\nabla f = \begin{bmatrix} 2x & 1 \\ 1 & 2y \end{bmatrix}$。

有了前面的知识，最后来谈一谈神经网络框架是怎么求导的。求导有很多方法，如符号微分法、有限差分法、自动微分法等。大多数神经网络框架在求导时使用的是反向自动微分法（reverse-mode autodiff）。有了这套方法，用户就不用对结构复杂的神经网络节点进行手动求导，大大提高了搭建神经网络框架的效率。究竟是什么"黑科技"这么神奇呢？下面来看看反向自动微分法的数学原理。如果你熟悉前面提到的链式法则，那么反向自动微分法难不倒你。

如下图所示，$n_1 \sim n_7$ 为节点，三个方框分别代表输入 x_1、x_2 和常数 3，圆圈里是运算符。

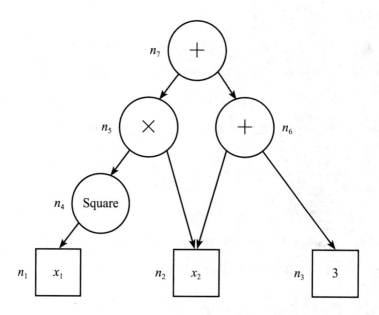

上图用数学表达式来描述就是：$f(x_1, x_2) = x_1^2 \times x_2 + x_2 + 3$。令 $x_1 = 2$，$x_2 = 3$，那么 $f(x_1, x_2) = 18$。如果手动求导，那么有

$$\frac{\partial}{\partial x_1} f(x_1, x_2) = 2x_1 x_2 = 12$$

$$\frac{\partial}{\partial x_2} f(x_1, x_2) = 1 + x_1^2 = 5$$

接着来模仿计算机求每一个节点的导数。我们知道节点 n_7 的值是 $f(x_1, x_2) = 18$，$\frac{\partial f}{\partial n_7} = 1$。那么节点 n_5 的导数就应该是

$$\frac{\partial f}{\partial n_5} = \frac{\partial f}{\partial n_7} \frac{\partial n_7}{\partial n_5} = \frac{\partial n_7}{\partial n_5}$$

又因为 $n_7 = n_5 + n_6$，所以 $\dfrac{\partial n_7}{\partial n_5} = 1$，$\dfrac{\partial f}{\partial n_5} = 1$。继续往下看，

$$\frac{\partial f}{\partial n_4} = \frac{\partial f}{\partial n_5}\frac{\partial n_5}{\partial n_4} = \frac{\partial n_5}{\partial n_4}$$

因为 $n_5 = x_2 \times n_4$，所以 $\dfrac{\partial n_5}{\partial n_4} = x_2 = 3$，$\dfrac{\partial f}{\partial n_4} = 3$。继续往下看，

$$\frac{\partial f}{\partial n_1} = \frac{\partial f}{\partial n_4}\frac{\partial n_4}{\partial n_1}$$

从图中可以看出 $n_4 = n_1^2$，那么有

$$\frac{\partial n_4}{\partial n_1} = 2n_1 = 2x_1 = 4$$

最后，

$$\frac{\partial f}{\partial n_1} = \frac{\partial f}{\partial n_4}\frac{\partial n_4}{\partial n_1} = 3 \times 4 = 12$$

又因为 $n_1 = x_1$，所以通过反向自动微分法求得 $\dfrac{\partial}{\partial x_1} f(x_1, \ x_2) = 12$。也可以用同样的方法求得 $\dfrac{\partial}{\partial x_2} f(x_1, \ x_2) = 5$。虽然这个方法非常简单，但是运算速度和准确性要比有限差分法高。没错！看到这里，你已经掌握了 Keras 最核心的秘密！

有了以上这些数学基础知识，相信大家能比较轻松地读懂后面的章节了。当然，这些数学知识只能帮助大家快速入门深度学习，要想学好深度学习，还是要不断苦心钻研数学的。

第 2 章

回归算法

·
·
·
·

- 线性回归
- 多元线性回归
- 逻辑回归

正式探讨回归算法之前，先来简单讲讲什么是监督学习和非监督学习。顾名思义，监督学习（supervised learning）就是有提示、有监督的学习。回忆一下小时候，父母拿着很多图片告诉我们哪些画的是老虎，哪些画的是猴子，哪些画的是大象。我们会记住这些动物的特征，并能在去动物园时正确地说出笼子里动物的名字。这个过程就叫监督学习，因为我们学习辨认动物的过程是在父母的"提示"和"监督"下完成的。学习过程中父母提示我们的"正确答案"称为"标签"（label）。每次学习父母会先问："图上画了什么呀？"如果我们的回答和标签不同，那么我们就要受到一定的"惩罚"，这就是监督学习的过程。图像识别、语音识别、机器翻译等都属于监督学习的范畴。而非监督学习（unsupervised learning）则正相反，整个学习过程没有父母的参与，完全由我们自己独立完成。图片降噪、图片上色、图像/音乐生成都可以用非监督学习的算法来完成。

回归算法是一种监督学习算法。它的目的是对输入向量 X 预测一个连续变量 $\hat{y}$，并满足函数 $\hat{y} = f(x)$。本章会介绍线性回归（linear regression）和逻辑回归（logistic regression）。如果我们发现一些变量和另一个变量成线性关系，就可以尝试用线性模型去做回归。只要有足够的数据，就可以通过训练模型得到模型中的参数，从而构建这个线性函数。线性回归可以运用在房价预测、汽车油耗预测等场景中。逻辑回归则是在线性回归的基础上增加了一个非线性的 sigmoid 函数，使得判断结果是一个概率。有了逻辑回归，就可以做一些简单的二分类模型，如判断是否应购买某只股票。可以说，回归算法离我们的生活非常近。

2.1 线性回归

尽管线性回归在很多实际应用场景中显得力不从心（尤其是遇到高维度数据时），笔者仍然认为它是深度学习算法入门的最好桥梁。因此，本节先来讲解线性回归。

1. 线性回归的数学原理

先来看一个小案例。假设你在一家汽车交易平台做车辆售价预测工作，你发现了一个很普遍的情况：发动机排量越大的汽车，售价越高。下表是收集到的一些数据。

汽车售价 / 万元	发动机排量 / 升	汽车售价 / 万元	发动机排量 / 升
3	1.0	8	1.4
5	1.2	9	1.5

续表

汽车售价 / 万元	发动机排量 / 升	汽车售价 / 万元	发动机排量 / 升
12	1.8	68.5	4.0
16.5	2.0	89.3	5.0
23.5	2.5	120	6.2
43.7	3.0	—	—

将上表的数据绘制成如下图所示的图表。不难发现，可以用一条直线将这些点串起来。那么怎么得到这条直线的方程呢？

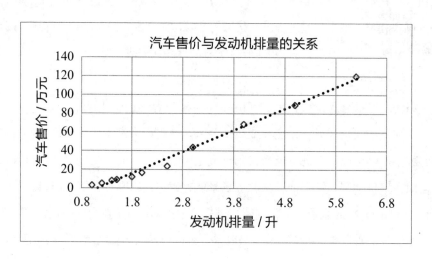

第一步：建立一个线性模型 $\hat{y} = Wx + b$

如果认为数据 x 和 y 成线性关系，就可以用这个模型。其中，x 既可以是标量，也可以是向量。W 称为权重（weight），它决定了直线的斜率；b 称为偏移项（bias term），它决定了直线的截距。这个公式和中学数学课上学的 $y = ax + b$ 是同一概念，只是在深度学习领域中，习惯用 W 来代替 a。既然选定了模型，接下来的工作就是找到最合适的 W 和 b。

第二步：建立损失函数

要找到最理想的 W 和 b，上面假设的线性模型 $\hat{y} = Wx + b$ 就必须满足一个条件：每个数据点到这条直线的垂直距离之和最短。

下图所示为不同情况下数据点到这条直线的垂直距离。图 a 反映的是每个数据点到直线的垂直距离之和最短时直线的样子。很明显，图 b 中的直线不能让这些距离之和最小，所以图 b 中的直线还需要进一步"打磨"。

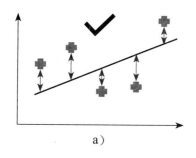
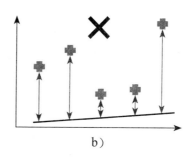

a）   b）

那么怎么得到距离呢？先求单个点到直线的距离 $y^{(i)} - \hat{y}^{(i)}$。$y^{(i)}$ 是真实训练数据中的第 i 个点，$\hat{y}^{(i)}$ 来自线性模型的估算。再将每个数据点到直线的距离平方后求和再取平均值，可得到

$$J = \frac{1}{n} \sum_{i=1}^{n} \left(y^{(i)} - \hat{y}^{(i)} \right)^2$$

式中，n 为样本容量；J 为均方误差（Mean Squared Error，MSE），它在线性回归中充当的角色就是损失函数（loss function），又称为 L2 损失。有些地方也称 J 为代价函数（cost function）或目标函数（objective function）。为了统一命名，本书称 J 为损失函数。损失函数的一个重要特性就是：值越小代表参数越接近优化。

第三步：优化参数

得到损失函数以后，就要想办法让它最小化。通过观察可以发现，损失函数是一个二次函数，且是一个凸函数。那么可以用梯度下降法（gradient descent）来将损失函数逐步最小化，并得到最合适的 W 和 b。梯度下降法用数学方式表示为：

$$W := W - \alpha \frac{\partial J}{\partial W} \qquad b := b - \alpha \frac{\partial J}{\partial b}$$

式中，α 为学习率（learning rate），通常小于 1；$\frac{\partial J}{\partial W}$ 为损失函数 J 在 W 方向上的变化率；$\frac{\partial J}{\partial b}$ 为损失函数 J 在 b 方向上的变化率。

如果 J 在 W 和 b 方向上的斜率非常小，那么 W 和 b 就几乎是最优值了。怎么理解这句话呢？我们可以看看右图。

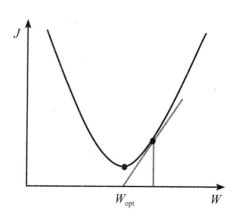

　　如果 W 位于 W_{opt} 的右侧，斜率为正数，那么 $W - \alpha \dfrac{\partial J}{\partial W}$ 让 W 减小，并往 W_{opt} 方向运动；

如果 W 位于 W_{opt} 的左侧，斜率为负数，那么 $W - \alpha \dfrac{\partial J}{\partial W}$ 让 W 增大，同时也往 W_{opt} 方向运动。

当 W 与 W_{opt} 非常接近时，$\dfrac{\partial J}{\partial W}$ 一定很小，W 的变化也将趋于稳定。α 是需要我们根据训练

情况去手动调节的量，称为超参数（hyperparameter）。如果 α 太大，就有可能出现损失函数震荡甚至发散；如果 α 太小，又会导致收敛速度过慢。前面的梯度下降法公式会在循环里不断地被运算，W 和 b 也会持续更新，直至它们的变化幅度越来越小，最终几乎停下。

　　现在还剩下最后一个问题：$\dfrac{\partial J}{\partial W}$ 和 $\dfrac{\partial J}{\partial b}$。借助一点高等数学基础知识，可以将它们简化：

$$\frac{\partial J}{\partial W} = -\frac{2}{n}\sum_{i=1}^{n}\left(y^{\langle i \rangle} - \hat{y}^{\langle i \rangle}\right)x^{\langle i \rangle} \qquad \frac{\partial J}{\partial b} = -\frac{2}{n}\sum_{i=1}^{n}\left(y^{\langle i \rangle} - \hat{y}^{\langle i \rangle}\right)$$

因此，只需要在程序中不断用下列两个公式更新参数，即可完成线性回归：

$$W := W - \alpha\frac{2}{n}\sum_{i=1}^{n}\left(\hat{y}^{\langle i \rangle} - y^{\langle i \rangle}\right)x^{\langle i \rangle} \qquad b := b - \alpha\frac{2}{n}\sum_{i=1}^{n}\left(\hat{y}^{\langle i \rangle} - y^{\langle i \rangle}\right)$$

式中，$y^{\langle i \rangle}$ 为 $Wx^{\langle i \rangle} + b$。

　　梯度下降法在整个深度学习学科中发挥着非常重要的作用，希望读者完全理解和掌握，并能熟练运用。

2. 根据数学原理编写代码实现线性回归

代码文件：chapter_2_example_1.py

接下来以本节开头例子中的数据为例，根据数学原理编写代码实现线性回归。

第一步：载入需要的库和数据

```
1   import matplotlib.pyplot as plt
2   X_train = [1, 1.2, 1.4, 1.5, 1.8, 2, 2.5, 3, 4, 5, 6.2]
3   y_train = [3, 5, 8, 9, 12, 16.5, 23.5, 43.7, 68.5, 89.3, 120]
```

　　第 1 行载入 Matplotlib 库，用于后续绘制图表来观察损失函数。第 2 行和第 3 行分别引入发动机排量数据和汽车售价数据。

第二步：训练参数初始化

```
4    W = 0
5    b = 0
```

这里把权重和偏移项都设成 0。

第三步：超参数设定

```
6    learning_rate = 0.01
7    num_epochs = 2000
8    n = len(X_train)
```

第 6 行设置学习率为 0.01，第 7 行设置 epoch（1 个 epoch 代表整个训练集里的数据被模型计算了 1 次，两个 epoch 则代表这个训练集被两次"喂"给了模型，依此类推）为 2000。第 8 行的 n 代表样本容量，这里 n 为 11。

第四步：建立线性模型

```
9    def pred(W, b, X):
10       return W * X + b
```

这两行利用一个自定义函数建立线性模型 $\hat{y} = Wx + b$，以方便后面使用。

第五步：利用梯度下降法进行线性回归

```
11   cost = []
12   epochs = [x for x in range(num_epochs)]
13   for i in range(num_epochs):
14       loss = 0.0
15       grad_W = 0.0
16       grad_b = 0.0
17       for j in range(n):
18           X = X_train[j]
19           y = y_train[j]
20           loss += (1/n) * (y - pred(W, b, X)) ** 2
```

```
21        grad_W += -(2/n) * (y - pred(W, b, X)) * X
22        grad_b += -(2/n) * (y - pred(W, b, X))
23     W = W - learning_rate * grad_W
24     b = b - learning_rate * grad_b
25     cost.append(loss)
```

首先在第 11 行和第 12 行建立两个 Python 列表，虽然它们不直接参与计算，但是在画图的部分会用到它们。

做梯度下降的整体思路是：在每一个 epoch 中，将所有数据输入模型，并让模型计算出梯度 $-\dfrac{2}{n}\sum_{i=1}^{n}(y^{\langle i\rangle}-\hat{y}^{\langle i\rangle})x^{\langle i\rangle}$ 和 $-\dfrac{2}{n}\sum_{i=1}^{n}(y^{\langle i\rangle}-\hat{y}^{\langle i\rangle})$。接着完成一次参数更新，即 $W:=W-\alpha\dfrac{2}{n}\sum_{i=1}^{n}(\hat{y}^{\langle i\rangle}-y^{\langle i\rangle})x^{\langle i\rangle}$ 和 $b:=b-\alpha\dfrac{2}{n}\sum_{i=1}^{n}(\hat{y}^{\langle i\rangle}-y^{\langle i\rangle})$。到这里，一个 epoch 就结束了，此时需考虑要不要再来一个 epoch。每次参数更新前，别忘了把损失函数和梯度清零。

根据上述思路来理解上面的代码。第 13 行建立一个循环，每循环一次（即一个 epoch），所有数据就会经过一次模型的处理，并更新 W 和 b。第 14 ～ 16 行将损失函数和梯度清零。第 17 行将每个数据点都放到模型中去处理，所以是 in range(n)。第 18 行和第 19 行从存储训练数据的 Python 列表中每次取出一个数据点 (X, y)。第 20 ～ 22 行将损失函数和梯度的数学公式用 Python 代码表达出来，千万不要忘了 (2/n) 前面的负号。当所有数据点都在模型中完成了一次处理后，第 23 行和第 24 行分别对 W 和 b 进行一次更新。第 25 行把损失函数添加到列表 cost 中，方便绘图。

第六步：绘图

```
26   plt.plot(epochs, cost)
27   plt.xlabel('Epochs')
28   plt.ylabel('loss')
29   plt.title('loss function')
30   plt.show()
```

这段代码将 epoch 和损失函数的关系绘制成图表。图表中会显示损失函数已经收敛。如果想用得到的 W 和 b 做一些数据预测，可以使用第四步编写的 pred() 函数。

3. 用 Keras 实现线性回归

代码文件：chapter_2_example_2.py

如果读者觉得手工编写代码有些"硬核"，没关系，接下来用 Keras 完成一次线性回归。

第一步：载入需要的库和数据

```
1    from keras.layers import Dense
2    from keras.models import Sequential
3    import numpy as np
4    X_train = [1, 1.2, 1.4, 1.5, 1.8, 2, 2.5, 3, 4, 5, 6.2]
5    y_train = [3, 5, 8, 9, 12, 16.5, 23.5, 43.7, 68.5, 89.3, 120]
```

这里只需要第 1 ～ 3 行载入的三个库。第 4 行和第 5 行仍然使用前面的数据。

第二步：数据前处理

```
6    X_train = np.array(X_train)
7    y_train = np.array(y_train)
8    X_train = np.reshape(X_train, (11, 1))
9    y_train = np.reshape(y_train, (11, 1))
```

首先在第 6 行和第 7 行把训练数据由 Python 列表转换成 NumPy 数组。接着在第 8 行和第 9 行对 NumPy 数组进行一次塑形，以方便 Keras 读取数据。这一步非常重要，希望大家也能养成这个习惯。现在 Keras 模型读取的数据就是形状为 (11, 1) 的数据集，每个数据点都是一个维度。

第三步：建立模型

```
10   model = Sequential()
11   model.add(Dense(1, input_shape=(1,), activation=None))
12   model.compile(optimizer='sgd', loss='mse')
13   model.summary()
```

第 10 行建立一个序列模型，然后用第 11 行在这个模型里加层。因为想要通过回归得到 $\hat{y} = Wx + b$，W 和 x 都是标量，所以 Dense() 函数的各参数设置为：第 1 个参数代表单元数，设置为 1；参数 input_shape 代表输入形状，设置为 (1,)，表示输入的每个数据点都是具有一个维度的向量；参数 activation 代表激活函数，这里不需要激活函数，因此设置为 None。接着在第 12 行编译模型。参数 optimizer 代表优化器，这里设置为 'sgd'（Stochastic Gradient Descent），表示使用随机梯度下降法优化参数；参数 loss 代表损失函数，这里设置为 'mse'，表示使用均方误差作为损失函数。第 13 行打印模型总结，运行后可看到只有两个参数。读者如果不太明白 Dense、activation 的含义也没关系，这些内容将在第 3 章详细讲解。

第四步：模型拟合

```
14   model.fit(x=X_train, y=y_train, epochs=2000, verbose=2)
```

和上一个程序一样，仍然跑 2000 个 epoch。

第五步：查看参数

```
15   for layer in model.layers:
16       weights = layer.get_weights()
17   print(weights)
```

这段代码用于输出训练后得到的参数，运行结果和上一程序得到的参数非常相近。

第六步：结果预测

```
18   test = np.array([1.8])
19   test = np.reshape(test, (1, 1))
20   test_result = model.predict(test)
21   print(test_result)
```

最后一步可将任意数据输入模型，查看预测结果是否准确。这里在第 18 行输入数据 1.8，读者可以自行尝试其他值。在第 19 行输入正确的维度，这个维度要与训练数据的维度相匹配。例如，训练数据的形状是 (11, 1)，那么在预测时输入的数据也要是二维的，在对一个数据点进行预测时，要用 reshape() 函数将其形状变成 (1, 1)。第 20 行用 model.predict() 函数对结果进行预测，最终可以得到 1.8 升排量的汽车售价约为 15.58 万元。

用 Keras 做线性回归虽然有些大材小用，速度还慢，但是用几行代码就能轻松完成任务。如果读者还是感觉一头雾水，可以带着问题继续阅读 2.2 节，这些问题都将迎刃而解。

2.2 多元线性回归

2.1 节的例子中，影响汽车售价的因素只有一个——发动机排量。随着市场数据调查的深入，发现汽车的长度对售价的影响也非常大：长一些的汽车普遍比较贵，短一些的汽车则比较便宜。于是，进一步扩充了数据，得到下表。

汽车售价 / 万元	发动机排量 / 升	长度 / 米
3	1.0	3.89
5	1.2	4.01
8	1.4	4.1
9	1.5	4.18
12	1.8	4.27
16.5	2.0	4.38
23.5	2.5	4.49
43.7	3.0	4.62
68.5	4.0	4.78
89.3	5.0	4.89
120	6.2	5.1

将影响目标（汽车售价）的因素（发动机排量和长度）称为特征（feature），那么这个例子有两个特征。这样的回归运算称为多元线性回归（multivariate linear regression）。

1. 多元线性回归的数学原理

以上述有两个特征的多元线性回归为例，其模型为

$$\hat{y} = W_1 x_1 + W_2 x_2 + b$$

式中，x_i 为第 i 个特征。如果看懂了 2.1 节的内容，相信新增一个特征不会带来太大困难。

如果对线性代数比较熟悉，会发现上式可以变化为

$$\hat{y} = \begin{bmatrix} W_1 & W_2 \end{bmatrix} \cdot \begin{bmatrix} x_1 \\ x_2 \end{bmatrix} + b = \boldsymbol{W} \cdot \boldsymbol{X} + b$$

我们可以将 $\boldsymbol{W}$ 和 $\boldsymbol{X}$ 都放入矩阵中以方便计算。在这个模型中，需要对 W_1、W_2 和 b 三个参数进行优化，损失函数仍然使用 MSE。三个参数的优化更新方程如下：

$$W_1 := W_1 - \alpha \frac{2}{n} \sum_{i=1}^{n} \left(\hat{y}^{\langle i \rangle} - y^{\langle i \rangle} \right) x_1^{\langle i \rangle}$$

$$W_2 := W_2 - \alpha \frac{2}{n} \sum_{i=1}^{n} \left(\hat{y}^{\langle i \rangle} - y^{\langle i \rangle} \right) x_2^{\langle i \rangle}$$

$$b := b - \alpha \frac{2}{n} \sum_{i=1}^{n} \left(\hat{y}^{\langle i \rangle} - y^{\langle i \rangle} \right)$$

2. 根据数学原理编写代码实现多元线性回归

代码文件：chapter_2_example_3.py

如果要根据数学原理编写代码实现上面这个多元线性回归，只需对 2.1 节的第一个程序做少量修改。

第一步：载入需要的库

```
1  import matplotlib.pyplot as plt
2  import numpy as np
```

第 2 行载入 NumPy 库，以便进行点乘等运算。

第二步：加载数据

```
3  X_train = [[1, 3.89], [1.2, 4.01], [1.4, 4.1], [1.5, 4.18], [1.8, 4.27],
   [2, 4.38], [2.5, 4.49], [3, 4.62], [4, 4.78], [5, 4.89], [6.2, 5.1]]
4  y_train = [3, 5, 8, 9, 12, 16.5, 23.5, 43.7, 68.5, 89.3, 120]
```

因为增加了一个特征，所以 X_train 的数据变多了，而 y_train 的数据不变。

第三步：参数初始化

```
5  W = [0.0, 0.0]
6  b = 0
```

第四步：超参数设定

```
7  learning_rate = 0.001
8  num_epochs = 5000
```

第五步：定义线性模型

```
9    def pred(W, b, X):
10       return np.dot(W, X) + b
```

第 10 行将线性模型用向量点乘的形式表达出来。

第六步：利用梯度下降法进行线性回归

```
11   cost = []
12   n = len(X_train)
13   epochs = [x for x in range(num_epochs)]
14   for i in range(num_epochs):
15       loss = 0.0
16       grad_W = [0.0, 0.0]
17       grad_b = 0.0
18       for j in range(n):
19           X = X_train[j]
20           y = y_train[j]
21           loss += (1/n) * (y - pred(W, b, X)) ** 2
22           grad_W += -(2/n) * np.dot((y - pred(W, b, X)), X)
23           grad_b += -(2/n) * (y - pred(W, b, X))
24       W = W - learning_rate * grad_W
25       b = b - learning_rate * grad_b
26       cost.append(loss)
```

与 2.1 节的第一个程序相比，只有第 16 行和第 22 行有改动，那是因为这里的 W 是一个向量。接下来可以像前面的程序一样为损失函数绘制图表，也可以用 pred() 函数做预测了。

3. 用 Keras 实现多元线性回归

代码文件：chapter_2_example_4.py

如果用 Keras 实现这个多元线性回归，只需对 2.1 节的第二个程序做少量更改。

首先，对训练数据的维度进行预处理：

```
1    X_train = [np.array(element) for element in X_train]
```

```
2   X_train = np.array(X_train)
3   y_train = np.array(y_train)
4   X_train = np.reshape(X_train, (11, 1, 2))
5   y_train = np.reshape(y_train, (11, 1, 1))
```

原始数据 X_train 是一个嵌套列表，即一个大列表中的每一个元素都是一个小列表。如果直接将 X_train 转换为 NumPy 数组，那么每一个小列表元素依然存在，因此，需要先对 X_train 内的每一个元素进行转换，再对 X_train 整体进行转换。第 1 行利用列表推导式（list comprehension）将 X_train 的每一个元素转换成 NumPy 数组，接着在第 2 行和第 3 行将 X_train、y_train 整体转换成 NumPy 数组，然后在第 4 行和第 5 行使用 reshape() 函数将数据转换成 Keras 可以读取的形式。

```
6   model = Sequential()
7   model.add(Dense(1, input_shape=(1, 2), activation=None))
8   model.compile(optimizer = 'sgd', loss = 'mse')
9   model.summary()
```

第 7 行的 input_shape 参数设置要匹配第 4 行的 X_train 的形状。其余地方无须更改。model.summary() 函数执行后显示参数为 3 个，满足我们的设定。

接下来的模型拟合和前面程序相同。

以上两种方式编写的多元线性回归程序得到的 W 和 b 非常接近。如果用 Excel 的回归功能去验算，最终结果会有些许偏差，那是因为 Excel 的多元线性回归使用了不同的算法。

如果后续又发现更多的特征对 y 构成影响，只需对输入维度进行更改。

2.3 逻辑回归

通过前两节的学习，相信读者对线性回归的基本原理已经有了一定的了解，在此基础上学习逻辑回归就没有什么难度了。逻辑回归主要用于解决二分类问题（binary classification problem）。二分类问题在我们的生活中无处不在。例如，电子邮件系统判断收到的新邮件是否为垃圾邮件就是一个二分类问题，因为判断结果只有"是"或"不是"两种情况。又如，通过信用卡账单的消费记录判断该信用卡是否被盗刷也是一个二分类问题，因为判断结果只有"被盗刷"或"未被盗刷"两种情况。除此之外，医疗诊断、营销策略分析等领域都会遇到二分类问题。

1．逻辑回归的数学原理

逻辑回归是在线性回归的基础上，将线性模型又放入了一个 sigmoid 函数中，最后使用不同的损失函数来进行参数的学习。因此，总体来说，逻辑回归相较于线性回归只有两点不同。下面来讲解逻辑回归的算法。

第一步：构建线性模型

这一步和线性回归相同：$Z = W^{T} \cdot X + b$。Z 代表线性模型的输出向量，因为要将 y 放到最后作为结果输出。权重向量 W 上标的 T 代表向量的转置，这里需要灵活处理。因为权重向量 W 和输入向量 X 要做向量点乘，至于是 $W \cdot X$、$W^{T} \cdot X$、$X \cdot W$ 还是 $X^{T} \cdot W$，要依照 X 和 W 的形状来定，总之宗旨就是要保证向量点乘可以进行下去。例如，如果

$$W = \begin{bmatrix} w_1 \\ w_2 \\ w_3 \end{bmatrix} \qquad X = \begin{bmatrix} x_1 \\ x_2 \\ x_3 \end{bmatrix}$$

那么就要保证点乘是 $W^{T} \cdot X$ 或 $X^{T} \cdot W$。如果 $W = [w_1 \ w_2 \ w_3]$，$X = [x_1 \ x_2 \ x_3]$，则要保证点乘是 $X \cdot W^{T}$ 或 $W \cdot X^{T}$。b 是一个由偏移项组成的向量，其维度由前一项（即 $W^{T} \cdot X$）决定。如果 X 是一个 3×2 的矩阵，W 是一个 3×1 的向量，那么 $W^{T} \cdot X$ 就是 1×2 的向量。为了保证后面的相加运算可以照常进行，b 也应该是一个 1×2 的向量，最终 Z 也是一个 1×2 的向量。因此，在搭建这样的模型时，建议预先对向量维度进行估算。

第二步：添加 sigmoid 函数

如果说第一步还与线性回归相似，那么第二步就是逻辑回归独有的东西了。先来简单了解一下 sigmoid 函数。sigmoid 函数的公式为 $\sigma(x) = \dfrac{1}{1 + e^{-x}}$，函数图像如右图所示。

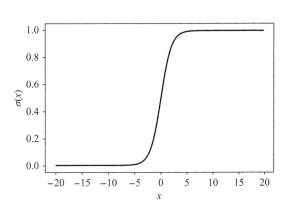

从图像可以看出 sigmoid 函数具备几个有意思的特性：如果 $x=0$，那么 sigmoid 函数的输出是 0.5；如果 x 非常大，那么 sigmoid 函数的输出无限接近 1；如果 x 非常小，那么 sigmoid 函数的输出无限接近 0。逻辑回归正是利用这些特性进行二分类判断的。

了解了 sigmoid 函数，我们回到逻辑回归。逻辑回归的第二步需要将第一步得到的线性模型输出 Z 放入 sigmoid 函数中。sigmoid 函数输出的值在 $0 \sim 1$ 之间，所以可以认为它是一种概率（任何概率值的分布也在 $0 \sim 1$ 之间）。这个概率就是判断结果标签是 $y=1$ 时的概率。这句话不太好理解，下面举个例子来说明。假设现在需要判断收到的新邮件是不是垃圾邮件，则结果只有"是"或"不是"两种。令 $y=1$ 代表"是"，$y=0$ 代表"不是"，此时 sigmoid 函数输出的是"是"的概率。我们通常规定：如果 sigmoid 函数的输出结果大于或等于 0.5，对应的是 $y=1$；否则对应 $y=0$。如果反过来令 $y=1$ 代表"不是"，$y=0$ 代表"是"，那么 sigmoid 函数输出的就是"不是"的概率。"是"和"不是"的概率之和等于 1。用数学语言表示上述过程就是

$$\hat{y}=\sigma(Z)$$

其中 $Z=W^\mathrm{T} \cdot X + b$，$\sigma(Z)=\dfrac{1}{1+\mathrm{e}^{-z}}$。

当 Z 是一个向量或矩阵时，只需把 sigmoid 函数作用在 Z 的每一个元素上。此时得到的 $\hat{y}$ 的维度和 Z 相同。

第三步：构建损失函数

前面说到 $\hat{y}$ 是一个概率，这个概率用数学语言表示就是

$$\hat{y}=\mathrm{Pr}(y=1|x)$$

这个公式的意思是：$\hat{y}$ 为当给定输入 x 时，判断得到结果 $y=1$ 的概率。因此，判断得到结果 $y=0$ 的概率就是 $1-\hat{y}$。把它们放在一起，对一个数据点判断得到任意一个结果的概率就是 $\mathrm{Pr}(y|x)=\hat{y}^y(1-\hat{y})^{(1-y)}$。因为 $\hat{y}$ 是判断得到 $y=1$ 的概率，如果此时 $y=0$，那么 $\hat{y}^y=1$，影响概率 $\mathrm{Pr}(y|x)$ 的就只有 $(1-\hat{y})^1$，且含义为判断得到 $y=0$ 的概率。如果此时 $y=1$，那么 $1-y=0$，所以 $(1-\hat{y})^{(1-y)}=1$，影响概率 $\mathrm{Pr}(y|x)$ 的就只有 $\hat{y}^1$ 了。我们也可以将 $\mathrm{Pr}(y|x)$ 理解为判断正确的概率。宏观地看，整个逻辑回归的目的就是要让这个判断正确的概率最大化。对带有幂的复杂函数进行优化表面上看来并不简单，但我们可以玩一些"小动作"来解决这个问题——使用 log 函数。因此，问题变成了要优化如下函数：

$$\log\mathrm{Pr}\left(y|x\right)=y\log\hat{y}+\left(1-y\right)\log\left(1-\hat{y}\right)$$

而在逻辑回归中，就要将$-\log\mathrm{Pr}\left(y|x\right)$最小化。如果有很多数据点，那么针对单个数据点判断的概率是$\mathrm{Pr}\left(y^{\langle i\rangle}|x^{\langle i\rangle}\right)$，针对所有数据点判断的概率是$\prod_{i=1}^{n}\mathrm{Pr}\left(y^{\langle i\rangle}|x^{\langle i\rangle}\right)$。利用一个 log 函数，可以得到总概率为$\sum_{i=1}^{n}\log\mathrm{Pr}\left(y^{\langle i\rangle}|x^{\langle i\rangle}\right)$。此时需要把$-\sum_{i=1}^{n}\log\mathrm{Pr}\left(y^{\langle i\rangle}|x^{\langle i\rangle}\right)$最小化，因此，可以定义损失函数

$$J=-\frac{1}{n}\sum_{i=1}^{n}\log\mathrm{Pr}\left(y^{\langle i\rangle}|x^{\langle i\rangle}\right)$$

其中$\log\mathrm{Pr}\left(y|x\right)=y\log\hat{y}+\left(1-y\right)\log\left(1-\hat{y}\right)$。

我们同样可以使用梯度下降法对损失函数进行优化以求得最小值。切记，在求解分类问题时，不能像线性回归那样使用 MSE 作为损失函数，否则很容易导致损失函数无法收敛。

2．根据数学原理编写代码实现逻辑回归

代码文件：chapter_2_example_5.py

下面把 2.2 节中例子的数据变一变（见下表），利用逻辑回归算法，根据发动机排量和车辆长度，判断消费者是否有购买意愿。有购买意愿对应的是 1，反之则是 0。

汽车售价 / 万元	发动机排量 / 升	长度 / 米	是否购买（是 =1，否 =0）
3	1.0	3.89	1
5	1.2	4.01	1
8	1.4	4.1	1
9	1.5	4.18	1
12	1.8	4.27	1
16.5	2.0	4.38	1
23.5	2.5	4.49	0
43.7	3.0	4.62	0
68.5	4.0	4.78	0
89.3	5.0	4.89	0
120	6.2	5.1	0

我们只需要在 2.2 节第一个程序的基础上做一定修改。这里对售价不感兴趣，只关心购买意愿，那么需要重新建立一个 y_train 向量。将 y_train = [3, 5, 8, 9, 12, 16.5, 23.5, 43.7, 68.5, 89.3, 120] 修改为 y_train = [1, 1, 1, 1, 1, 1, 0, 0, 0, 0, 0]。接着构建一个 sigmoid() 函数，代码如下：

```
1  def sigmoid(Z):
2      return 1 / (1 + np.exp(-Z))
```

代码非常简单，其功能就是实现了 sigmoid() 函数的公式。

接下来的模型训练也非常简单，代码如下：

```
3  for i in range(num_epochs):
4      loss = 0.0
5      grad_W = [0.0, 0.0]
6      grad_b = 0.0
7      for j in range(n):
8          X = X_train[j]
9          y = y_train[j]
10         Z = pred(W, b, X)
11         y_hat = sigmoid(Z)
12         loss += -(1 / n) * (y * np.log(y_hat) + (1 - y) * np.log(1 - y_hat))
13         grad_W += -(1 / n) * np.dot((y - y_hat), X)
14         grad_b += -(1 / n) * (y - y_hat)
15     W = W - learning_rate * grad_W
16     b = b - learning_rate * grad_b
17     cost.append(loss)
```

与 2.2 节第一个程序相比，最主要的变化在第 11 行和第 14 行。先在第 11 行计算出 $\hat{y}$，接着在第 12 行按照损失函数的数学公式编写表达式。重点在第 13 行和第 14 行，分别要求 $\frac{\partial J}{\partial W}$ 和 $\frac{\partial J}{\partial b}$。根据链式法则可知

$$\frac{\partial J}{\partial W} = \frac{\partial J}{\partial \hat{y}} \frac{\partial \hat{y}}{\partial Z} \frac{\partial Z}{\partial W}$$

对等号右边的三项分别求解，得到

$$\frac{\partial J}{\partial \hat{y}} = -\frac{1}{n}\sum_{i=1}^{n}\left[\frac{y}{\hat{y}} - \frac{1-y}{1-\hat{y}}\right] = -\frac{1}{n}\sum_{i=1}^{n}\left[\frac{y-\hat{y}}{\hat{y}(1-\hat{y})}\right]$$

$$\frac{\partial \hat{y}}{\partial Z} = \sigma(Z)(1-\sigma(Z)) = \hat{y}(1-\hat{y})$$

$$\frac{\partial Z}{\partial W} = X$$

所以

$$\frac{\partial J}{\partial W} = -\frac{1}{n}\sum_{i=1}^{n}(y-\hat{y})X$$

同理，可以求得

$$\frac{\partial J}{\partial b} = -\frac{1}{n}\sum_{i=1}^{n}(y-\hat{y})$$

根据这两个梯度公式编写第 13 行和第 14 行，即可完成逻辑回归的训练。最后，可以用前文提到的方法进行预测，并通过绘制图表对损失函数进行观察。

3．用 Keras 实现逻辑回归

代码文件：chapter_2_example_6.py

如果觉得上面的方法比较烦琐，还可以用 Keras 实现逻辑回归。只需要在定义模型的地方稍加改动，具体如下：

```
1  model = Sequential()
2  model.add(Dense(1, input_shape=(1, 2), activation='sigmoid'))
3  model.compile(optimizer='sgd', loss='binary_crossentropy', metrics=['accuracy'])
4  model.summary()
```

与 2.2 节的第二个程序相比，需在第 2 行将参数 activation 设置为 'sigmoid'，在第 3 行将参数 loss（损失函数）设置为 'binary_crossentropy'。这两个选项的含义在后面的章节会详细介绍。其余地方和线性回归的代码是一样的。运行代码后，model.summary() 函数的输出结果表明模型只有 3 个参数，与我们的预期一致。切记，对分类问题不可使用 MSE 作为损失函数。在调试过程中如果看到 loss='mse'，一定要仔细思考当前是在处理分类问题还是回归问题。

第 3 章

神经网络入门

- 简单神经网络的基本结构
- 正向传播
- 激活函数
- MLP 的反向传播与求导
- MLP 的损失函数
- 权重初始化
- 案例：黑白手写数字识别

在学习本章之前，你也许会问："神经网络"一词中的"神经"是如何来的？试想一下，当你连续玩了两个小时手机游戏后，一定能感到手机背面一阵滚烫。高中生物课本告诉我们：此时，你的感觉神经末梢将一条叫"警告：温度高！"的信息以极高的速度传递给你的大脑，组成这条信息高速公路的基本单元称为神经元（neuron）。每一个神经元都对该信息进行收集并计算，最后传递给其他神经元。信息通过无数个这样的神经元进行传递和扩散，最终抵达大脑。本章要介绍的神经网络中的神经元也有着类似的功能，"神经网络"（neural network）的名称便由此而来。

神经网络的算法结构是科学家们受神经元工作原理的启发，通过不同的堆积组合方式创造出来的。从 20 世纪 50 年代开始，类似的研究就已经陆续问世。随着这门技术的不断发展，人们可以利用由若干层神经元组成的复杂神经网络系统训练出具有一定智能化程度的模型。最开始，人们将 3 ～ 5 层的神经网络定义成"深度"神经网络，而现在，随着计算机运算能力的提升，很多深度神经网络都达到了上百层甚至几百层。在我们的生活中，神经网络已经随处可见。自拍时的人脸识别、手机里能聊天的"语音助手"、会自动谱曲和作画的机器人等应用场景的背后，神经网络功不可没。

本章将从最简单的神经网络——多层感知机（Multi-Layer Perceptron，MLP）开始学习。笔者认为，MLP 的运用主要分为训练和预测两个阶段。那么什么是训练呢？为了避免冗长的数学解释，我们可以将 MLP 看成一个黑盒子，如下左图所示。我们只知道黑盒子有输入和输出，并不知道其内部构造。在训练阶段，给黑盒子一些"输入"和"标签"。例如，在黑盒子中放入 1000 张小猫图片和 1000 张小狗图片，并在图片上附上标签"小猫"和"小狗"。经过一定时间的训练，黑盒子的内部构造逐渐发生改变，并自发地构建了我们所给的输入和标签之间的联系。训练结束后，该进行预测了。如果我们再给黑盒子一张新的图片作为输入，那么黑盒子将准确地预测图片内容，输出一个标签"小猫"或"小狗"，如下右图所示。有心的读者一定能发现这个过程类似前面讲过的回归运算。

本章将为大家逐步揭开 MLP 的神秘面纱。首先讲解 MLP 的基本网络结构，包括输入、隐层、输出和主要结构特点等；其次解释正向传播的概念，并讲述线性和非线性运算是怎么在神经元中进行的；然后通过讲解反向传播来了解整个 MLP 的工作原理；最后解锁新成就——训练自己的第一个神经网络。

3.1 简单神经网络的基本结构

以一个通俗易懂的例子开始本节的内容。假设刚参加工作的你正在犹豫是否购买一辆汽车，影响购买的 4 个因素分别是价格、空间、动力、燃油经济性。你找来市场上同龄人购买汽车的相关数据，并用简单的神经网络训练了一个模型，如下图所示，以帮自己做决定。

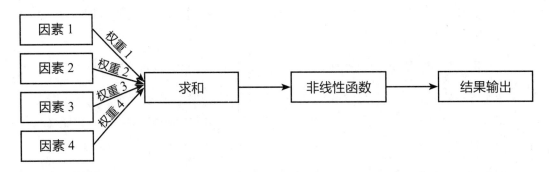

根据以上模型，正在考虑的 4 个因素是该神经网络的 4 个输入。每个输入都和对应的 4 个权重分别做乘法运算（因素 n × 权重 n），得到 4 个积。接着将这 4 个积求和，此时运算是线性的。接下来求得的和将参与非线性运算并得到最终结果，即你会不会购买这辆车。值得注意的是，这 4 个因素对购买者的重要程度各不相同。如果市场更倾向燃油经济性高的车，那么对应的权重将会比较大。可以看出，权重决定了神经网络的输出结果。神经网络训练的目的就是要将权重调节到最佳值，从而使整个网络的预测结果更精准。因此，与传统算法相比，神经网络有着开发建模速度快、建模成本低、性能强大等优势。

为方便大家理解，下面进行一次手动运算。假设 4 个因素对应的权重在训练结束后分别为 −0.01、0.05、0.002 和 −0.1（要注意在这里这些权重的和不一定要为 1，因此求得的这个和不是 4 个因素的加权平均值）。中间的非线性函数为 sigmoid 函数，其结果大于或等于 0.5 对应购买，小于 0.5 对应不购买。先来看一辆 AMW 牌汽车，它的 4 个因素分别为 20、4.6、245、12，那么 $20 × (−0.01) + 4.6 × 0.05 + 245 × 0.002 + 12 × (−0.1) = −0.68$，而 $\text{sigmoid}(−0.68) = 0.336 < 0.5$，所以这辆车不是购买目标。接着看另一辆 BUDI 牌汽车，它的 4 个因素分别为 16、4.8、292、6.4。通过同样的计算，sigmoid 函数得到的值为 0.506 > 0.5，这才是你要购买的车。

基于上面这个例子，开始对神经网络展开更深入的了解。先从一个神经元开始。假设 4 个因素分别为 $x_1 \sim x_4$，权重分别为 $w_1 \sim w_4$，非线性函数为第 2 章中介绍的 sigmoid 函数，那么一个神经元的数学表达式应该是 $z = b + w_1 x_1 + w_2 x_2 + w_3 x_3 + w_4 x_4$，输出 $a = g(z)$，其

中 $g(z) = \dfrac{1}{1+e^{-z}}$，$b$ 是偏移项。可以看出，一个神经元完成了线性和非线性运算。由于 $0 < g(z) < 1$，可以根据这个特点对结果进行判断。我们通常将此时的非线性函数称为激活函数（activation function），它在神经网络中起到了很重要的作用。

3.2 正向传播

现在开始"动真格的"，将 3.1 节中的神经网络模型变得稍微复杂一点，并介绍 MLP 的结构。下图就是一个简单的 MLP 网络。

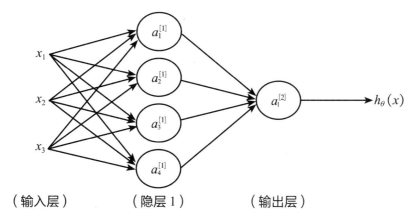

（输入层）　　　　　（隐层 1）　　　　　（输出层）

在数神经网络结构的层数时，通常不会数输入层，而只数从隐层 1（也就是第一层隐层）开始一直到输出层的所有层数。因此，上图的网络结构为一个两层网络。我们把训练时输入的 x 称为特征（feature），中间的一层称为隐层（hidden layer），隐层中的每一个小圆圈称为神经元（neuron）或单元（unit）。上图的隐层由 4 个神经元（单元）组成。$a_i^{[j]}$ 代表第 j 层的第 i 个神经元。因为神经元中有激活函数，所以此处用字母 a 代表神经元。输出层由一个神经元构成。箭头所指处做的是乘法运算，如果有多个箭头指向一个神经元，则表示将多个乘积相加。因此，每个特征要和 4 个权重相乘，隐层 1 中的每个神经元都接收 3 个特征和其对应权重的乘积。如果用数学公式表达该网络结构，则为：

$$a_1^{[1]} = g\left(w_{11}^{[1]}x_1 + w_{12}^{[1]}x_2 + w_{13}^{[1]}x_3 + b_1^{[1]}\right)$$
$$a_2^{[1]} = g\left(w_{21}^{[1]}x_1 + w_{22}^{[1]}x_2 + w_{23}^{[1]}x_3 + b_2^{[1]}\right)$$
$$a_3^{[1]} = g\left(w_{31}^{[1]}x_1 + w_{32}^{[1]}x_2 + w_{33}^{[1]}x_3 + b_3^{[1]}\right)$$
$$a_4^{[1]} = g\left(w_{41}^{[1]}x_1 + w_{42}^{[1]}x_2 + w_{43}^{[1]}x_3 + b_4^{[1]}\right)$$

$$a_1^{[2]} = g\left(w_{11}^{[2]}a_1^{[1]} + w_{12}^{[2]}a_2^{[1]} + w_{13}^{[2]}a_3^{[1]} + w_{14}^{[2]}a_4^{[1]} + b_1^{[2]}\right) = h_\theta(x)$$

其中 $g(z)$ 为激活函数，此处可用 sigmoid 函数作为激活函数；b 为偏移项。

以上公式建立了神经网络中层与层之间的关系。可以看到：第一层的权重 $w^{[1]}$ 有 12 个权重参数，偏移项 $b^{[1]}$ 有 4 个偏移参数；第二层的权重 $w^{[2]}$ 有 4 个权重参数，偏移项 $b^{[2]}$ 有 1 个偏移参数。由此可总结出一条规律：如果神经网络在第 j 层有 s_j 个单元，在第 $j-1$ 层有 s_{j-1} 个单元，那么在第 j 层就有 $s_j \times s_{j-1}$ 个权重参数和 s_j 个偏移参数。

数学好的读者一定在以上公式中发现了规律，那就是可以用向量点乘的方式来表达以上公式。这个过程称为向量化（vectorization），这样也可以提高运算速度。假设输入矩阵为

$$X = \begin{bmatrix} x_1 \\ x_2 \\ x_3 \end{bmatrix}$$

那么权重矩阵分别为

$$W^{[1]} = \begin{bmatrix} w_{11}^{[1]} & w_{12}^{[1]} & w_{13}^{[1]} \\ w_{21}^{[1]} & w_{22}^{[1]} & w_{23}^{[1]} \\ w_{31}^{[1]} & w_{32}^{[1]} & w_{33}^{[1]} \\ w_{41}^{[1]} & w_{42}^{[1]} & w_{43}^{[1]} \end{bmatrix} \qquad W^{[2]} = \begin{bmatrix} w_{11}^{[2]} & w_{12}^{[2]} & w_{13}^{[2]} & w_{14}^{[2]} \end{bmatrix}$$

偏移项分别为

$$b^{[1]} = \begin{bmatrix} b_1^{[1]} \\ b_2^{[1]} \\ b_3^{[1]} \\ b_4^{[1]} \end{bmatrix} \qquad b^{[2]} = b_1^{[2]}$$

整个网络可以表示为

$$Z^{[1]} = W^{[1]} \cdot X + b^{[1]} \qquad a^{[1]} = g(Z^{[1]})$$
$$Z^{[2]} = W^{[2]} \cdot a^{[1]} + b^{[2]} \qquad a^{[2]} = g(Z^{[2]})$$

如果某个网络结构中出现了多个隐层，那么可以将这个网络称为深度神经网络（DNN）。假设在 MLP 中有 k 层（$k > 1$），那么将 MLP 的表达式通式化以后可以得到：

$$a^{[0]} = X$$
$$Z^{[l]} = W^{[l]} \cdot a^{[l-1]} + b^{[l]} \quad (0 < l \leqslant k)$$
$$a^{[l]} = g(Z^{[l]})$$

借助向量化，仅用几个公式即可表示以上网络结构。以上过程使信息实现了从输入层到输出层的正向流动，因而称之为正向传播（forward propagation）。

在实际运用过程中，搭建好自己的网络后，下一步就是要通过向量的维度平衡来验证网络结构是否正确。这里提供一组公式，方便大家以后验证向量维度平衡：

$X \in \mathbf{R}^{n \times m}$ n 为特征数量，m 为样本数量，所以 X 是一个 n 行 m 列的矩阵

$W^{[j]} \in \mathbf{R}^{s_j \times s_{j-1}}$ s_j 为第 j 层单元数量，$s_j = n$

$Z^{[j]} \in \mathbf{R}^{s_j \times m}$

$a^{[j]} \in \mathbf{R}^{s_j \times m}$

$b^{[j]} \in \mathbf{R}^{s_j \times 1}$

3.3 激活函数

激活函数是神经网络中最重要的一环。不同的激活函数对神经网络性能的影响也不一样。如果没有激活函数的加持，神经网络将成为一个线性方程，隐层将失去存在的意义（本节的最后会证明这一点）。本节将介绍几个常见的激活函数。

1. sigmoid 函数

在逻辑回归中提到的 sigmoid 函数是一个非线性函数，因而可以作为激活函数来使用。sigmoid 函数的公式为 $\sigma(x) = \dfrac{1}{1 + e^{-x}}$，其在 x 方向上的导数为 $\dfrac{\mathrm{d}\sigma(x)}{\mathrm{d}x} = \sigma(x)(1 - \sigma(x))$。它们的函数图像分别如下左图和下右图所示。

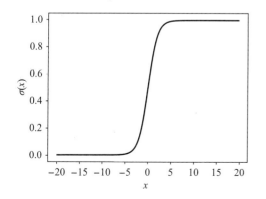
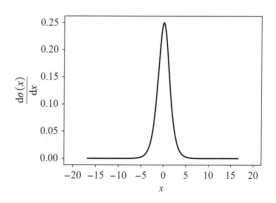

从图中可以看出，当 x 特别大或特别小时，函数图像的斜率（x 方向上的梯度）几乎为 0。

然而从前面的章节中得知,梯度下降法的核心是利用梯度更新权重参数。如果梯度接近于 0,会导致无法更新参数,神经网络就无法训练出最佳的权重。这一问题称为梯度消失(vanishing gradient)。此外,sigmoid 函数中的指数运算比较耗费运算资源,并且它也不是零均值化函数。因此,sigmoid 函数并不是一个很好用的激活函数。

2. tanh 函数

tanh 函数的公式为 $\tanh(x) = \dfrac{e^x - e^{-x}}{e^x + e^{-x}}$,其导数为 $\dfrac{\mathrm{d}\tanh(x)}{\mathrm{d}x} = 1 - \tanh^2(x)$。它们的函数图像分别如下左图和下右图所示。

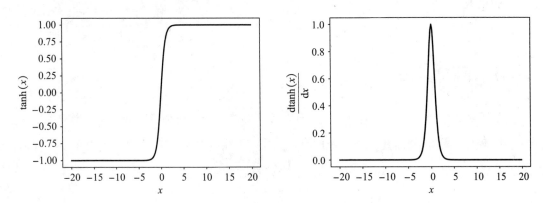

从图中可以看出,虽然 tanh 函数是零均值化函数,但是仍然存在梯度消失和耗费运算资源的问题。

3. ReLU 函数

ReLU(Rectified Linear Unit,修正线性单元)函数的公式为 $g(x) = \max(0, x)$,它是一个分段线性函数,导数为 $\dfrac{\mathrm{d}g(x)}{\mathrm{d}x} = \begin{cases} 0 & x < 0 \\ 1 & x \geqslant 0 \end{cases}$。它们的函数图像分别如下左图和下右图所示。

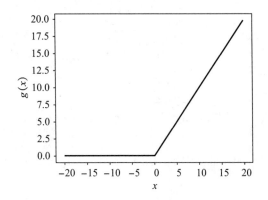
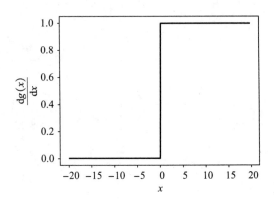

从图中可以看出，当 x 大于 0 时，ReLU 函数不会导致梯度消失问题。而且 ReLU 函数的运算很简单，对计算资源的耗费较少，运算速度也比前两种函数更快。在实际应用中，ReLU 函数也在大多数情况下提供了更快的收敛速度。

但是，ReLU 函数也有缺陷，例如，不是零均值化，并且存在梯度"死亡"现象。于是人们提出了 Leaky ReLU（带泄露修正线性单元）。相较于 ReLU，Leaky ReLU 对 x 小于 0 的情况做了一定优化，其数学表达式为 $g(x) = \max(ax, x)$。其中 a 不等于 1，通常为一个很小的数，从而避免了梯度"死亡"现象。

那么我们在搭建自己的神经网络时，应该如何选择激活函数呢？大量的经验告诉我们：ReLU 函数在大多数时候都是一个不错的选择；如果发现梯度"死亡"，则可以尝试使用 Leaky ReLU；而 sigmoid 函数可以在解决二分类问题时使用。

有些读者也许会问，如果没有非线性函数作为激活函数会怎么样？来看看以下示例。

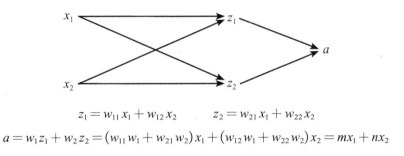

$$z_1 = w_{11}x_1 + w_{12}x_2 \qquad z_2 = w_{21}x_1 + w_{22}x_2$$

$$a = w_1z_1 + w_2z_2 = (w_{11}w_1 + w_{21}w_2)x_1 + (w_{12}w_1 + w_{22}w_2)x_2 = mx_1 + nx_2$$

最终整个网络变成了一个线性方程。

3.4 MLP 的反向传播与求导

3.2 节介绍了神经网络的正向传播。在神经网络中，信息实现正向传播以后需要靠反向传播来保证将权重调节更新到最佳值，以获得最佳的预测效果。Keras 等深度学习框架可以在后台自动完成反向传播的计算，但我们仍然有必要对反向传播做一定的了解，从而对深度神经网络有更加具体的认识，也更有利于以后自行搭建和调试神经网络。

神经网络是通过不断迭代优化来完成权重的更新的。笔者认为，在优化算法中最重要的一项是梯度项，因此，本节会涉及一些求导运算，需要一定的数学基础才能理解。不过读者不必担心，本节讲解的求导运算并不难。

先来"热热身"。还记得链式法则吗？假设 $h(x) = f(x)g(x)$，那么有

$$\frac{\partial h}{\partial x} = \frac{\partial h}{\partial f}\frac{\partial f}{\partial x} + \frac{\partial h}{\partial g}\frac{\partial g}{\partial x} = g\frac{\partial f}{\partial x} + f\frac{\partial g}{\partial x}$$

下面构建一个简单的正向传播网络：

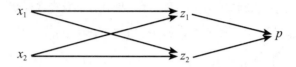

用数学语言表达为：$z_1 = z_1(x_1, x_2)$，$z_2 = z_2(x_1, x_2)$，$p = p(z_1, z_2)$。

通过这个网络，我们开始反向传播：

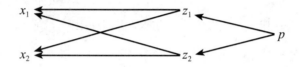

根据链式法则可得：

$$\frac{\partial p}{\partial x_1} = \frac{\partial p}{\partial z_1}\frac{\partial z_1}{\partial x_1} + \frac{\partial p}{\partial z_2}\frac{\partial z_2}{\partial x_1} \qquad \frac{\partial p}{\partial x_2} = \frac{\partial p}{\partial z_1}\frac{\partial z_1}{\partial x_2} + \frac{\partial p}{\partial z_2}\frac{\partial z_2}{\partial x_2}$$

为了方便理解，$\frac{\partial p}{\partial x_1}$ 可以解释为从 p 点回到 x_1 的所有路径，即从 p 点到 z_1 再到 x_1 和从 p 点到 z_2 再到 x_1。同样，$\frac{\partial p}{\partial x_2}$ 也可以这么理解。

接着来看看下面的反向传播网络：

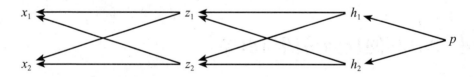

根据链式法则可得：

$$\frac{\partial p}{\partial x_1} = \frac{\partial p}{\partial h_1}\frac{\partial h_1}{\partial x_1} + \frac{\partial p}{\partial h_2}\frac{\partial h_2}{\partial x_1} \qquad \frac{\partial h_1}{\partial x_1} = \frac{\partial h_1}{\partial z_1}\frac{\partial z_1}{\partial x_1} + \frac{\partial h_1}{\partial z_2}\frac{\partial z_2}{\partial x_1} \qquad \frac{\partial h_2}{\partial x_1} = \frac{\partial h_2}{\partial z_1}\frac{\partial z_1}{\partial x_1} + \frac{\partial h_2}{\partial z_2}\frac{\partial z_2}{\partial x_1}$$

因此有

$$\frac{\partial p}{\partial x_1} = \frac{\partial p}{\partial h_1}\left(\frac{\partial h_1}{\partial z_1}\frac{\partial z_1}{\partial x_1} + \frac{\partial h_1}{\partial z_2}\frac{\partial z_2}{\partial x_1}\right) + \frac{\partial p}{\partial h_2}\left(\frac{\partial h_2}{\partial z_1}\frac{\partial z_1}{\partial x_1} + \frac{\partial h_2}{\partial z_2}\frac{\partial z_2}{\partial x_1}\right)$$

以上网络也可以用"路径"的思想来理解。

在实际的神经元中：

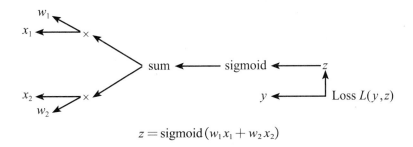

$$z = \text{sigmoid}(w_1 x_1 + w_2 x_2)$$

损失函数 $L = L(y, z)$，其中 y 是来自训练数据的标签，z 是训练时网络的预测结果。根据梯度下降法有：

$$w_1 := w_1 - \alpha \frac{\partial L}{\partial w_1} \qquad w_2 := w_2 - \alpha \frac{\partial L}{\partial w_2}$$

其中 α 是学习率（learning rate），后续章节会讲解怎么调节这个参数。用链式法则求解 $\frac{\partial L}{\partial w_1}$ 和 $\frac{\partial L}{\partial w_2}$，结果如下：

$$\frac{\partial L}{\partial w_1} = \frac{\partial L}{\partial z} \frac{\partial \text{sigmoid}}{\partial \text{sum}} x_1 \qquad \frac{\partial L}{\partial w_2} = \frac{\partial L}{\partial z} \frac{\partial \text{sigmoid}}{\partial \text{sum}} x_2$$

随着网络训练的进行，$\frac{\partial L}{\partial w_1}$ 和 $\frac{\partial L}{\partial w_2}$ 将逐渐变小，最终权重值 w_1 和 w_2 将逐步接近我们的期待值，从而达到精确预测的目的。

前面讲过，在实际的神经网络中通常会使用向量化计算，在反向传播中也不例外。下面来看一个简单的例子：三个输入，两个神经元，一个线性激活函数。

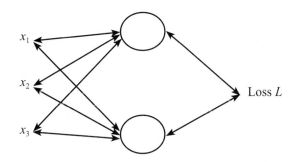

那么，在数学上，正向传播为

$$\begin{bmatrix} w_{11} & w_{12} & w_{13} \\ w_{21} & w_{22} & w_{23} \end{bmatrix} \cdot \begin{bmatrix} x_1 \\ x_2 \\ x_3 \end{bmatrix} = \begin{bmatrix} z_1 & z_2 \end{bmatrix}$$

可以写作 $\boldsymbol{WX} = \boldsymbol{Z}$。反向传播时，我们要计算梯度 $\dfrac{\partial \boldsymbol{L}}{\partial \boldsymbol{W}}$，因此有

$$\frac{\partial \boldsymbol{L}}{\partial \boldsymbol{W}} = \begin{bmatrix} \dfrac{\partial L}{\partial w_{11}} & \dfrac{\partial L}{\partial w_{12}} & \dfrac{\partial L}{\partial w_{13}} \\ \dfrac{\partial L}{\partial w_{21}} & \dfrac{\partial L}{\partial w_{22}} & \dfrac{\partial L}{\partial w_{23}} \end{bmatrix}$$

那么，$\boldsymbol{W}_{\text{new}} := \boldsymbol{W}_{\text{old}} - \alpha \dfrac{\partial \boldsymbol{L}}{\partial \boldsymbol{W}}$ 可以完成梯度下降的计算从而得到权重矩阵。

在以上网络中，根据链式法则可得 $\dfrac{\partial \boldsymbol{L}}{\partial \boldsymbol{W}} = \dfrac{\partial \boldsymbol{L}}{\partial \boldsymbol{Z}} \dfrac{\partial \boldsymbol{Z}}{\partial \boldsymbol{W}}$，其中 $\dfrac{\partial \boldsymbol{L}}{\partial \boldsymbol{Z}} = \begin{bmatrix} \dfrac{\partial L}{\partial z_1} & \dfrac{\partial L}{\partial z_2} \end{bmatrix}$，$\dfrac{\partial \boldsymbol{Z}}{\partial \boldsymbol{W}} = \boldsymbol{X}$。

因为 $\boldsymbol{X}$ 为 3×1 矩阵，$\dfrac{\partial \boldsymbol{L}}{\partial \boldsymbol{Z}}$ 为 1×2 矩阵，为保证向量维度平衡，可以借助向量转置，得到 $\dfrac{\partial \boldsymbol{L}}{\partial \boldsymbol{W}} = \dfrac{\partial \boldsymbol{L}}{\partial \boldsymbol{Z}}^{\mathrm{T}} \boldsymbol{X}^{\mathrm{T}}$，其维度为 2×3。$\dfrac{\partial \boldsymbol{L}}{\partial \boldsymbol{Z}}$ 的具体求解比较复杂，这里不做介绍，有一定数学功底和兴趣的读者可以试试。利用以上方法，也可以得到偏移项 $\boldsymbol{b}$ 的梯度。

最后，用数学语言高度概括一下反向传播的过程。假设有一个 L 层的 MLP 网络。首先回忆一下前文提到的正向传播公式：

$$\boldsymbol{Z}^{[l]} = \boldsymbol{W}^{[l]} \cdot \boldsymbol{a}^{[l-1]} + \boldsymbol{b}^{[l]} \, (0 < l \leqslant L) \qquad \boldsymbol{a}^{[l]} = g(\boldsymbol{Z}^{[l]})$$

损失函数针对最后一层输出层的梯度为

$$\frac{\partial \boldsymbol{L}}{\partial \boldsymbol{Z}^{[L]}} = \frac{\partial \boldsymbol{L}}{\partial \boldsymbol{a}^{[L]}} \cdot \frac{\partial g}{\partial \boldsymbol{Z}^{[L]}}$$

因为 $\boldsymbol{Z}^{[l+1]} = \boldsymbol{W}^{[l+1]} \cdot \boldsymbol{a}^{[l]} + \boldsymbol{b}^{[l+1]} = \boldsymbol{W}^{[l+1]} \cdot g(\boldsymbol{Z}^{[l]}) + \boldsymbol{b}^{[l+1]}$，可以求得该梯度在 l 层为

$$\frac{\partial \boldsymbol{L}}{\partial \boldsymbol{Z}^{[l]}} = \left(\frac{\partial \boldsymbol{Z}^{[l+1]}}{\partial \boldsymbol{Z}^{[l]}} \right)^{\mathrm{T}} \frac{\partial \boldsymbol{L}}{\partial \boldsymbol{Z}^{[l+1]}} = \boldsymbol{W}^{[l+1]} \frac{\partial \boldsymbol{L}}{\partial \boldsymbol{Z}^{[l+1]}} \cdot \frac{\partial g}{\partial \boldsymbol{Z}^{[l]}}$$

所以有

$$\frac{\partial \boldsymbol{L}}{\partial \boldsymbol{W}^{[l]}} = \frac{\partial \boldsymbol{L}}{\partial \boldsymbol{Z}^{[l]}} \left(\boldsymbol{a}^{[l-1]} \right)^{\mathrm{T}} \qquad \frac{\partial \boldsymbol{L}}{\partial \boldsymbol{b}^{[l]}} = \frac{\partial \boldsymbol{L}}{\partial \boldsymbol{Z}^{[l]}}$$

以上公式描述的正是反向传播的全部数学过程。

到这里，相信大家对神经网络的基本工作原理已经有了大致的了解。实际的神经网络训练也是通过正向传播和反向传播的不断交替往复来达到训练目的的。

3.5　MLP 的损失函数

我们在第 2 章提到过损失函数：

$$L = -\frac{1}{m}\left[\sum_{i=1}^{m} y^{\langle i\rangle}\log\hat{y}^{\langle i\rangle} + (1-y^{\langle i\rangle})\log(1-\hat{y}^{\langle i\rangle})\right]$$

其中 m 为训练数据总量，$y^{\langle i\rangle}$ 为训练数据中的真实标签，$\hat{y}^{\langle i\rangle}$ 为预测结果，L 为所有训练样本的损失之和的平均值。而训练的目的是将这个和最小化，并求得最小化时的权重参数。这个函数可以在二分类问题（如将"猫"和"狗"分类）中作为损失函数使用。

在实际应用中，还会遇到需要将多种动物分类的问题，这类问题称为多分类（multi-class classification）问题。

首先来了解 softmax 函数。假设需要将动物分为"猫""狗""老虎""其他"四类。

最后一层

最后一层为 $\boldsymbol{Z}^{[L]} = \boldsymbol{W}^{[L]} \cdot \boldsymbol{a}^{[L-1]} + \boldsymbol{b}^{[L]}$。在这里利用一个激活函数 $t_i = \mathrm{e}^{z_i^{[L]}}$，激活以后可得

$$a_i^{[L]} = \frac{\mathrm{e}^{z_i^{[L]}}}{\sum_{j=1}^{4} t_i}$$

为方便理解，代一组数据进去，例如，

$$\boldsymbol{Z}^{[L]} = \begin{bmatrix} 5 \\ 2 \\ -1 \\ 3 \end{bmatrix}$$

可得

$$
T = \begin{bmatrix} t_1 \\ t_2 \\ t_3 \\ t_4 \end{bmatrix} = \begin{bmatrix} e^{z_1^{[L]}} \\ e^{z_2^{[L]}} \\ e^{z_3^{[L]}} \\ e^{z_4^{[L]}} \end{bmatrix} = \begin{bmatrix} e^5 \\ e^2 \\ e^{-1} \\ e^3 \end{bmatrix} \qquad a^{[L]} = \begin{bmatrix} e^5/176.3 \\ e^2/176.3 \\ e^{-1}/176.3 \\ e^3/176.3 \end{bmatrix} = \begin{bmatrix} 0.842 \\ 0.0419 \\ 2.087 \times 10^{-3} \\ 0.114 \end{bmatrix}
$$

其中 $e^5 + e^2 + e^{-1} + e^3 \approx 176.3$。由此可以看出，这组数据的预测结果是"猫"。细心的读者可能会发现，向量 $a^{[L]}$ 中的每一项都在 $0 \sim 1$ 之间，各项之和为 1。这也是 softmax 函数的重要性质。softmax 函数可以对 C 类标签进行分类。当 $C = 2$ 时，softmax 函数就变成了逻辑回归。

在解决多分类问题时，常用到交叉熵损失函数（Cross Entropy Loss），即

$$
L = -\frac{1}{m} \left[\sum_{i=1}^{m} y^{\langle i \rangle} \log \hat{y}^{\langle i \rangle} \right]
$$

其中，$y^{\langle i \rangle}$ 是标签，$\hat{y}^{\langle i \rangle}$ 是预测结果。为方便理解，代入一些数字进行计算。例如：

$$
a^{[L]} = \hat{y} = \begin{bmatrix} 0.842 \\ 0.0419 \\ 2.087 \times 10^{-3} \\ 0.114 \end{bmatrix}
$$

如果此时的标签为"狗"，那么有

$$
y = \begin{bmatrix} 0 \\ 1 \\ 0 \\ 0 \end{bmatrix}
$$

这种向量叫 one-hot 向量，是多分类问题中常见的处理方式。此时的损失函数为

$$
-\frac{1}{4} \left(0 \times \log 0.842 + 1 \times \log 0.0419 + 0 \times \log(2.087 \times 10^{-3}) + 0 \times \log 0.114 \right) = 0.344
$$

如果此时的标签和我们的预测一致，为"猫"，那么有

$$
y = \begin{bmatrix} 1 \\ 0 \\ 0 \\ 0 \end{bmatrix}
$$

此时的损失函数为

$$-\frac{1}{4}(1\times\log0.842+0\times\log0.0419+0\times\log(2.087\times10^{-3})+0\times\log0.114)=0.019$$

结果比刚才的0.344要小。可以发现，当标签和我们的预测一致时，损失函数较小；当标签和我们的预测不一致时，损失函数较大。笔者认为，在神经网络中，损失函数被用来"惩罚"网络。当训练中预测结果出现偏差时，网络将受到一个大的"惩罚"，这会迫使网络调节权重直至"变乖"，从而使得受到的"惩罚"越来越小。

下面用一段代码来说明如何在 Keras 中定义损失函数。

```
1  model = Sequential()
2  model.add(Dense(32, activation='relu', input_shape = input_shape))
3  model.add(Dense(16, activation='relu'))
4  model.add(Dense(8, activation='relu'))
5  model.add(Dense(4, activation='softmax'))
6  optimizer = optimizer.SGD(learning_rate=0.01, momentum=0.9)
7  model.compile(loss='categorical_crossentropy', optimizer=optimizer)
```

上述代码构建了一个简单的 MLP 网络。Dense 层就是 MLP 中的一层神经元，因为每一个神经元都和前一层的所有神经元连接，故称为 Dense。

第 1 行表示这个 MLP 是顺序模型，即多个网络层的线性堆叠。第 2 行表示第一层有 32 个神经元，且直接连接到输入层 X；第 3 行表示第二层有 16 个神经元；第 4 行表示第三层有 8 个神经元。这三层都使用 ReLU 函数作为激活函数。

第 5 行中的 Dense 层有 4 个神经元，这是因为分类标签有"猫""狗""老虎""其他"4个。需要牢记的是，编写分类器时，最后一层多为 Dense 层，Dense 层的神经元数量对应分类标签的数量。当标签数量大于 2 时，激活函数使用 softmax 函数,否则使用 sigmoid 函数。如果选择 softmax 函数作为最后的激活函数，那么一定要选择 categorical_crossentropy 进行损失计算，因为 softmax 函数和 categorical_crossentropy 是一对"黄金搭档"。如果选择 sigmoid 函数作为最后的激活函数，则要将损失函数定义成 binary_crossentropy，因为 sigmoid 函数和 binary_crossentropy 也是一对"好搭档"。

第 6 行定义了一个优化器，是每次迭代使用一个样本的梯度下降法 SGD，因此需要在第 7 行的编译器中去"唤醒"它。

3.6 权重初始化

我们都知道，神经网络训练的核心就是反复调节其权重至最佳值。而在开始训练之前，权重一定要被初始化。那么怎么初始化呢？有一些编程基础的读者肯定会将一个答案脱口而出：权重初始值为 0。那么这个答案对不对呢？下面用一个小例子来说明。

请看如下图所示的神经网络。

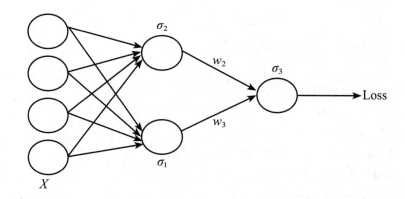

数学上，存在

$$\sigma_2 = \sigma\left(Xw_{11}\right)$$
$$\sigma_3 = \sigma\left(Xw_{12}\right)$$
$$\sigma_1 = \sigma\left(z_1\right) = \sigma\left(\sigma_2 w_2 + \sigma_3 w_3\right)$$

我们知道 sigmoid 函数的导数是

$$\frac{\mathrm{d}\sigma(x)}{\mathrm{d}x} = \sigma(x)\left(1 - \sigma(x)\right)$$

根据上一节的反向传播可知

$$\frac{\mathrm{d}L}{\mathrm{d}w_2} = \frac{\mathrm{d}L}{\mathrm{d}\sigma_1}\frac{\mathrm{d}\sigma_1}{\mathrm{d}w_2} = \frac{\mathrm{d}L}{\mathrm{d}\sigma_1}\frac{\mathrm{d}\sigma_1}{\mathrm{d}z_1}\frac{\mathrm{d}z_1}{\mathrm{d}w_2} = \frac{\mathrm{d}L}{\mathrm{d}\sigma_1}\sigma_1(1 - \sigma_1)\sigma_2$$

同理可得

$$\frac{\mathrm{d}L}{\mathrm{d}w_3} = \frac{\mathrm{d}L}{\mathrm{d}\sigma_1}\sigma_1(1 - \sigma_1)\sigma_3$$

可以看出 $\dfrac{\mathrm{d}L}{\mathrm{d}w_2}$ 和 $\dfrac{\mathrm{d}L}{\mathrm{d}w_3}$ 非常相似，只有最后一项不同。如果在一开始将权重全部初始化为 0，

那么 $\dfrac{\mathrm{d}L}{\mathrm{d}w_2}$ 和 $\dfrac{\mathrm{d}L}{\mathrm{d}w_3}$ 将相等，即使有偏移项存在，w_2 和 w_3 也会在每一次更新后得到相同的值。最终的权重矩阵会是同一个数字。我们称其为对称性问题（symmetry problem）。

这时候，有些读者肯定会想到，如果一开始就用不同的值去将权重初始化，那么问题就解决了，这个答案只对了一半。在神经元的运算中，其方差的增长可能会导致整个网络无法收敛。有兴趣的读者可以试着证明这个结论。

为了避免以上两个问题，保证正向传播时输入和每一层输出的方差不变，反向传播时每一层梯度方差也不变，不同的科学家提出了不同的初始化方法。这里介绍两种最常用的初始化方法——Xavier Initialization 和 HeInitialization。

以 sigmoid 函数作为激活函数时，可以使用 Xavier Initialization（又称为 Glorot Initialization），其方法是所有的权重必须随机取值，取值策略有以下两种：

① 正态分布：平均值为 0，标准差为 $\sigma = \sqrt{\dfrac{2}{n_{\text{inputs}} + n_{\text{outputs}}}}$。

② 均匀分布于 $-r \sim r$ 之间：$r = \sqrt{\dfrac{6}{n_{\text{inputs}} + n_{\text{outputs}}}}$。

在 Keras 和 TensorFlow 中，默认的取值策略为均匀分布，表示为 glorot_uniform。如果要改成正态分布，只需设置参数 kernal_initialization 的值，代码如下：

```
Dense(128, kernel_initialization=initializers.glorot_normal(seed=None))
```

此外，使用 Xavier Initialization 还可以让训练过程变得更快。

以 ReLU 函数作为激活函数时，He Initialization 是一种更好的初始化策略。它大致和 Xavier Initialization 相当，也是在一定范围内随机取值，取值策略有以下两种：

① 正态分布：平均值为 0，标准差为 $\sigma = \sqrt{\dfrac{2}{n_{\text{inputs}}}}$。

② 均匀分布于 $-r \sim r$ 之间：$r = \sqrt{\dfrac{6}{n_{\text{inputs}}}}$。

在 Keras 中设置 He Initialization 的操作与 Xavier Initilization 类似，只需将参数 kernel_initialization 的值设置成 initializers.he_normal 或 initializers.he_uniform。

3.7 案例：黑白手写数字识别

代码文件：chapter3_example_1.py

前面讲解了神经网络构建的相关基础知识，大家一定迫不及待地想要自己动手搭建一个神经网络。本节就将带大家用 Keras 搭建一个 MLP 网络，用于识别手写数字。训练的所有样本来自 MNIST 数据集，均为 28 像素 ×28 像素的黑白图片。这些黑白图片将被转化为数字矩阵以便被计算机识别。矩阵中数字的范围为 0 ～ 255，0 代表黑色，255 代表白色，而任何处于 0 ～ 255 之间的值则代表不同的灰度。训练完成后，手写一个数字并拍下照片，传入 MLP 网络，它就能识别这个数字。

第一步：加载需要的库

```
1    import keras
2    from keras.layers import Dense, Activation
3    from keras.models import Sequential
4    from keras.callbacks import ModelCheckpoint
5    import numpy as np
6    from matplotlib import pyplot as plt
```

第二步：载入数据

```
7    def load_dataset():
8        (X_train, y_train), (X_test, y_test) = keras.datasets.mnist.
         load_data()
9        X_train = X_train.astype(float) / 255.
10       X_test = X_test.astype(float) / 255
11       X_train, X_val = X_train[:-10000], X_train[-10000:]
12       y_train, y_val = y_train[:-10000], y_train[-10000:]
13       return X_train, y_train, X_val, y_val, X_test, y_test
```

这段代码定义了一个载入数据并对数据进行前处理和分割的函数。

第 8 行从 Keras 的数据库中调出 MNIST 数据集。该数据集是 Keras 的原生训练数据集之一，包含 60000 张手写数字图片，其中训练图片 50000 张，测试图片 10000 张。

第 9 行和第 10 行分别对训练数据和测试数据进行归一化，让数据范围落在 0 ～ 1 之间。

第 11 行和第 12 行在 50000 个训练数据中分割出 10000 个作为验证数据 X_val 和 y_val。

第三步：调用函数，得到训练数据集、验证数据集和测试数据集

```
14   X_train, y_train, X_val, y_val, X_test, y_test = load_dataset()
15   X_train_flat = X_train.reshape((X_train.shape[0], -1))
16   print(X_train_flat.shape)
17   X_val_flat = X_val.reshape((X_val.shape[0], -1))
18   print(X_val_flat.shape)
19   X_test_flat = X_test.reshape((X_test.shape[0], -1))
20   print('test set shape is:', X_test_flat.shape)
```

第 14 行调用前面定义的函数，得到所有用于训练、验证和测试的数据。

现在每一张图片都是 28 像素 ×28 像素的二维矩阵，为了方便 MLP 的计算，在第 15、17、19 行用 reshape() 函数将二维矩阵"拉直"成含有 784 个元素的一维向量。

第 16、18、20 行利用 shape 属性查看这些 X 数据的形状。在搭建大型神经网络时，为了确保计算无误，一定别忘了用 shape 属性检查数据的维度和形状。

```
21   y_train_one_hot = keras.utils.to_categorical(y_train, 10)
22   y_val_one_hot = keras.utils.to_categorical(y_val, 10)
23   print(y_train_one_hot.shape)
24   print(y_train_one_hot[:3], y_train[:3])
```

接下来，在第 21 行和第 22 行用 keras.utils.to_categorical() 函数把标签 y 标成 one-hot 向量，这也是处理分类问题时必须进行的一个步骤。

```
25   print('X_train [shape %s] sample patch:\n' % (str(X_train.shape)),
     X_train[1, 15:20, 5:10])
26   print('Part of a sample:')
27   plt.imshow(X_train[1, 15:20, 5:10], cmap='Greys')
28   plt.show()
29   print('The sample is:')
30   plt.imshow(X_train[1], cmap='Greys')
31   plt.show()
32   print('y_train [shape %s] 10 samples:\n' % (str(y_train.shape)),
     y_train[:10])
```

第四步：搭建 MLP 网络

```
33   model = Sequential()
34   model.add(Dense(256, input_shape=(784,), activation='relu', kernel_
     initializer=keras.initializers.he_normal(seed=None)))
35   model.add(Dense(256, activation='relu', kernel_initializer=keras.
     initializers.he_normal(seed=None)))
36   model.add(Dense(10, activation='softmax'))
37   model.summary()
38   model.compile(
         loss='categorical_crossentropy',
         optimizer='sgd',
         metrics=['accuracy']
         )
39   filepath = 'weights-improvement-{epoch:02d}-{loss:.4f}-bigger.hdf5'
40   checkpoint = ModelCheckpoint(
         filepath,
         monitor='loss',
         verbose=0,
         save_best_only=True,
         mode='min',
         period=10
         )
41   callbacks_list = [checkpoint]
42   model.fit(
         X_train_flat,
         y_train_one_hot,
         epochs=40,
         validation_data=(X_val_flat, y_val_one_hot),
         callbacks=callbacks_list
         )
```

第 33 行建立一个顺序模型。第 34 行建立 MLP 网络的第一层，它有 256 个神经元，激活函数为 ReLU，并且输入已"拉直"的图片。第 35 行建立第二层，这一层和第一层在结构上十分类似。第 36 行建立最后一层，因为 MNIST 数据集一共有 10 个类别，所以必须设置 10 个神经元，并选择 softmax 函数作为激活函数。第 37 行用 model.summary() 函数查看模型的结构和参数数量，这也是我们常用的一个功能。

既然选择了 softmax 分类器，那么就必须选择它的"好搭档"categorical_crossentropy 作为损失函数，即第 38 行中的 loss='categorical_crossentropy'。除此之外，对于分类问题，可以在编译器中打开准确率监视，即第 38 行中的 metrics=['accuracy']。

第 39 ～ 41 行分别设置了模型检查点，每 10 个 epoch 就自动保存一次模型参数文件。同时在第 42 行中用 model.fit() 函数的 callbacks 参数开启模型的断点续训能力。这样即使训练因发生意外而中断，我们也能以之前存储的任意参数文件为起点，对模型进行再训练。

第 42 行通知计算机开始拟合计算，定义好输入数据、标签、epoch 数量等参数就可以进入训练阶段了。此处只设置了 40 个 epoch，如果没有 GPU，那么程序的运行时间可能有点长。运行完毕后，可以看到训练数据准确率达 99.7%，验证数据准确率达 97.8%，结果还是很理想的。有些读者也许会问，如果训练数据准确率和验证数据准确率差别较大怎么办呢？这个问题将在第 4 章详细解答。

第五步：结果预测

```
43  prediction = model.predict(X_test_flat, verbose=1)
44  print('the 23th number is ', np.argmax(prediction[23]), 'the real
    number is:', y_test[23])
45  plt.imshow(X_test[23], cmap='Greys')
46  plt.show()
```

第 43 行用 model.predict() 函数进行结果预测，这次使用前面准备好的测试数据 X_test_flat，得到的 prediction 是一个数组。需要记住的是，如果对训练数据做过任何前处理（包括归一化、标准化、改变形状维度等），那么也必须对测试数据做同样的前处理，以保证训练数据和测试数据拥有相同的分布。第 44 ～ 46 行对比真实数据和预测结果。

到这里就完成了一个 MLP 神经网络的构建，这个网络可以准确地识别黑白数字图片。有兴趣的读者可以修改网络结构的参数（例如，将激活函数换成 sigmoid 或 tanh，减少神经元数量，改变初始化参数等），甚至网络结构本身（例如，增减神经元层数），并观察准确率的变化。如果读者有自己的数据集，也不妨尝试用这些数据构建一个 MLP 神经网络，看看其表现如何。

第 4 章

神经网络进阶
——如何提高性能

.
.
.

- 欠拟合和过拟合问题
- 模型诊断与误差分析
- 避免过拟合的"良药"——正则化
- 优化算法
- 其他优化性能的方法
- 模型训练的检查清单

宋朝文人方岳在《别子才司令》中写道：不如意事常八九。他告诉我们人生不可能一帆风顺，总是伴随着一些"磕磕绊绊"，将这些困难逐一克服，才能成就精彩的人生。神经网络的训练也是如此，总会伴随着一些问题，如欠拟合（underfitting）和过拟合（overfitting），将这些问题都解决，才能训练出优质的神经网络。

本章会先带大家了解影响神经网络性能的欠拟合和过拟合问题，再讲解如何通过误差分析来诊断神经网络是否存在过拟合或欠拟合，然后介绍缓解欠拟合和过拟合的方法与策略，并分享一些调节超参数（hyperparameter）的经验。

优化算法是神经网络系统中的重要一环，之前主要用梯度下降法来优化损失函数。梯度下降法的核心思想可以理解为：下山时每一步都寻找最陡的下坡并往下走一步，重复这样的步骤，最终抵达山脚（损失函数最小）。本章最后会介绍几种基于梯度下降法的优化算法，以及一些常用的进阶优化算法，从而进一步提升神经网络的性能。

4.1 欠拟合和过拟合问题

在进入正题之前，先来做一个思想试验。假设要对某地的房价进行预测分析，通过调查不同面积住房的售价，得到如下表所示的 7 个数据点。

面积 / 平方米	售价 / 万元
50	50
55	98
60	140
65	169
70	190
75	210
80	220

将表格中白色部分的 4 个数据点 (50, 50)、(60, 140)、(70, 190)、(80, 220) 作为训练数据，灰色部分的 3 个数据点 (55, 98)、(65, 169)、(75, 210) 作为测试数据。如果用线性模型 $y = \theta_0 + \theta_1 x$ 来描述面积 x 和售价 y 的关系，那么通过线性回归可得到方程 $y = 5.6x - 214$。将该方程和数据点绘制成图表，如下图所示。

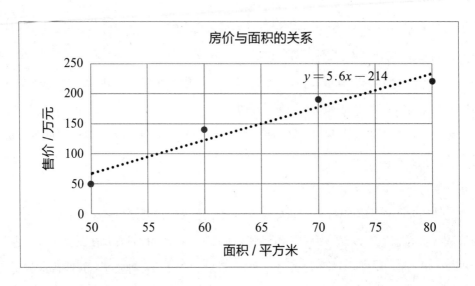

由图可知，所有的训练数据点离直线都有一些距离（读者不妨代入前面的训练数据点来算一算它们和直线的距离）。例如，根据以上预测的线性方程，模型对测试数据中 65 平方米住房的预测售价为 150 万元，与实际售价 169 万元存在 19 万元的差距；对训练数据中 70 平方米住房的预测售价为 178 万元，与实际售价 190 万元存在 12 万元的偏差。这种既不能很好地描述训练数据又不能准确地预测的现象称为欠拟合。而在欠拟合的情况下，模型一定会出现较大偏差。那么有没有办法使得所有数据点更加接近我们拟合的方程呢？

接着用三次方程 $y = \theta_1 x^3 + \theta_2 x^2 + \theta_3 x$ 来表示模型，可得到 $y = 0.0033x^3 - 0.8x^2 + 66.667x - 1700$。同样将该方程和训练数据点绘制成图表，如下图所示。

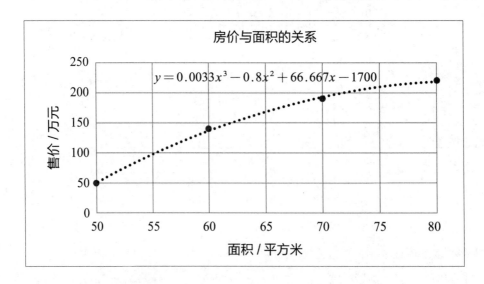

由图可知，训练数据点到三次方程曲线的距离都比到线性方程直线的距离要小。因此，

这个三次方程对训练数据的描述比较准确。但是，该方程对测试数据中 75 平方米住房的预测售价为 192.2125 万元，与实际售价 210 万元存在近 18 万元的差距。这种对训练数据的描述较准确，而一旦应用于预测就与真实值仍有一定差距的现象，称为过拟合。过拟合时，模型的方差（variance）较大。

然后做第三次尝试，用二次方程 $y = \theta_0 + \theta_1 x + \theta_2 x^2$ 来表示模型，得到 $y = -0.15x^2 + 25.1x - 829$，并绘制出图表，如下图所示。由图可知，这个二次方程对训练数据的描述比较准确。将测试数据代入方程，也可得知该方程能比较准确地进行预测。例如，该方程对测试数据中 75 平方米住房的预测售价为 209.75 万元，与实际售价 210 万元的差距很小。因此，该二次方程能相对最准确地描述训练数据和测试数据。

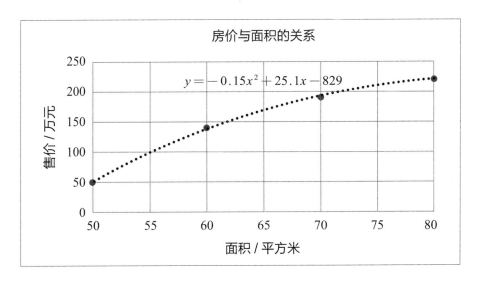

欠拟合和过拟合是两个极端，它们的关系就好像我们平常描述一个人是偏感性还是偏理性。笔者认为应做好两者的平衡，既不能太感性也不能太理性，这样的生活才是最有幸福感的。欠拟合和过拟合也是这样，在模型调试过程中也要维持好它们之间的平衡。

细心的读者可能会发现：如果假设的模型过于简单，会出现欠拟合问题；如果假设的模型过于复杂，则会出现过拟合问题。在神经网络中，改变网络结构的复杂程度（例如，增减隐层数量以及改变每一隐层中神经元的数量）对解决欠拟合和过拟合问题有一定帮助。

4.2 模型诊断与误差分析

每当我们训练完一个模型，不能就此认为当前的模型可以对新的数据（未参与训练的数据）起到好的预测效果，还需要对模型进行相应的验证。通常会用一些从未参与训练的新数据作为输入，让模型对它们进行预测。将基于新数据的预测结果和训练时的预测结果进行对比，就能知道模型是否出现了过拟合或欠拟合的现象。

当拥有充足的数据时，一般将训练集随机分成训练数据和测试数据两部分。随机划分的目的在于保证两者有近似的分布，通常训练数据占 70%～80%，测试数据占 20%～30%，利用测试数据对模型进行验证，这种方法称为交叉验证（cross-validation）。如果没有充足的数据，那么很可能会出现严重的偏差。我们可以用人工合成数据的办法来缓解这个问题，如对图像做镜像处理等。如果拥有充足的数据，那么交叉验证能准确地让我们知道模型是否出现欠拟合或过拟合，从而帮助我们进一步调整模型。

在 Python 中，用下列代码来完成测试数据和训练数据的三七分割，即随机从训练集中取出 70% 的数据用于训练，并将余下的 30% 的数据用于验证。

```
from sklearn.model_selection import train_test_split
x_train, x_test, y_train, y_test = train_test_split(X, y, test_size=0.3)
```

当模型训练完毕，我们需要对训练数据和测试数据进行误差计算，计算公式如下：

$$J_{\text{test}}(\theta) = \frac{1}{2m_{\text{test}}} \sum_{i=1}^{m_{\text{test}}} \left[h_\theta \left(x_{\text{test}}^{\langle i \rangle} \right) - y_{\text{test}}^{\langle i \rangle} \right]^2$$

$$J_{\text{train}}(\theta) = \frac{1}{2m_{\text{train}}} \sum_{i=1}^{m_{\text{train}}} \left[h_\theta \left(x_{\text{train}}^{\langle i \rangle} \right) - y_{\text{train}}^{\langle i \rangle} \right]^2$$

其中，$J_{\text{test}}(\theta)$ 为测试误差，m_{test} 为测试样本数量，h_θ 为预测值，$y_{\text{test}}^{\langle i \rangle}$ 为真实值。

以上两个公式本质上属于求均方误差（MSE），一般在进行回归运算时会用到。而在解决分类问题时会使用如下公式：

$$\text{Test Err} = \frac{1}{m_{\text{test}}} \sum_{i=1}^{m_{\text{test}}} \text{err} \left[h_\theta \left(x_{\text{test}}^{\langle i \rangle} \right) - y_{\text{test}}^{\langle i \rangle} \right]$$

$$\text{Training Err} = \frac{1}{m_{\text{train}}} \sum_{i=1}^{m_{\text{train}}} \text{err} \left[h_\theta \left(x_{\text{train}}^{\langle i \rangle} \right) - y_{\text{train}}^{\langle i \rangle} \right]$$

其中，Test Err 为测试误差，Training Err 为训练误差，而

$$\text{err} \left[h_\theta \left(x_{\text{test}}^{\langle i \rangle} \right) - y_{\text{test}}^{\langle i \rangle} \right] = \begin{cases} 1 & \text{预测出现错误} \\ 0 & \text{预测结果正确} \end{cases}$$

简而言之，上述公式就是将测试样本中所有的分类错误情况加起来。例如，在 100 个测试样本中，有 4 个测试样本出现了预测错误，那么测试误差为 0.04。

我们把误差和模型复杂程度的关系绘制成图像，如下图所示。

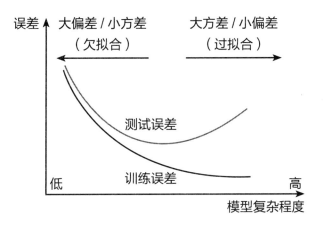

从图中可以看出：当测试误差和训练误差都较大时，模型的偏差较大，方差较小，此时模型一定欠拟合，我们应该提高模型的复杂程度，如定义更多神经元和隐层；当测试误差大于训练误差时，模型的方差较大，偏差较小，此时模型一定过拟合，我们应该降低模型的复杂程度。

在编程中，我们可以选择准确率作为评判标准，相应的 Keras 示例代码如下：

```
model.compile(loss='categorical_crossentropy', optimizer='sgd', metrics
=['accuracy'])
```

我们同样可以比较训练样本的准确率和测试样本的准确率。如果要使用 Keras 计算这两者，只需在 model.fit() 函数中加上参数 validation_data=(x_test, y_test)。如果计算出的两者都不高，那么肯定是欠拟合；如果计算出的两者差距较大，那么肯定是过拟合。

在初步搭建完自己的神经网络以后，可以用以上方法对模型进行验证。

4.3 避免过拟合的"良药"——正则化

大家都知道，神经网络的训练是通过对损失函数不断最小化来实现精准预测的。通常，输入特征较多（例如，线性回归引入了太多变量，MLP 网络输入的图片像素过大）、模型过于复杂（例如，隐层数量或隐层神经元数量过多）容易造成过拟合。这时可以通过尽可能收集更多数据、减少一些相对不那么重要的特征、减少一些神经元和隐层等措施来缓解过拟合的问题。如果不想删减这些特征，则可以用正则化来有效缓解过拟合。

在前面提过，犯了错就要受"惩罚"，神经网络也是如此。我们可以在损失函数里再加入一项，将"惩罚"变得更加严苛，这种方法叫正则化（regularization）。正则化可以使数据更加泛化，从而使神经网络远离过拟合的困扰。用数学公式来表达就是

$$L_{\text{reg}}(w) = L(w) + \lambda R(w)$$

其中，L_{reg} 为正则化后的损失函数，$R(w)$ 为"惩罚项"——正则化函数，λ 为正则化强度。

正则化函数 $R(w)$ 有 L1 正则化和 L2 正则化两种。

如果使用 L1 正则化，那么损失函数变为

$$L_{\text{reg}}(w) = L(w) + \lambda \sum_{j=1}^{d} |w_j|$$

换而言之，L1 正则化是在原有损失函数的基础上加上权重矩阵中每一项的绝对值之和与 λ 的积。L1 正则化有时会导致一些相对不重要的特征所对应的权重值为 0，从而起到删减不重要特征的作用。当我们有特别多的特征时，可以用 L1 正则化来选择重要特征进行训练。因此，它对稀疏模型的训练有很大帮助。

如果使用 L2 正则化，那么损失函数变为

$$L_{\text{reg}}(w) = L(w) + \lambda \sum_{j=1}^{d} w_j^2$$

其正则化项变成了权重矩阵中每一项的平方和与 λ 的积。大量研究经验表明：权重值范围越靠近 0，神经网络性能越好。而 L2 正则化能使得所有的权重值衰减至接近于 0 而不等于 0。因为平方项的存在，L2 正则化也更加便于梯度下降法的计算。在实际应用中，如果不需要训练稀疏模型（即去除不必要的特征），那么常用 L2 正则化。

从 L2 正则化的公式可以看出：增大 λ 值可以促使权重值 w 变得很小，从而增加正则化的力度；相反，减小 λ 值则起到了降低正则化力度的作用。通常来说，如果发现模型出现了过拟合，便需要增大 λ 值；如果发现模型开始欠拟合，即测试误差和训练误差都很大时，则应该适当减小 λ 值。下图描述了调节 λ 值的策略。

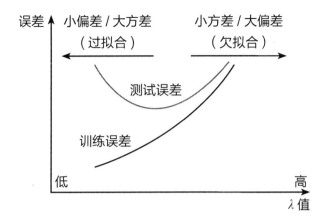

在 Keras 中，可以为神经网络的每一层定义正则化项，示例代码如下：

```
from keras import regularizers
model.add(Dense(128, input_shape=(784,), kernel_regularizer=regularizers.
l2(0.1)))
```

以上代码中定义了 L2 正则化项，它的 λ 值为 0.1。

除了常用的 L2 正则化法，还有其他抑制过拟合的方法，下面简单介绍 3 种。

• 人工合成数据：人工合成数据是指人为制造一些"假数据"作为训练数据。例如，自己画一只猫作为"小猫"识别器的训练数据，在图像中人为添加一些噪点，对图像做一些旋转、失真甚至镜像处理，等等。

• 早停法（early stopping）：早停法是指在训练时来回对比训练误差和测试误差。测试误差会先由高到低变化，而后转为升高，当它刚刚开始升高时停止训练，并记录测试误差最低时的权重参数值。

• Dropout 正则化法：Dropout 正则化法的核心思想是在训练时按一定的概率 p 随机"屏蔽"一些神经元，如右图所示。在训练时，不断重复以上步骤，每几个 epoch "屏蔽"不同的隐层神经元；在预测时，将每个神经元的权重值再乘以概率 p，即可完成预测。

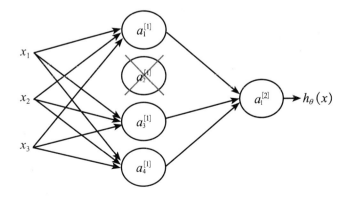

在 Keras 中，可以利用以下代码实现对隐层的 Dropout 控制：

```
from keras.layers import Dropout
model.add(Dense(128, input_shape=(784,), activation='relu'))
model.add(Dropout(0.2))
```

以上代码对全连接 Dense 层进行了概率为 0.2 的 Dropout 正则化处理。

如果遇到过拟合问题，那么可以用上述方法对神经网络进行调试。

4.4　优化算法

我们都知道，优化算法在神经网络中的作用是让参数沿着损失函数梯度给定的方向不断更新，最终完成训练并得到权重矩阵。在前面的章节中已多次提到使用梯度下降法作为优化算法。因为梯度下降法在求解过程中只需要求一阶导数，所以计算成本较低，计算速度较快，这也使得梯度下降法在学习大批量数据时得到了广泛应用。接下来将系统地讲解几种基于梯度下降法的常用优化算法。

4.4.1　基于梯度下降法的优化算法

基于梯度下降法的优化算法大致有批量梯度下降法（Batch Gradient Descent，BGD）、随机梯度下降法（Stochastic Gradient Descent，SGD）和小批量梯度下降法（Mini-Batch Gradient Descent，MBGD）。笔者认为，虽然这三种梯度下降法在形式上大同小异，但它们的主要区别——训练数据量的选择——造成了各自的优缺点。

1. 批量梯度下降法（BGD）

在使用 BGD 进行优化时，求一次梯度需要训练数据中的所有数据点作为梯度的依据。假设要处理拥有 1000 个训练数据点的分类问题，其参数更新的迭代方程如下：

$$w_i := w_i - \alpha \frac{\partial L}{\partial w_i} \qquad b_k := b_k - \alpha \frac{\partial L}{\partial b_k}$$

其中梯度项 $\frac{\partial L}{\partial w_i}$ 和 $\frac{\partial L}{\partial b_k}$ 来自对全部 1000 个训练数据点的计算。

此时损失函数 $L = -\frac{1}{m}\left[\sum_{i=1}^{m} y^{(i)} \log \hat{y}^{(i)}\right]$ 中 $m = 1000$。每一个 epoch 里，先对这 1000 个数据点进行损失函数求解，再进行一次梯度计算，从而更新一次权重 / 偏移项参数。如果数据量特别大，那么求解损失函数的计算速度会比较慢，参数更新的速度也会相对较慢。但是 BGD 比较稳定，损失函数没什么波动，也较容易收敛。

2．随机梯度下降法（SGD）

SGD 与 BGD 的不同之处在于，它求一次梯度只需要一个数据点。如果有 1000 个训练数据点，梯度项来自一个数据点，那么损失函数 $L = -\frac{1}{m}\left[\sum_{i=1}^{m} y^{(i)} \log \hat{y}^{(i)}\right]$ 中 $m = 1$，因而等价于 $L = -y^{(i)} \log \hat{y}^{(i)}$。每个数据点会促使权重 / 偏移项参数更新一次，因而每次参数更新的速度会比 BGD 更快。不过，每次一个数据点所导致的更新会使得梯度波动频繁，很不稳定。而且使用 SGD 不太容易找到权重 / 偏移项参数的全局最优解。

3．小批量梯度下降法（MBGD）

了解以上两种梯度下降法之后，有些读者也许会问：既然这两种方法各有优缺点，那么有没有两者兼顾的折中之计呢？答案是肯定的。这种方法就是 MBGD。既然是折中之计，那么肯定会兼顾以上两者的特点。如果有 1000 个训练数据点，那么在每一个 epoch 里，1000 个训练数据点中的一部分会被用于计算损失函数。例如，每次用 64 个数据点计算损失函数，再用 50 个数据点的损失函数梯度更新一次权重 / 偏移项参数。通常将 2^n（如 2、4、8、16、32 等）个数据点放入同一批中。MBGD 的计算速度要比 BGD 快一点，而损失函数也会比 SGD 更稳定。

在 Keras 中设置梯度下降法的示例代码如下：

```
model.compile(loss='categorical_crossentropy', optimizer='sgd')
model.fit(x_train, y_train, epochs=20, batch_size=64)
```

在 model.compile() 函数中通过参数 optimizer 设置优化算法，这里设置为 'sgd'，表示随机梯度下降法。在 model.fit() 函数中通过参数 batch_size 定义这一批的训练样本数量：如果 batch_size 为 1，那么就是 SGD；如果 batch_size 为训练样本数量，那么就是 BGD；如果 batch_size 在 1 和训练样本数量之间，那么就是 MBGD。在训练时，如果发现损失函数不停出现较大幅度波动甚至不降反增，可以试着增大 batch_size。总体来说，如果增大 batch_size，那么整个优化算法将趋近于 BGD，反之则趋近于 SGD。

前面几种梯度下降法在进行最终的参数更新时使用的迭代更新方式是一样的，这种迭代更新方式称为香草更新（vanilla update）。接下来要介绍几种基于梯度下降法的进阶优化算法，其迭代更新方式会比香草更新更复杂，但是可以显著提升算法性能。

4.4.2 进阶优化算法

当使用 4.4.1 节介绍的优化算法时，虽然最终很可能找到将损失函数优化到最小值的权重 / 偏移项参数解，但这一过程需要相对较多的 epoch。如果把学习率 α 设定得较大，那么很可能最终无法找到优化损失函数的最优值；相反，如果将学习率 α 设定得太小，那么找到最优值的概率是提高了，但会花费更多的训练时间。下面用如下图所示的例子来帮助大家理解。

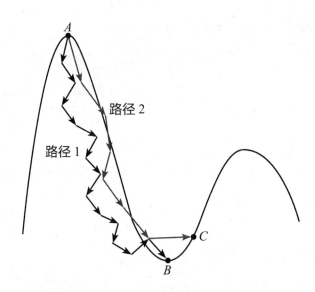

我们希望从 A 点（起始点）到达 B 点（最低点），如果使用前面几种梯度下降法，并且将学习率设定为一个相对较小的值，那么很可能最终得到路径 1。虽然最终可以抵达 B 点附近，但过多的 epoch 会消耗较多运算资源。如果我们试图用较大的学习率来减少 epoch（路径 2），那么很可能无法抵达最低点 B，而是抵达比 B 高的 C 点。如果继续下去，对损失函数的优化过程可能会出现发散现象（即离 B 点越来越远）。这些现象都源于前面几种梯度下降法中的参数迭代式——每一步迭代都与前一步独立。

1. 动量梯度下降法（Momentum）

如果需要在不大幅度降低学习率的基础上尽可能减少 epoch，那么可以考虑使用动量梯度下降法（Momentum）。

Momentum 的核心思想是在 SGD 的基础上建立了每一步的参数更新和前一步的联系。这种算法可以用数学公式表示如下：

$$v_{dw} := \beta v_{dw} + (1-\beta)\frac{dL(W,\ b)}{dW} \qquad v_{db} := \beta v_{db} + (1-\beta)\frac{dL(W,\ b)}{db}$$

$$W := W - \alpha v_{dw} \qquad b := b - \alpha v_{db}$$

其中，v_{dw} 和 v_{db} 建立了每相邻两步间梯度的联系，$\frac{dL(W,\ b)}{dW}$ 和 $\frac{dL(W,\ b)}{db}$ 分别是损失函数在权重值和偏移项上的梯度。我们通过 β 来决定 v_{dw} 和 v_{db} 中有多大部分由梯度决定，有多大部分由上一步的 v_{dw} 和 v_{db} 决定。数学基础好的读者会发现 v_{dw} 和 v_{db} 其实是加权平均数。这中间有两个超参数 α 和 β。通常习惯把 β 设定成 0.9，当然也可以尝试其他值。

在 Momentum 的基础上，还产生了一种叫 Nesterov Momentum 的改良版动量梯度下降法。其核心思想是：将计算梯度的参数 W 和 b 更换为 $W + \beta v_{dw}$ 和 $b + \beta v_{db}$。在 Nesterov Momentum 中，先找到动量指向的方向，再计算这个方向上的梯度。

Momentum 和 Nesterov Momentum 都可以在一定程度上加快梯度下降、提高训练速度，也可以提高收敛性，在 Keras 中可以通过以下代码实现：

```
from keras import optimizers
optimizer = optimizers.SGD(learning_rate=0.01, momentum=0.9, nesterov
=True)
```

2. 均方根反向传播（RMSProp）

均方根反向传播（Root Mean Square Prop，RMSProp）也可以达到加快梯度下降和提高训练速度的目的。这种算法可以用数学公式表示如下：

$$S_{dw} := \beta S_{dw} + (1-\beta)\frac{dL(W,\ b)^2}{dW} \qquad S_{db} := \beta S_{db} + (1-\beta)\frac{dL(W,\ b)^2}{db}$$

$$W := W - \alpha\frac{\frac{dL(W,\ b)}{dW}}{\sqrt{S_{dw}} + \varepsilon} \qquad b := b - \alpha\frac{\frac{dL(W,\ b)}{db}}{\sqrt{S_{db}} + \varepsilon} \qquad \varepsilon = 10^{-8}$$

为了防止出现分母为 0 的情况，引入了一个很小的数 ε。该算法有两个超参数 α 和 β，β 通常取 0.9。

在 Keras 中，使用以下代码可以实现 RMSProp 优化算法：

```
from keras import optimizers
optimizer = optimizers.RMSprop(learning_rate=0.001, rho=0.9)
```

其中，参数 learning_rate 是 α，参数 rho 是 β。

3. Adam 算法

如果将 Momentum 和 RMSProp 结合起来，可以得到 Adam 算法，这也是笔者会毫不犹豫地推荐给读者的优化算法，因为它解决了很多实际问题。这种算法可以用数学公式表示如下：

$$v_{dw} := \beta_1 v_{dw} + (1 - \beta_1)\frac{dL(W, b)}{dW} \qquad v_{db} := \beta_1 v_{db} + (1 - \beta_1)\frac{dL(W, b)}{db}$$

$$S_{dw} := \beta_2 S_{dw} + (1 - \beta_2)\frac{dL(W, b)^2}{dW} \qquad S_{db} := \beta_2 S_{db} + (1 - \beta_2)\frac{dL(W, b)^2}{db}$$

$$v_{dw}^{corrected} = \frac{v_{dw}}{1 - \beta_1^t} \qquad v_{db}^{corrected} = \frac{v_{db}}{1 - \beta_1^t}$$

$$S_{dw}^{corrected} = \frac{S_{dw}}{1 - \beta_2^t} \qquad S_{db}^{corrected} = \frac{S_{db}}{1 - \beta_2^t}$$

$$W := W - \alpha\frac{v_{dw}^{corrected}}{\sqrt{S_{dw}^{corrected}} + \varepsilon} \qquad b := b - \alpha\frac{v_{db}^{corrected}}{\sqrt{S_{db}^{corrected}} + \varepsilon}$$

其中，t 代表第 t 次迭代。

可以看到，Adam 算法的数学表达式比较复杂，它可以分为四部分：前两部分分别是 Momentum 和 RMSProp，第三部分是对前两部分的修正，第四部分则是 W 和 b 的参数更新。Adam 算法有三个超参数 α、β_1 和 β_2：学习率 α 根据实际情况设定，β_1 通常设定成 0.9，β_2 通常设定为 0.999。

在 Keras 中，可以通过以下代码实现 Adam 算法：

```
from keras import optimizers
optimizer = optimizers.Adam(learning_rate=0.001, beta_1=0.9, beta_2=
0.999, amsgrad=False)
```

如果上述代码的训练效果不佳,可尝试将参数 amsgrad 设置为 True,得到改良版 Adam 算法。

4. AdaGrad 算法

如果需要在训练中自动调整学习率 α,则可以使用 AdaGrad 算法。这种算法可以对出现频率低的参数使用大学习率进行快速更新,对出现频率高的参数使用小学习率进行慢速更新。在 Keras 中,可以通过以下代码实现 AdaGrad 算法:

```
from keras import optimizers
optimizer = optimizers.Adagrad(learning_rate=0.01)
```

AdaGrad 算法只有一个超参数——初始学习率。顾名思义,它是最初的学习率,算法会在这个基础上调整学习率。AdaGrad 算法比较适合用于处理稀疏数据(很多值为 0 甚至为空的数据),但是容易造成训练提前结束。

4.5 其他优化性能的方法

本节将介绍提高神经网络性能的其他方法,包括输入数据归一化和批量归一化。

1. 输入数据归一化

如果输入特征中某些特征的范围差距非常大(例如,x_1 位于 $0 \sim 1$ 之间,x_2 位于 $10 \sim 10000$ 之间),肯定会影响参数的更新和训练的效果。为了避免这一问题,提高训练速度,需要将输入数据归一化。常用方法有以下两种。

方法一:Min-Max 法

$$x^{\langle i \rangle} = \frac{x^{\langle i \rangle} - \min(x)}{\max(x) - \min(x)}$$

方法二:标准分数归一化法

$$\mu = \frac{1}{m} \sum_{i=1}^{m} x^{\langle i \rangle} \qquad \sigma^2 = \frac{1}{m} \sum_{i=1}^{m} (x^{\langle i \rangle} - \mu)^2 \qquad x^{\langle i \rangle} = \frac{x^{\langle i \rangle} - \mu}{\sigma^2}$$

几乎在所有的神经网络训练前，都需要对输入数据 / 特征做一定的归一化。当然，也可以用其他办法对数据做一些训练前处理。例如，在 3.7 节的案例中，将输入数据除以 255，让数据范围落在 0 ～ 1 之间。

2．批量归一化

了解了输入数据归一化，有些读者也许会问：既然每一个隐层都是下一个隐层的输入，那么能不能对隐层也做归一化呢？答案是肯定的。这个过程叫批量归一化（batch normalization）。大量经验表明，批量归一化可以在一定程度上提高训练速度，并抑制过拟合现象的发生，使神经网络更加稳定。

假设我们利用 MNIST 数据集通过深度神经网络训练了一个手写数字识别模型。但是在测试阶段，我们手头只有彩色相机，用彩色相机拍下数字的照片给这个模型进行识别，效果一定不好，因为训练数据和测试数据已经出现了不同的分布，这种现象称为协方差偏移。而使用了批量归一化以后，激活函数输出的值不至于特别高或特别低。同时，它也给隐层内的激活函数带来了一些"噪声"，这使得它和 Dropout 正则化法有异曲同工之妙。因此，我们可以将它和 Dropout 正则化法配合使用。

下面从数学层面来看看批量归一化：

$$\mu = \frac{1}{m}\sum_{i=1}^{m} z_i \qquad \sigma^2 = \frac{1}{m}\sum_{i=1}^{m}(z_i - \mu)^2 \qquad z_i^{\text{norm}} = \frac{z_i - \mu}{\sqrt{\sigma^2 + \varepsilon}} \qquad \tilde{z}^i = \gamma z_i^{\text{norm}} + \beta$$

将前一个隐层的激活函数输出的值分成若干个小批量（mini-batch），那么这个批量（batch）的大小就是 m。首先用前两个公式求这些值的平均值和方差，接着用第三个公式求归一化后的激活值，最后用第四个公式进行归一化激活值的偏移和比例运算。$\tilde{z}^i$ 将作为下一个隐层的输入。其中，γ 和 β 是神经网络自动学习出来的参数（类似权重和偏移项），因此不需要手动设置。总体来说，可以把这个过程理解为每一个隐层的数据预处理。

在 Keras 中，大多数情况下可用如下代码来实现批量归一化：

```
from keras.layers import BatchNormalization
from keras.layers import Dense
model.add(Dense(128, activation='relu'))
model.add(Dense(128, use_bias=False))
model.add(BatchNormalization())
```

```
model.add(Activation('relu'))
```

需要特别注意的是，在使用批量归一化时，可以不在前面的隐层中使用偏移项，从而节省一定的运算资源。而在对数据做完批量归一化之后，可以让这些数据经过激活函数的处理。

批量归一化是万能的吗？不是的。在以下两种情况下，不推荐使用批量归一化。

第一种情况：如果批量大小（batch size）定义得很小（即 1），那么这个批量的方差为 0，无法使用批量归一化。如果批量大小大于 1 但仍然很小（如为 2 或 4），虽然在原理上可以使用批量归一化，但是会给模型带来很多"噪声"，并且会降低模型的性能。

第二种情况：如果搭建的是递归神经网络，那么无法使用批量归一化，需要用其他正则化方法来优化模型性能。

4.6 模型训练的检查清单

通过本章的学习，大家应该对神经网络的优化策略有了基本的了解。因为训练的步骤相对比较烦琐，所以这里提供一个粗略的检查清单（checklist），方便大家在调试神经网络时查阅。

① 确定任务：数据输入是什么？数据输出是什么？

② 设定目标：要达到什么样的性能要求？例如，准确率为百分之多少？

③ 选定模型：根据任务类型，选择合适的模型（如 MLP、CNN、RNN 等）。

④ 数据前处理：包括数据的载入、数据矩阵维度的变化（一般为降维，例如，在 3.7 节的案例中将黑白图片矩阵"拉直"成一维向量）、数据归一化处理等。

⑤ 搭建网络：建议先从简单的网络开始搭建，保证能完成前期设定的功能需求，再在此基础上慢慢地迭代升级网络结构。可以通过跟踪损失函数、准确率等数据来大致估测模型性能是否达标。

⑥ 误差分析和模型性能提升：可以通过误差分析来观察模型是否存在过拟合和欠拟合的现象，并通过前面介绍的方法和策略来完善模型。例如，当发生欠拟合时，可以将模型结构复杂化；当发生过拟合时，可以使用正则化、批量归一化等方法。还可以利用前面几节介绍的方法来提高训练速度，或者通过调整一些超参数（例如，对 λ 进行调优，重新选

择最合适的优化算法，降低学习率 α）来查看模型能否获得更好的效果，等等。

⑦ 如果不管怎么调试都无法达到设定的目标，那么此时除了降低目标外，还可以考虑更换新的算法模型。

⑧ 如果达到了设定的目标，那么恭喜你，可以自豪地向朋友炫耀训练成果了！

第 5 章

卷积神经网络

·
·
·

- CNN 的构想来源
- 卷积层
- 滤波器
- 彩色图像输入
- 反向传播
- 池化层
- CNN 案例

我们在 3.7 节中尝试用 MLP 模型识别简单的 28 像素 ×28 像素黑白手写数字图像，并取得了良好的训练效果。那么现实生活中的人脸识别和刷脸支付、自动驾驶中的图像识别等应用是不是也用到了 MLP 模型？能不能输入一些更复杂的高清彩色图像，利用 MLP 模型完成一些更高难度的任务呢？很不幸，答案是否定的。听起来很令人沮丧，但只要大家坚持往下学习，最终一定能完成这些高难度任务。大家可以带着上面这些问题阅读本章，寻找答案。

尽管计算机很早就能帮人类完成复杂的运算任务，但是直到近些年，计算机才能较为准确地识别出图像中的小狗、小猫。20 世纪 80 年代，日本计算机科学家福岛彦邦教授通过研究人类大脑中的视觉处理部分，提出了卷积神经网络（Convolutional Neural Network，CNN）的构想。这种神经网络通过巧妙的网络结构设计，使得计算机的图像识别能力有了较大的提升。

随着现代计算机运算能力的大幅提升，科学家们在福岛彦邦教授研究成果的基础上对网络结构进行了很多优化，提出了一些得到广泛应用的深度 CNN 模型，如后面会提到的 Inception V3、VGG、ResNet。这些 CNN 模型在自动驾驶、图像搜索、刷脸支付等诸多应用场景中发挥着重要作用。同时，CNN 并没有将自己局限在图像处理领域，它还涉足自然语言处理、声音 / 语音识别等领域，并取得了出色的成绩。本书将侧重介绍 CNN 在图像识别领域的应用。

本章将带领读者从 CNN 的构想来源开始，逐步了解 CNN 的每一个组成部分，最后解锁另一项新成就——训练自己的 CNN 模型。

5.1　CNN 的构想来源

福岛彦邦教授关于 CNN 的构想源于几名诺贝尔生理学或医学奖获得者的实验。他们在对动物的视觉处理系统进行实验的过程中发现，动物大脑中的视觉处理神经元是针对视觉信号中的一部分区域接收刺激的。可以用下图来帮助理解这句话。图中的白色圆圈是 5 个神经元"看到"的区域，称为感受野（local receptive field）。假设你置身于黑暗之中，这时有人打开了一盏聚光灯，那么聚光灯照亮的一小片区域就可以理解为感受野。在图中，神经元只能"看到"小部分区域（感受野），即圆圈所示的范围，而这些感受野通常都有重叠。例如，一个神经元"看到"了方向盘，而另一个神经元"看到"了排挡把手，方向盘所在的感受野和空调所在的感受野则发生了重叠。

为方便举例，图中只出现了 5 个感受野，实际上感受野能填满整幅图，这也是我们睁开眼就能感受到眼前世界的原因。科学家在实验中还发现有一些神经元有较大的感受野（白色圆圈较大），它们能对一些简单特征所组成的复杂特征做出反应。这个实验的观察结果促成了 CNN 的诞生。CNN 也是通过这样的感受野去识别图像中每一个角落的复杂特征的。

计算机无法像人类一样直接识别图像，所以要将图像转换成数字矩阵再交给计算机识别。3.7 节的案例中，神经网络的输入数据是来自 MNIST 数据集的黑白手写数字图像，其只有 1 个颜色通道，张量维度为 $(28, 28, 1)$。那么计算机"看到"的就是一个 28×28 的矩阵，矩阵中的 0 代表黑色，255 代表白色，$0 \sim 255$ 之间的值则代表不同的灰度。如果输入图像是彩色的，颜色通道就可能为 3 个甚至 4 个。有 3 个通道的彩色图像为 RGB 图像，4 个通道的图像则是在 RGB 图像的基础上增加了一个透明度通道 A。本书中只会处理 RGB 图像。

如果输入为 RGB 图像，那么计算机"看到"的是 3 个矩阵，分别为红色矩阵、绿色矩阵和蓝色矩阵。每一个矩阵中的任意元素分别对应所在颜色通道下的颜色深度，其值必须是 $0 \sim 255$ 的整数，而一个像素点的颜色则来自这个像素点上红、绿、蓝三种颜色的混合。换言之，一个像素点是什么颜色由红、绿、蓝的数值确定，就像儿时学习画画时把不同的颜料混合在一起，得到一种新的颜色。例如，R ＝ 0、G ＝ 0、B ＝ 0 对应的是黑色，R ＝ 0、G ＝ 255、B ＝ 0 对应的是绿色。

大量的实验证明，相较于 MLP，CNN 处理 RGB 图像输入时的性能更好，因此，CNN 在处理计算机视觉方面的任务时也更加得心应手。

5.2 卷积层

卷积神经网络中最重要的部分自然是卷积层（convolutional layer）。卷积层在整个 CNN 中的作用就是提取特征，例如，提取输入图像的轮廓、特殊的颜色等特征，就像要通过波纹来识别图中的大海，通过蓝色来识别图中的蓝天。卷积层能出色地提取特征得益于它的结构。一个卷积层通常包含一些滤波器和一个激活函数。在 CNN 中，除输入图像以外，第一层就是卷积层。卷积层中的每个神经元并不是像 MLP 的隐层神经元那样对输入层矩阵的每个元素进行连接，而是仅对感受野内的元素进行关联计算。为方便大家理解，用下面两幅图来比较 CNN 和 MLP 的结构。

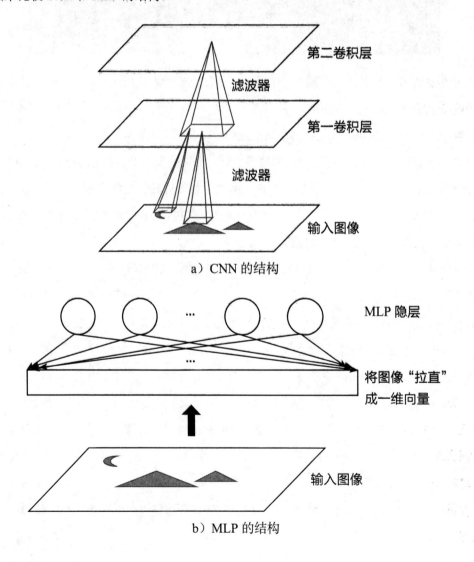

a）CNN 的结构

b）MLP 的结构

在 CNN 中，输入图像的一部分像素点经过滤波器计算后连接到第一卷积层中的神经元，第一卷积层中的一部分神经元经过滤波器计算后连接到第二卷积层中的神经元。这种结构使得网络可以先从输入图像上提取一些低级特征，然后在下一个卷积层中将这些低级特征"拼装"成高级特征，并如此循环往复。

滤波器计算完成的矩阵中每一个元素都需要经过激活函数的计算，最终得到的激活后的输出矩阵就是卷积层的输出。

在 Keras 中，使用以下代码就能建立一个卷积层：

```
model.add(Conv2D(64, (3, 3), activation='relu'))
```

代码之所以很简单，是因为 Keras API 在后台自动完成了很多工作。但是，我们仍然非常有必要从算法层面了解卷积层，只有明白 Keras 在后台做了什么，才能在自己搭建、调试和优化 CNN 时更加得心应手。因此，本章接下来的部分会带大家了解卷积层中的滤波器及其相关运算规则。

5.3 滤波器

CNN 相较于 MLP 最大的进步就是权重矩阵。CNN 的权重矩阵尺寸较小，其大小需要自己定义。权重矩阵的具体值来自 CNN 的学习和优化过程。因为权重矩阵中元素较少，在处理图像任务时，CNN 的运算速度相较于 MLP 也大大提高了。假设用 MLP 处理 1024 像素 ×768 像素的黑白图像，第一个隐层有 1000 个神经元，那么可以推算出仅第一个权重矩阵就有将近 8 亿个元素，这样的计算量对计算机来说简直是一种"摧残"。而 CNN 可以用更小的权重矩阵解决这个问题，此时称这个权重矩阵为滤波器（filter）或卷积核（convolutional kernel）。

5.3.1 滤波器的运算规则

为了了解 Keras 中建立卷积层的函数在后台是如何工作的，下面从数学层面分析滤波器的具体运算规则。我们不妨把自己想象成一台计算机，此时我们既看不到也不关心输入图像上有什么，我们只能识别图像背后的数字矩阵。

以如下所示的矩阵作为卷积层的输入（为方便计算，这里使用了一个尺寸较小的矩阵，而实际的卷积层输入可能是尺寸很大的矩阵），我们此时不需要关心这个输入矩阵具体代表什么样的图像：

$$输入矩阵 = \begin{bmatrix} 1 & 0 & 1 & 0 \\ 0 & 1 & 1 & 0 \\ 1 & 0 & 1 & 0 \\ 1 & 0 & 1 & 0 \end{bmatrix}$$

同样，为方便举例，选定一个 2×2 大小的滤波器，并随机给它一定的值：

$$滤波器 = \begin{bmatrix} 1 & 2 \\ 3 & 4 \end{bmatrix}$$

那么滤波器和输入矩阵的运算关系应该是：先对滤波器和感受野（其投影位置的等尺寸子矩阵）进行哈达玛积运算和乘积求和，再移动滤波器至对应的下一个感受野。

输入矩阵和输出矩阵的对应关系如下图所示。

在输入矩阵中，第一个感受野是 $\begin{bmatrix} 1 & 0 \\ 0 & 1 \end{bmatrix}$，那么第一次运算应为

$$\begin{bmatrix} 1 & 0 \\ 0 & 1 \end{bmatrix} \circ \begin{bmatrix} 1 & 2 \\ 3 & 4 \end{bmatrix} = \begin{bmatrix} 1\times1 & 0\times2 \\ 0\times3 & 1\times4 \end{bmatrix} = \begin{bmatrix} 1 & 0 \\ 0 & 4 \end{bmatrix}$$

对第一次运算所得矩阵中的各个元素求和得到 5。按照上图所示的对应关系，5 应该位于输出矩阵的左上角。

然后将感受野往右移动一个单位得到 $\begin{bmatrix} 0 & 1 \\ 1 & 1 \end{bmatrix}$，按照同样的计算规则有

$$\begin{bmatrix} 0 & 1 \\ 1 & 1 \end{bmatrix} \circ \begin{bmatrix} 1 & 2 \\ 3 & 4 \end{bmatrix} = \begin{bmatrix} 0 & 2 \\ 3 & 4 \end{bmatrix}$$

元素求和之后得到 9。同理，第三个感受野经过滤波器之后得到 4。

此时感受野已经移动到第一行的最后，接下来需要从第二行开始重复第一行的运算。

第二行的第一个感受野为 $\begin{bmatrix} 0 & 1 \\ 1 & 0 \end{bmatrix}$，经过滤波器之后得到 5。

重复以上运算，即可得到输出矩阵中的所有元素，此时的输出矩阵为

$$\begin{bmatrix} 5 & 9 & 4 \\ 5 & 7 & 4 \\ 4 & 6 & 4 \end{bmatrix}$$

因为哈达玛积的性质，可以发现感受野和滤波器的尺寸是相同的。

5.3.2 滤波器的作用

了解了滤波器的基本运算规则，接着来了解滤波器的作用。正如前面所说的，滤波器在 CNN 中的作用是提取特征，那么它是如何提取特征的呢？下面通过一个将滤波器用作纵向边缘检测器的例子进行讲解。

假设有如下所示的输入矩阵：

$$\begin{bmatrix} 80 & 80 & 80 & 0 & 0 & 0 \\ 80 & 80 & 80 & 0 & 0 & 0 \\ 80 & 80 & 80 & 0 & 0 & 0 \\ 80 & 80 & 80 & 0 & 0 & 0 \\ 80 & 80 & 80 & 0 & 0 & 0 \\ 80 & 80 & 80 & 0 & 0 & 0 \end{bmatrix}$$

在灰度图像中，值越大颜色越浅，值越小颜色越深。因此，以上矩阵可以表示成如下图所示的灰度图像。

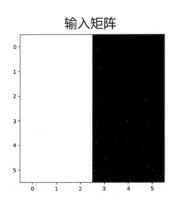

输入矩阵

如果用一个矩阵 $\begin{bmatrix} 1 & 0 & -1 \\ 1 & 0 & -1 \\ 1 & 0 & -1 \end{bmatrix}$ 作为滤波器，则可以得到如下所示的输出矩阵：

$$\begin{bmatrix} 0 & 240 & 240 & 0 \\ 0 & 240 & 240 & 0 \\ 0 & 240 & 240 & 0 \\ 0 & 240 & 240 & 0 \end{bmatrix}$$

如下图所示，该矩阵表示一条白色的边缘分界线。而在滤波器 $\begin{bmatrix} 1 & 0 & -1 \\ 1 & 0 & -1 \\ 1 & 0 & -1 \end{bmatrix}$ 中，同一列的数字是相等的，因此，这个滤波器是纵向边缘检测器。

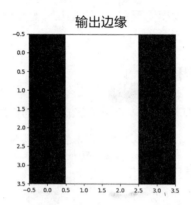

输出边缘

如果想要一条黑色的边缘分界线，只需把滤波器变成 $\begin{bmatrix} -1 & 0 & 1 \\ -1 & 0 & 1 \\ -1 & 0 & 1 \end{bmatrix}$。

同样的原理，滤波器也可以作为横向边缘检测器。如果输入矩阵为

$$\begin{bmatrix} 80 & 80 & 80 & 80 & 80 & 80 \\ 80 & 80 & 80 & 80 & 80 & 80 \\ 80 & 80 & 80 & 80 & 80 & 80 \\ 0 & 0 & 0 & 0 & 0 & 0 \\ 0 & 0 & 0 & 0 & 0 & 0 \\ 0 & 0 & 0 & 0 & 0 & 0 \end{bmatrix}$$

其对应的灰度图像如下图所示。

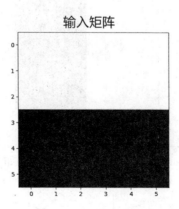

输入矩阵

如果使用一个水平滤波器 $\begin{bmatrix} 1 & 1 & 1 \\ 0 & 0 & 0 \\ -1 & -1 & -1 \end{bmatrix}$，则可以得到如下所示的矩阵：

$$\begin{bmatrix} 0 & 0 & 0 & 0 \\ 240 & 240 & 240 & 240 \\ 240 & 240 & 240 & 240 \\ 0 & 0 & 0 & 0 \end{bmatrix}$$

这个矩阵对应的灰度图像如下图所示。

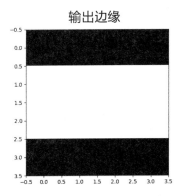

除了作为边缘检测器，滤波器还有很多其他的作用，如锐化、模糊化等。感兴趣的读者可以在 Python 中安装 PIL 库，体验各种滤波器的效果。示例代码如下：

```
From PIL import Image, ImageFilter
image = Image.open("/ANY_PATH/file_name.jpg")
image = image.filter(ImageFilter.CONTOUR)
image.show()
```

下图 a 所示的图像经过上述代码的处理后，效果如下图 b 所示。

a）原图　　　　　b）经过CONTOUR滤波器处理以后

读者还可以尝试 BLUR（模糊化）、EDGE_ENHANCE（边界加强）等函数。因为在深度学习中，我们更专注于算法本身，故对这些滤波效果不做介绍。

通过以上例子，读者应该已经了解滤波器是如何提取特征的。图像矩阵中的像素色度值突然出现较大变动（例如，色度值 80 的像素点旁边有一个色度值为 0 或 160 的像素点）能够引起滤波器的注意。滤波器通过自身矩阵内部特定的值与输入矩阵进行运算，并提取和保留需要的特征，舍弃不重要的特征。在神经网络中，我们很少使用这些硬编码滤波器，一般用 CNN 根据实际训练数据和具体网络结构学习到的滤波器来完成图像任务（如图像识别），因为由学习训练数据产生的滤波器能提供更加稳定且高性能的预测结果。

对于输入矩阵来说，滤波器还具有"共享性"。输入矩阵中所有的感受野都需要经过滤波器的处理，因此，输入矩阵中的特征在哪个位置已经变得不重要了。例如，不管小猫在图像的正中央还是在图像的左下角，对于滤波器来说是"一视同仁"的。只要是同一个特征，不管在图像的哪个位置，滤波器总能提取并给出相同的输出。而 MLP 在学习图像特征时，对位置是有要求的。例如，小猫在左下角和在右下角会被 MLP 认为是两个特征。这也是 CNN 相较于 MLP 的一大优势。我们可以通过下面的例子来理解：

$$
\begin{bmatrix}
0 & 0 & 0 & 80 & 80 & 0 \\
0 & 0 & 0 & 80 & 80 & 0 \\
0 & 0 & 0 & 80 & 80 & 0 \\
0 & 0 & 0 & 0 & 0 & 0 \\
0 & 0 & 0 & 0 & 0 & 0 \\
0 & 0 & 0 & 0 & 0 & 0
\end{bmatrix}
$$

这个输入矩阵中有一个特征——几个 80 组成的子矩阵。如果使用滤波器 $\begin{bmatrix} 1 & 1 \\ 1 & 1 \end{bmatrix}$，那么得到的输出矩阵为

$$
\begin{bmatrix}
0 & 0 & 160 & 320 & 160 \\
0 & 0 & 160 & 320 & 160 \\
0 & 0 & 80 & 160 & 80 \\
0 & 0 & 0 & 0 & 0 \\
0 & 0 & 0 & 0 & 0
\end{bmatrix}
$$

可以发现输出矩阵中的特征子矩阵也位于右上方。因此，我们可以认为输入矩阵的特征被提取出来并在输出矩阵中得到了体现。

如果把输入矩阵中的特征移动一下位置，例如，

$$\begin{bmatrix} 0 & 0 & 0 & 0 & 0 & 0 \\ 0 & 0 & 0 & 0 & 0 & 0 \\ 0 & 0 & 0 & 0 & 0 & 0 \\ 0 & 80 & 80 & 0 & 0 & 0 \\ 0 & 80 & 80 & 0 & 0 & 0 \\ 0 & 80 & 80 & 0 & 0 & 0 \end{bmatrix}$$

经过同样的滤波器运算后得到的输出矩阵为

$$\begin{bmatrix} 0 & 0 & 0 & 0 & 0 \\ 0 & 0 & 0 & 0 & 0 \\ 80 & 160 & 80 & 0 & 0 \\ 160 & 320 & 160 & 0 & 0 \\ 160 & 320 & 160 & 0 & 0 \end{bmatrix}$$

我们可以观察到，即使特征的位置改变，经过同样的滤波器，特征仍然可以在输出矩阵中得到同样的体现（输出的特征子矩阵的值未改变）。因此，我们可以说输出特征在滤波器的帮助下不受输入特征位置的影响。

虽然特征被提取出来，特征的值也未改变，但是特征在输出矩阵中的位置还是发生了变化。这样一来，如果一个特征换了位置，计算机还是有可能将其误认为是两种特征。要让输出矩阵中的特征移动不那么敏感，就要用到后文会详细讲解的池化层（pooling layer）。

通常一个 CNN 会包含多个滤波器，但是我们并不需要亲自设定它们的值，CNN 会通过训练自动找到最适合当前训练任务的滤波器内参数。对同一个卷积层，还可以设置多个滤波器，我们只需要在训练前提供滤波器的尺寸（大多数时候使用的是"正方形"的滤波器，即滤波器矩阵的行数和列数相等）。此外，根据实际情况和需求，每个滤波器还可以配备一个偏移项。

5.3.3 填充和步长

如果大家在前面细心地观察了滤波器的工作原理，就会发现滤波器的输出矩阵尺寸小于输入矩阵尺寸。滤波器尺寸越大，输出矩阵的尺寸就越小。三种尺寸的关系如下：

$$d_{out} = d_{in} - f + 1$$

其中，d_{out} 为输出矩阵的尺寸，d_{in} 为输入矩阵的尺寸，f 为滤波器尺寸。

因为输出矩阵尺寸变小了，那么这个滤波器很可能会把靠近图像边缘的一些重要信息过滤掉。下面通过一个例子来帮助大家理解。假设有如下输入矩阵（已标出两处特征）：

$$\begin{bmatrix} 0 & 0 & 0 & 80 & 80 & 0 \\ 1 & 0 & 0 & 80 & 80 & 0 \\ 1 & 0 & 0 & 80 & 80 & 0 \\ 0 & 0 & 0 & 0 & 0 & 0 \\ 0 & 0 & 0 & 0 & 0 & 0 \\ 0 & 0 & 0 & 0 & 0 & 0 \end{bmatrix}$$

如果滤波器为 $\begin{bmatrix} 0 & 1 & 1 \\ 0 & 1 & 1 \\ 0 & 1 & 1 \end{bmatrix}$，那么输出矩阵为

$$\begin{bmatrix} 0 & 240 & 480 & 240 \\ 0 & 160 & 320 & 160 \\ 0 & 80 & 160 & 80 \\ 0 & 0 & 0 & 0 \end{bmatrix}$$

可以发现，由两个 1 组成的位于左边缘的特征被过滤掉了。

接下来在输入矩阵边缘添加一个由 "0" 组成的 "边框"，输入矩阵变为

$$\begin{bmatrix} 0 & 0 & 0 & 0 & 0 & 0 & 0 & 0 \\ 0 & 0 & 0 & 0 & 80 & 80 & 0 & 0 \\ 0 & 1 & 0 & 0 & 80 & 80 & 0 & 0 \\ 0 & 1 & 0 & 0 & 80 & 80 & 0 & 0 \\ 0 & 0 & 0 & 0 & 0 & 0 & 0 & 0 \\ 0 & 0 & 0 & 0 & 0 & 0 & 0 & 0 \\ 0 & 0 & 0 & 0 & 0 & 0 & 0 & 0 \\ 0 & 0 & 0 & 0 & 0 & 0 & 0 & 0 \end{bmatrix}$$

如果使用同样的滤波器 $\begin{bmatrix} 0 & 1 & 1 \\ 0 & 1 & 1 \\ 0 & 1 & 1 \end{bmatrix}$，那么输出矩阵为

$$\begin{bmatrix} 1 & 0 & 160 & 320 & 160 & 0 \\ 2 & 0 & 240 & 480 & 240 & 0 \\ 2 & 0 & 160 & 320 & 160 & 0 \\ 1 & 0 & 80 & 160 & 80 & 0 \\ 0 & 0 & 0 & 0 & 0 & 0 \\ 0 & 0 & 0 & 0 & 0 & 0 \end{bmatrix}$$

这样，边缘上的特征就被保留了下来。

这种在输入矩阵边缘添加 "边框" 的操作称为填充（padding）。在实际的应用过程中，大体上有以下两种填充形式：

① VALID 填充：VALID 填充代表不作填充。如果觉得边缘的一些特征不太重要，就可以选择 VALID 填充。

② SAME 填充：如果需要保留边缘特征，且经过滤波器运算后的输出矩阵和输入矩阵在尺寸上等大，那么就要选择 SAME 填充。

引入填充的概念后，计算输出矩阵尺寸的公式变为

$$d_{\text{out}} = d_{\text{in}} - f + 1 + 2p$$

其中 p 是填充的大小。如果 $p = 0$，为 VALID 填充；如果 $p = 1$，则在输入矩阵周围添加一层 "0"，依此类推。如果要让 $d_{\text{out}} = d_{\text{in}}$，则 $p = \dfrac{f-1}{2}$。由此可知，填充的大小基本由滤波器尺寸决定，并且大多数时候滤波器尺寸是一个奇数。

不知大家是否发现，前面在讲解滤波器的运算规则时，让滤波器每次移动一个单位。但是实际上，滤波器可以每次移动多个单位，这个单位称为步长（stride）。

假设输入矩阵为

$$\begin{bmatrix} 10 & 20 & 16 & 160 & 10 \\ 20 & 0 & 60 & 160 & 20 \\ 10 & 30 & 8 & 80 & 20 \\ 10 & 20 & 0 & 20 & 10 \\ 10 & 40 & 10 & 10 & 50 \end{bmatrix}$$

滤波器为 $\begin{bmatrix} 1 & 0 & 1 \\ 1 & 0 & 1 \\ 1 & 0 & 1 \end{bmatrix}$，步长为 2，那么输出矩阵为 $\begin{bmatrix} 64 & 134 \\ 48 & 98 \end{bmatrix}$。

引入步长的概念后，计算输出矩阵尺寸的公式变为

$$d_{\text{out}} = \frac{d_{\text{in}} + 2p - f}{s} + 1$$

其中 s 为步长。有了这个公式，就可以在实际编程中检验矩阵的维度平衡了。

填充、步长、滤波器尺寸都是 CNN 中比较重要的超参数，我们在调试网络前应该清楚地了解这些超参数对网络的影响。

到这里，大家应该已经明白滤波器的原理和用法，并且知道 5.2 节中的那行代码在背后完成了哪些工作。前文还说过，滤波器输出矩阵中的每一个元素都要经过一个激活函数最终得到卷积层的输出。激活函数应该根据实际需求来选择，但是大量的经验表明，ReLU 函数可以作为首选。

5.4 彩色图像输入

在 3.7 节的案例中，我们把输入的图像矩阵"拉直"成一维向量，因为 MLP 中的隐层只有一个维度。如果要训练 CNN 模型，那么无须进行此步骤，因为卷积层有两个维度。

前面的讲解都是用黑白图像作为例子，本节则要增加难度，带大家手动计算一次彩色图像从进入卷积层到离开卷积层的过程，以帮助大家完全理解卷积层在实际应用中扮演的角色。这样的学习对于大家以后建立和调试自己的 CNN 模型是十分有益的。

彩色 RGB 图像是三维矩阵（高度、宽度、通道），通道分别为 R（红）、G（绿）、B（蓝），每个通道都是一个二维矩阵（高度 × 宽度）。和灰度图像一样，每个通道中数字的取值范围也是 0～255。下图描述了 RGB 图像是如何卷积的。

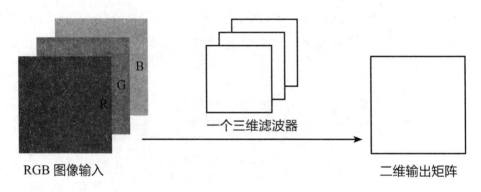

RGB 图像有三个通道，因此，相应的滤波器应为一个三通道滤波器（三维矩阵）。当滤波器为三维时，只需将每个通道的输入矩阵对应滤波器的相应维度，进行二维滤波器的计算，最后将得到的三个输出矩阵相加。

当然，我们也可以使用多个三维滤波器，则输出矩阵的层数（厚度）会增加。下面就来进行一次以 RGB 图像作为输入、包含两个滤波器和一个卷积层的手动正向传播计算。再次说明，此时我们要把自己想象成一台计算机，不关心图像矩阵具体代表什么，只从矩阵内的数字出发。为方便举例，使用尺寸较小的输入矩阵和数字较为简单的滤波器，具体如下：

R 通道

$$\begin{bmatrix} 0 & 10 & 20 & 10 & 0 & 8 \\ 10 & 40 & 50 & 20 & 10 & 10 \\ 0 & 10 & 0 & 20 & 40 & 10 \\ 20 & 0 & 60 & 20 & 30 & 20 \\ 30 & 20 & 20 & 0 & 60 & 40 \\ 15 & 40 & 0 & 10 & 20 & 60 \end{bmatrix}$$

G 通道

$$\begin{bmatrix} 10 & 100 & 0 & 10 & 10 & 8 \\ 10 & 40 & 20 & 30 & 20 & 10 \\ 0 & 10 & 10 & 20 & 40 & 10 \\ 20 & 0 & 20 & 20 & 30 & 20 \\ 30 & 20 & 100 & 10 & 8 & 10 \\ 15 & 10 & 0 & 30 & 20 & 20 \end{bmatrix}$$

B 通道

$$\begin{bmatrix} 40 & 20 & 30 & 0 & 0 & 0 \\ 0 & 10 & 0 & 40 & 20 & 0 \\ 10 & 20 & 10 & 10 & 20 & 10 \\ 10 & 20 & 0 & 20 & 20 & 50 \\ 0 & 0 & 20 & 50 & 0 & 40 \\ 15 & 10 & 10 & 10 & 0 & 60 \end{bmatrix}$$

$$\text{滤波器 1} \qquad\qquad\qquad\qquad \text{滤波器 2}$$

$$\begin{bmatrix} 1 & 0 & -1 \\ 1 & 0 & -1 \\ 1 & 0 & -1 \end{bmatrix} \begin{bmatrix} -1 & -1 & 0 \\ 0 & 1 & 0 \\ 0 & -1 & 1 \end{bmatrix} \begin{bmatrix} 1 & -1 & 1 \\ -1 & 0 & 1 \\ 1 & -1 & 1 \end{bmatrix} \qquad \begin{bmatrix} 0 & 1 & -1 \\ 0 & 1 & -1 \\ 0 & 1 & -1 \end{bmatrix} \begin{bmatrix} -1 & -1 & -1 \\ 1 & 1 & 0 \\ 1 & -1 & 1 \end{bmatrix} \begin{bmatrix} 1 & 1 & 1 \\ 1 & 0 & 1 \\ 1 & 1 & 1 \end{bmatrix}$$

假设使用 VALID 填充，步长为 1，偏移项都为 1（可以像处理 MLP 那样在卷积层中加上偏移项），那么滤波器 1 针对 R、G、B 通道的运算结果依次是

$$\begin{bmatrix} -60 & 10 & 20 & 22 \\ -80 & -10 & 30 & 10 \\ -30 & -10 & -50 & -30 \\ -15 & 30 & -30 & -90 \end{bmatrix} \begin{bmatrix} -70 & -70 & 40 & -30 \\ -20 & -50 & -20 & -20 \\ 70 & -10 & -90 & -28 \\ -10 & 110 & -40 & -42 \end{bmatrix} \begin{bmatrix} 60 & 30 & 20 & -40 \\ -10 & 80 & -20 & 70 \\ 20 & 40 & 20 & 120 \\ 35 & 90 & -10 & 110 \end{bmatrix}$$

将上述三个矩阵相加，得到输出矩阵的第一层为

$$\begin{bmatrix} -69 & -29 & 81 & -47 \\ -109 & 21 & -9 & 61 \\ 61 & 21 & -119 & 63 \\ 11 & 231 & -81 & -21 \end{bmatrix}$$

通过同样的计算可以得到输出矩阵的第二层为

$$\begin{bmatrix} 71 & 141 & 161 & -113 \\ -9 & 101 & 111 & 221 \\ 161 & 111 & 119 & 253 \\ 91 & 301 & 41 & 219 \end{bmatrix}$$

如果使用 ReLU 作为激活函数，那么这个卷积层的输出矩阵应该是

$$\begin{bmatrix} 0 & 0 & 81 & 0 \\ 0 & 21 & 0 & 61 \\ 61 & 21 & 0 & 63 \\ 11 & 231 & 0 & 0 \end{bmatrix} \text{和} \begin{bmatrix} 71 & 141 & 161 & 0 \\ 0 & 101 & 111 & 221 \\ 161 & 111 & 119 & 253 \\ 91 & 301 & 41 & 219 \end{bmatrix}$$

接下来，下一个卷积层中的滤波器会对上述输出矩阵进行特征提取，进行以上类似计算。我们可以用以下公式来描述上述计算：

$$a^l = \sigma(z^l) \qquad z^l = a^{l-1} * W^l + b^l$$

其中，a^l 为第 l 层的输出，σ 为激活函数，"*" 为前面提到的卷积运算，b^l 为第 l 层的偏移项。

从这个例子不难分析出，如果增加滤波器的数量，那么输出矩阵的层数（厚度）也会增加。

另外，还可以来看看参数数量。如果定义 n 个滤波器，那么滤波器尺寸为 $h \times w \times c_{in}$（其中 h 是滤波器的行数，w 是滤波器的列数，c_{in} 是通道数），每个滤波器对应一个偏移项，那么参数总数量为 $n \times (h \times w \times c_{in} + 1)$。

学习了彩色图像输入在卷积层中的计算过程，接着来学习在 Keras 中如何实现这个计算过程。

首先要加载训练集。如果是自己准备的数据集，则需要手动编写 Python 脚本进行加载。原则上这个加载脚本的作用就是把每一幅图像和对应的标签分别存入训练集的 x 和 y 张量中。如果是深度学习框架内置的数据集，则不同的数据集有不同的加载方法。以 CIFAR-10 数据集为例，需要用如下代码加载数据：

```
1  from keras.datasets import cifar10
2  (x_train, y_train), (x_test, y_test) = cifar10.load_data()
```

第 1 行通过 cifar10 模块加载 CIFAR-10 数据集，第 2 行把数据集中的数据分别存入 x_train、x_test、y_train、y_test 中。CIFAR-10 数据集包含 10 种分类标签：飞机、汽车、鸟、猫、鹿、狗、青蛙、马、船、卡车。每个标签下有 6000 幅 32 像素 ×32 像素的彩色图像。需要注意的是，x_train、x_test 是四维张量，表示数据集中图像的集合。x_train 包含 50000 幅图像，用于训练；x_test 包含 10000 幅图像，用于测试。而后续代码中使用的 Conv2D() 函数的参数 input_shape（输入尺寸）应该是三维张量，表示的是一幅图像的张量。在最后的拟合函数 model.fit() 中要给 CNN 输入的是 x_train 这个四维张量，表示一次性把所有图像都"喂"给 CNN，接下来它就会一幅一幅地自动学习。

然后建立卷积层，示例代码如下：

```
1  from keras.layers import Conv2D
2  from keras.models import Sequential
3  model = Sequential()
4  model.add(Conv2D(filters=32, kernel_size=(3, 3), strides=(1, 1),
   padding='valid', activation='relu', input_shape=(rows, columns, 3)))
5  model.add(Conv2D(filters=64, kernel_size=(3, 3), strides=(1, 1),
   padding='valid', activation='relu'))
```

第 1 行和第 2 行分别载入函数 Conv2D() 和 Sequential()。

第 3 行建立了一个序列式模型。

第 4 行建立了第一个卷积层。注意，要在第一个卷积层中用参数 input_shape 设置输入数据的维度，该参数的最后一个值代表通道数，因为输入是 RGB 图像，所以这里设置为 3。此外，还设置了 32 个滤波器（filters=32），每个滤波器的尺寸是 3×3（kernel_size=(3, 3)）。

滤波器的数量属于超参数，并没有一个公式可以告诉我们应该设置多少个滤波器。滤波器的数量往往根据不断调试神经网络所得到的经验来设置，一般习惯设置 2^n（如 32、64、128 等）个滤波器。通常，滤波器过多容易导致过拟合，过少则容易导致欠拟合。大家在搭建自己的 CNN 模型时，也许会花费一些时间反复调试每一个卷积层的滤波器数量，以得到最佳的训练效果。

至于滤波器的尺寸，可以从 3、5、7 这样的奇数开始尝试。随着"玩"CNN 的次数越来越多，大家会越来越了解 CNN 的超参数调试，从而总结出一套自己的调试经验。

因为输入是 RGB 图像，所以程序会对每个滤波器和 R、G、B 这 3 个二维矩阵分别做运算。这里将参数 padding 设置为 'valid'，表示选择 VALID 填充方式，即不在矩阵周围填充"0"作为边框，当然，也可以设置成 'same'；将参数 activation 设置为 'relu'，表示选择 ReLU 函数作为激活函数。

第 5 行建立了第二个卷积层，设置了 64 个滤波器，同样选择 VALID 填充方式和 ReLU 激活函数。

从以上示例代码可以看出，在 Keras 中搭建 CNN 模型还是比较简单的。

5.5 反向传播

尽管在使用 Keras 等深度学习框架编写代码时不需要太过操心反向传播，但还是有必要了解 CNN 的反向传播的原理。

假设输入矩阵尺寸为 3×3，滤波器尺寸为 2×2，使用 VALID 填充，步长为 1，那么输出矩阵尺寸便为 2×2。

输入：

a_{11}	a_{12}	a_{13}
a_{21}	a_{22}	a_{23}
a_{31}	a_{32}	a_{33}

滤波器：

w_{11}	w_{12}
w_{21}	w_{22}

输出：

o_{11}	o_{12}
o_{21}	o_{22}

于是，正向传播为

$$o_{11} = w_{11}a_{11} + w_{12}a_{12} + w_{21}a_{21} + w_{22}a_{22}$$
$$o_{12} = w_{11}a_{12} + w_{12}a_{13} + w_{21}a_{22} + w_{22}a_{23}$$
$$o_{21} = w_{11}a_{21} + w_{12}a_{22} + w_{21}a_{31} + w_{22}a_{32}$$
$$o_{22} = w_{11}a_{22} + w_{12}a_{23} + w_{21}a_{32} + w_{22}a_{33}$$

假设损失函数为 L，损失函数肯定和输出的四个元素有关，那么根据链式法则有

$$\frac{\partial L}{\partial w_{11}} = a_{11}\frac{\partial L}{\partial o_{11}} + a_{12}\frac{\partial L}{\partial o_{12}} + a_{21}\frac{\partial L}{\partial o_{21}} + a_{22}\frac{\partial L}{\partial o_{22}}$$

$$\frac{\partial L}{\partial w_{12}} = a_{12}\frac{\partial L}{\partial o_{11}} + a_{13}\frac{\partial L}{\partial o_{12}} + a_{22}\frac{\partial L}{\partial o_{21}} + a_{23}\frac{\partial L}{\partial o_{22}}$$

$$\frac{\partial L}{\partial w_{21}} = a_{21}\frac{\partial L}{\partial o_{11}} + a_{23}\frac{\partial L}{\partial o_{12}} + a_{31}\frac{\partial L}{\partial o_{21}} + a_{32}\frac{\partial L}{\partial o_{22}}$$

$$\frac{\partial L}{\partial w_{22}} = a_{22}\frac{\partial L}{\partial o_{11}} + a_{23}\frac{\partial L}{\partial o_{12}} + a_{32}\frac{\partial L}{\partial o_{21}} + a_{33}\frac{\partial L}{\partial o_{22}}$$

通过类似的方法也可以求出 $\dfrac{\partial L}{\partial a_{ij}}$：

$$\frac{\partial L}{\partial a_{11}} = \frac{\partial L}{\partial o_{11}}\frac{\partial o_{11}}{\partial a_{11}} + \frac{\partial L}{\partial o_{12}}\frac{\partial o_{12}}{\partial a_{11}} + \frac{\partial L}{\partial o_{21}}\frac{\partial o_{21}}{\partial a_{11}} + \frac{\partial L}{\partial o_{22}}\frac{\partial o_{22}}{\partial a_{11}} = \frac{\partial L}{\partial o_{11}}w_{11}$$

$$\frac{\partial L}{\partial a_{12}} = \frac{\partial L}{\partial o_{11}}\frac{\partial o_{11}}{\partial a_{12}} + \frac{\partial L}{\partial o_{12}}\frac{\partial o_{12}}{\partial a_{12}} + \frac{\partial L}{\partial o_{21}}\frac{\partial o_{21}}{\partial a_{12}} + \frac{\partial L}{\partial o_{22}}\frac{\partial o_{22}}{\partial a_{12}} = \frac{\partial L}{\partial o_{11}}w_{12} + \frac{\partial L}{\partial o_{12}}w_{11}$$

$$\frac{\partial L}{\partial a_{13}} = \frac{\partial L}{\partial o_{11}}\frac{\partial o_{11}}{\partial a_{13}} + \frac{\partial L}{\partial o_{12}}\frac{\partial o_{12}}{\partial a_{13}} + \frac{\partial L}{\partial o_{21}}\frac{\partial o_{21}}{\partial a_{13}} + \frac{\partial L}{\partial o_{22}}\frac{\partial o_{22}}{\partial a_{13}} = \frac{\partial L}{\partial o_{12}}w_{12}$$

$$\frac{\partial L}{\partial a_{21}} = \frac{\partial L}{\partial o_{11}}\frac{\partial o_{11}}{\partial a_{21}} + \frac{\partial L}{\partial o_{12}}\frac{\partial o_{12}}{\partial a_{21}} + \frac{\partial L}{\partial o_{21}}\frac{\partial o_{21}}{\partial a_{21}} + \frac{\partial L}{\partial o_{22}}\frac{\partial o_{22}}{\partial a_{21}} = \frac{\partial L}{\partial o_{11}}w_{21} + \frac{\partial L}{\partial o_{21}}w_{11}$$

$$\frac{\partial L}{\partial a_{22}} = \frac{\partial L}{\partial o_{11}}\frac{\partial o_{11}}{\partial a_{22}} + \frac{\partial L}{\partial o_{12}}\frac{\partial o_{12}}{\partial a_{22}} + \frac{\partial L}{\partial o_{21}}\frac{\partial o_{21}}{\partial a_{22}} + \frac{\partial L}{\partial o_{22}}\frac{\partial o_{22}}{\partial a_{22}}$$
$$= \frac{\partial L}{\partial o_{11}}w_{22} + \frac{\partial L}{\partial o_{12}}w_{21} + \frac{\partial L}{\partial o_{21}}w_{12} + \frac{\partial L}{\partial o_{22}}w_{11}$$

$$\frac{\partial L}{\partial a_{23}} = \frac{\partial L}{\partial o_{11}}\frac{\partial o_{11}}{\partial a_{23}} + \frac{\partial L}{\partial o_{12}}\frac{\partial o_{12}}{\partial a_{23}} + \frac{\partial L}{\partial o_{21}}\frac{\partial o_{21}}{\partial a_{23}} + \frac{\partial L}{\partial o_{22}}\frac{\partial o_{22}}{\partial a_{23}} = \frac{\partial L}{\partial o_{12}}w_{22} + \frac{\partial L}{\partial o_{22}}w_{12}$$

$$\frac{\partial L}{\partial a_{31}} = \frac{\partial L}{\partial o_{11}}\frac{\partial o_{11}}{\partial a_{31}} + \frac{\partial L}{\partial o_{12}}\frac{\partial o_{12}}{\partial a_{31}} + \frac{\partial L}{\partial o_{21}}\frac{\partial o_{21}}{\partial a_{31}} + \frac{\partial L}{\partial o_{22}}\frac{\partial o_{22}}{\partial a_{31}} = \frac{\partial L}{\partial o_{21}}w_{21}$$

$$\frac{\partial L}{\partial a_{32}} = \frac{\partial L}{\partial o_{11}}\frac{\partial o_{11}}{\partial a_{32}} + \frac{\partial L}{\partial o_{12}}\frac{\partial o_{12}}{\partial a_{32}} + \frac{\partial L}{\partial o_{21}}\frac{\partial o_{21}}{\partial a_{32}} + \frac{\partial L}{\partial o_{22}}\frac{\partial o_{22}}{\partial a_{32}} = \frac{\partial L}{\partial o_{21}}w_{22} + \frac{\partial L}{\partial o_{22}}w_{21}$$

$$\frac{\partial L}{\partial a_{33}} = \frac{\partial L}{\partial o_{11}}\frac{\partial o_{11}}{\partial a_{33}} + \frac{\partial L}{\partial o_{12}}\frac{\partial o_{12}}{\partial a_{33}} + \frac{\partial L}{\partial o_{21}}\frac{\partial o_{21}}{\partial a_{33}} + \frac{\partial L}{\partial o_{22}}\frac{\partial o_{22}}{\partial a_{33}} = \frac{\partial L}{\partial o_{22}}w_{22}$$

需要注意的是，求损失函数关于 x 的梯度是因为必须用这个梯度来建立反向传播时当前层和前一层的关系。有了这些梯度，配合本章所讲的优化算法就可以完成反向传播。

5.6　池化层

如果理解了前面讲解的卷积层原理,池化层应该很好理解。池化层一般紧随卷积层之后,池化层的神经元也是只和前一层神经元的一部分相连接。池化层可以对输入数据进行向下采样（down sampling）,从而减少计算机的内存使用、神经网络的参数数量和计算机的运算负荷。此外,池化层还可以使得神经网络对图像或图像特征的移动不那么敏感。在池化层中,没有滤波器和任何权重,只需要定义池化核（pooling kernel）的尺寸、填充的方式和步长。

池化层大致有最大池化（max pooling）和平均池化（average pooling）两种类型。先来看最大池化。假设输入矩阵为

$$\begin{bmatrix} 10 & 31 & 22 & 15 \\ 20 & 32 & 32 & 20 \\ 15 & 45 & 37 & 17 \\ 14 & 20 & 40 & 9 \end{bmatrix}$$

使用一个 2×2 的池化核，填充方式为 VALID 填充，步长为 2。

先看和池化核等大的输入子矩阵 $\begin{bmatrix} 10 & 31 \\ 20 & 32 \end{bmatrix}$。因为这里在求最大池化,所以只需要找到这个子矩阵中的最大值,很显然是 32。接着按照步长 2 来移动池化核,那么下一个最大值也是 32。依照此规律,可以得到一个池化后的矩阵 $\begin{bmatrix} 32 & 32 \\ 45 & 40 \end{bmatrix}$。很明显,池化后的矩阵尺寸变小了。这个过程就是向下采样。因为矩阵尺寸变小了,所以计算量和内存占用也变小了。

如果将池化形式改成平均池化（即求子矩阵各元素的平均值）,那么使用同样的填充方式和步长得到的池化后矩阵为 $\begin{bmatrix} 23.25 & 22.25 \\ 23.5 & 25.75 \end{bmatrix}$。

这两种池化形式都非常常见,具体用哪种池化形式要根据实际应用情况而定。得到的输出矩阵的尺寸为

$$d_{out} = \frac{d_{in} + 2p - f}{s} + 1$$

其中，d_{in} 和 d_{out} 分别为输入矩阵和输出矩阵的尺寸，p 为填充大小，f 为池化核大小，s 为步长。

如果输入图像是 RGB，或者池化层输入矩阵厚度不为 1，我们也可以对矩阵的深度方向进行池化，那么得到的输出矩阵深度会变小。

需要记住的是，池化层的超参数不多，分别为池化核大小、填充、步长。通过调试这些参数，我们可以进一步优化网络性能。有了池化层的加持，图像中的特征不管在图像的什么位置，都会被认为是同一类特征。

在 Keras 中，通过如下代码可以实现池化：

```
from keras.layers import MaxPooling2D
MaxPooling2D(pool_size=(2, 2), strides=None, padding='valid')
```

MaxPooling2D() 函数用于实现对二维输入的最大池化。参数 pool_size、strides、padding 分别代表池化核大小、步长、填充。其中参数 padding 必须给出，参数 strides 如果没有给出则为 pool_size。如果要使用平均池化，只需将 MaxPooling2D() 函数改为 AveragePooling2D() 函数。

5.7　CNN 案例

本节要介绍两个较为简单的 CNN 案例：黑白手写数字识别和彩色图像分类。

5.7.1　黑白手写数字识别

代码文件：chapter_5_example_1.py

第一个案例仍然以 MNIST 数据集中的手写黑白数字为例，希望大家能把前面学到的知识串联起来，对 CNN 建立宏观的了解。

第一步：载入需要的库

```
1    import keras
2    from keras.datasets import mnist
```

```
3    from keras.models import Sequential
4    from keras.layers import Dense, Dropout, Flatten, Conv2D, Max-
     Pooling2D
5    from keras import backend as K
```

第二步：设置参数

```
6    batch_size = 128
7    num_classes = 10
8    epochs = 12
9    rows, cols = 28, 28
```

这些数据一共有 10 个分类（因为数字只有 0～9 共 10 种情况），所以第 7 行设置分类数为 10。

第 8 行设置"跑"12 个 epoch。

MNIST 数据集中的图像尺寸为 28 像素 ×28 像素，所以第 9 行将行数和列数都设置为 28。

第三步：载入数据

```
10   (x_train, y_train), (x_test, y_test) = mnist.load_data()
11   x_train = x_train.reshape(x_train.shape[0], rows, cols, 1)
12   x_test = x_test.reshape(x_test.shape[0], rows, cols, 1)
13   input_shape = (rows, cols, 1)
```

在载入数据时，一定要根据后面会使用的网络结构来调整数据的维度。后面要使用的 Conv2D() 函数要求输入数据为四维张量，即批量大小、通道数、行数、列数，或者批量大小、行数、列数、通道数，而 MNIST 数据集的数据形式为后者，所以第 11 行和第 12 行用 reshape() 函数将图像输入 x_train 和 x_test 都转换成所需的四维张量形式。

在搭建网络时，第一层的参数 input_shape 是每一个数据点（在本例中为图像）的维度尺寸，而最后拟合给网络的是所有的数据点，因此要比参数 input_shape 多一个描述数据点总量的维度（即批量大小），其通常位于第一位。大家以后在自己训练图像分类器时，也一定不能忘记做类似处理。

第四步：数据前处理

```
14    x_train = x_train.astype('float32') / 255
15    x_test = x_test.astype('float32') / 255
16    y_train = keras.utils.to_categorical(y_train, num_classes)
17    y_test = keras.utils.to_categorical(y_test, num_classes)
```

这几行代码对 x 和 y 分别做数据前处理。因为 x 要做归一化，所以第 14 行和第 15 行
先将 x 中值的数据类型转换为浮点数再用其除以 255。第 16 行和第 17 行中对 y 的处理在 3.7
节的案例中做过讲解，故不再赘述。

第五步：网络搭建

```
18    model = Sequential()
19    model.add(Conv2D(32, kernel_size=(3, 3), activation='relu', input_
      shape=input_shape))
20    model.add(MaxPooling2D(pool_size=(2,2)))
21    model.add(Conv2D(64, (3, 3), activation='relu'))
22    model.add(MaxPooling2D(pool_size=(2, 2)))
23    model.add(Dropout(0.25))
24    model.add(Flatten())
25    model.add(Dense(128, activation='relu'))
26    model.add(Dropout(0.5))
27    model.add(Dense(num_classes, activation='softmax'))
```

先在第 18 行建立一个序列模型。

在第 19 行建立第一个卷积层 Conv2D，它直接连接到输入图像，所以要在此定义每一
幅输入图像的维度。这里一共定义了 32 个滤波器，每个滤波器的尺寸为 3×3。我们习惯性
地选择 ReLU 作为激活函数。

紧接着在第 20 行建立最大池化层。就像 5.6 节中所讲的，池化层一般都紧随卷积层。

为了防止过拟合，在第 23 行加入了 Dropout。

第 25 行和第 27 行设置的最后两层是全连接层。在第一个全连接层之前加入了一个
Flatten 层（第 24 行），它的作用是将前面池化层的多维输出变成一维输出。在大多数情况下，
当准备从卷积层或池化层过渡到 Dense 层时，加入一个 Flatten 层是正确的选择。

关于全连接层的单元数设置，只要不是最后一个全连接层，可根据经验设置 2^n 个单元，例如，在第 25 行设置单元数为 128。单元数可以根据需求自行调试，甚至可以改变全连接层数量，并观察这些因素对训练效果的影响。但是，如果尝试开发一个使用了 CNN 的手机端应用，那么需要尽量避免过多使用全连接层，因为那会让运算速度变得很慢。

最后要对数据进行分类，所以在第 27 行建立的最后一个全连接层中设置单元数为第二步中定义的分类数 num_classes，并选择 softmax 作为激活函数。需要注意的是，在处理分类问题时，最后的全连接层的单元数不再是可以任意调节的超参数，而是一定要等于分类数。而激活函数在绝大多数情况下都可以选择 softmax。

第六步：模型编译与拟合

```
28    model.compile(loss=keras.losses.categorical_crossentropy,
                    optimizer=keras.optimizers.Adam(),
                    metrics=['accuracy'])
29    model.fit(x_train, y_train,
              batch_size=batch_size,
              epochs=epochs,
              verbose=1,
              validation_data=(x_test, y_test))
```

第 28 行，因为在处理分类问题，所以损失函数可以使用交叉熵损失函数。优化算法选择 Adam 算法，并打开准确率监视。

第 29 行中模型拟合的设置和前面的案例一样，故不再赘述。

模型训练完毕后，可以发现测试准确率在 99% 以上，明显优于第 3 章的 MLP 模型，训练速度也比 MLP 模型快，这是因为参数较少。有兴趣的读者可以更改以上网络的超参数，看看会有哪些影响。

后面的章节会带大家了解一些相对复杂但是高性能的基于 CNN 的网络结构。

5.7.2 彩色图像分类

代码文件：chapter_5_example_2.py

第二个案例以 CIFAR-10 数据集为例，看看 CNN 是如何对彩色图像进行分类运算的。

第一步：载入需要的库

```
1   import keras
2   from keras.datasets import cifar10
3   from keras.models import Sequential
4   from keras.layers import Dense, Dropout, Activation, Flatten
5   from keras.layers import Conv2D, MaxPooling2D
6   import matplotlib.pyplot as plt
7   import numpy as np
```

这一步和前面的案例差不多，故不再赘述。

第二步：设置参数

```
8    batch_size = 32
9    num_classes = 10
10   epochs = 30
```

第 8 行把后面要用到的小批量梯度下降法中的批量大小定为 32。关于这个值，在 4.4 节中具体讲过其调试方式以及会带来的影响，故不再赘述。

第 9 行中，因为 CIFAR-10 数据集一共有 10 类标签，所以对变量 num_classes 赋值为 10。这个变量会在最后一层的 Dense 层中用到。

第 10 行对变量 epochs 赋值为 30，表示所有数据将从 CNN 中过 30 遍。这个值可以根据实际需要调整。如果看到准确率还有提升的可能，那么当然可以将这个值提高一点。

第三步：载入数据

```
11   (x_train, y_train), (x_test, y_test) = cifar10.load_data()
```

在使用 cifar10.load_data() 函数之前，要确保 .keras/datasets 下有 cifar-10-batches-py 文件夹，如果没有，可以到 http://www.cs.toronto.edu/~kriz/cifar-10-python.tar.gz 或 https://www.kaggle.com/pankrzysiu/cifar10-python 手动下载 CIFAR-10 数据集。也可以在命令提示符窗口中输入"pip install cifar10_web"命令来下载 CIFAR-10 数据集，其调用方式如下：

```
from cifar10_web import cifar10
```

```
train_images, train_labels, test_images, test_labels = cifar10(path=
None)
```

如果在 cifar10() 函数中设置了参数 path，那么它会在指定路径下寻找 CIFAR-10 数据集并将其载入，若没有找到，则会自动下载 CIFAR-10 数据集到指定路径。

使用 cifar10.load_data() 函数可以把数据自动载入到指定的变量中，这里为 x_train、y_train、x_test、y_test。x_train 中有 50000 幅图像，y_train 中有 50000 个对应标签，剩下的 10000 幅图像和对应标签则分别载入到 x_test 和 y_test 中。我们可以用 shape 属性来查看每个变量的形状。例如，使用如下代码可以查看 x_train 的形状：

```
print('x_train is of shape:', x_train.shape)
```

最终得到 (50000, 32, 32, 3)，表示 x_train 中有 50000 幅图像，图像的长度和宽度均为 32 像素，通道数为 3。

用同样的方法可以查看 y_train 的形状。需要注意的是，y_train 是一个 NumPy 数组，其中存储的是对应标签的数字，而不是标签名称的字符串。因此，在最终预测时需要用数字去对应标签。

第四步：数据前处理

```
12    x_train = x_train.astype('float32')
13    x_test = x_test.astype('float32')
14    x_train /= 255
15    x_test /= 255
16    y_train = keras.utils.to_categorical(y_train, num_classes)
17    y_test = keras.utils.to_categorical(y_test, num_classes)
```

以上处理在前面的案例中解释过。第 12 行和第 13 行将图像矩阵中的整数转换成浮点数，然后在第 14 行和第 15 行中除以 255，完成归一化，以提升网络的性能和运算速度。第 16 行和第 17 行将标签 y 标成 one-hot 向量，在第 3 章详细讲解过，故不再赘述。这样的数据前处理是大多数图像任务的"惯用套路"。

第五步：网络搭建

```
18    model = Sequential()
19    model.add(Conv2D(32, (3, 3), padding='same', input_shape=x_train.
      shape[1:]))
20    model.add(Activation('relu'))
21    model.add(Conv2D(32, (3, 3)))
22    model.add(Activation('relu'))
23    model.add(MaxPooling2D(pool_size=(2, 2)))
24    model.add(Dropout(0.25))
25    model.add(Conv2D(64, (3, 3), padding='same'))
26    model.add(Activation('relu'))
27    model.add(Conv2D(128, (3, 3)))
28    model.add(Activation('relu'))
29    model.add(MaxPooling2D(pool_size=(2, 2)))
30    model.add(Dropout(0.3))
31    model.add(Flatten())
32    model.add(Dense(512))
33    model.add(Activation('relu'))
34    model.add(Dropout(0.5))
35    model.add(Dense(num_classes))
36    model.add(Activation('softmax'))
```

上述代码就是这个程序最主要的部分——CNN 结构。通过前面的案例，相信大家可以很轻松地理解上述代码。

第六步：模型编译与拟合

```
37    model.compile(loss='categorical_crossentropy',
                    optimizer='adam',
                    metrics=['accuracy'])
38    model.fit(x_train, y_train,
                batch_size=batch_size,
                epochs=epochs,
                validation_data=(x_test, y_test),
                verbose=1,
                shuffle=True)
```

此时如果运行程序，那么程序会开始拟合模型并优化各参数。如果没有使用 GPU 加速，这个模型的训练时间也许会比较长。30 个 epoch 后，训练结束。最终可以在运行窗口看到训练准确率为约 85%，测试准确率为约 79%。参考第 4 章的知识可知，这个结果代表模型可能比较偏向于方差（variance）过大，也就是说它可能有一些过拟合。不过，总体来说，这个结果对于刚刚接触 CNN 的新手来说是可以接受的。当然，我们可以用其他方法调整各超参数，甚至修改网络结构，以获得更高的准确率。

第七步：进行预测实验

这一步使用训练好的模型对一个测试样本进行预测实验。

```
39    cifar10_labels = np.array([
          'airplane',
          'automobile',
          'bird',
          'cat',
          'deer',
          'dog',
          'frog',
          'horse',
          'ship',
          'truck'])
```

第 39 行给出了 CIFAR-10 数据集中分类标签的名称。

```
40    x_input = np.array(x_test[3]).reshape(1, 32, 32, 3)
41    prediction = model.predict(x_input)
```

第 40 行从测试数据集 x_test 中随意取一幅图像（如 x_test[3]）用于进行预测实验。因为后续代码用到的 predict() 函数能读取的数据类型为 NumPy 数组，所以在这一行用 NumPy 库进行转换。

第 41 行代码用 predict() 函数完成预测，并把预测结果传给变量 prediction。该变量中存储的是一个有 10 个元素的数组，每个元素代表每个分类标签的概率。而最大的概率对应的索引就是分类标签名称的索引。因此，使用如下代码可以输出预测的分类标签名称：

```
42   print(cifar10_labels[np.argmax(prediction)])
```

最后，使用 Matplotlib 库中的 imshow() 函数显示图像，以便用肉眼来验证预测结果。

```
43   plt.imshow(x_test[3])
44   plt.show()
```

例如，对 x_test[3] 进行预测，输出的标签名称是 airplane（飞机），显示的图像也确实是飞机；对 x_test[521] 进行预测，输出的标签名称是 horse（马），而显示的图像却是一个人骑在一匹马上。大家也可以自己做更多有趣的实验来验证这个 CNN 模型的预测效果。

第 6 章

循环神经网络

- RNN 的基本结构
- RNN 的正向传播
- RNN 的反向传播
- 简单的 RNN 案例
- 训练 RNN 时的问题与解决方案
- 解决长期依赖问题的"良药"—— GRU 和 LSTM
- RNN 案例：影评分析

假设你正在和几个朋友玩某竞技射击游戏。躲在草丛里的你发现有另外一队"打野"玩家在一栋房子前下了车。接着他们进入了房子,你听到房子里传出一连串更换弹夹的声音,随后你看到他们从房子里跑出来。你判断他们很可能要上车并撤离,于是联合队友对他们展开了突袭。

可以发现,以上情景中的每一个事件都存在时间的先后顺序:首先对方下车,接着进入房子,然后搜集弹药资源,最后跑出房子。我们通过这四个存在先后顺序的事件可以预测出:他们很有可能要撤离并前往下一个资源点。

在生活中,我们常常根据以往的经验来预测未来要发生的事情,例如,在英语考试中做完形填空题时根据上文推测下文,在投资股票时根据历史行情数据预测股票未来的涨跌情况。这些"以往的经验"可以视为按照时间顺序排列的数据,称为时间序列数据(time series data)。如果要让计算机通过分析以往的时间序列数据来完成"预测未来"的任务,需要使用一种新的神经网络结构——循环神经网络(Recurrent Neural Network,RNN)。

RNN 有多种结构,如下图所示为一个最简单、最基本的 RNN 结构。其中输入数据为 x,输入序列的长度为 T,隐层为 h,输出为 Y。h_0 可以理解为网络的"开始按钮"。

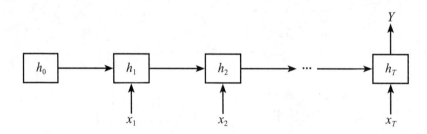

从上图可以看出,每一个隐层 h_t 都会收集到当前时间步 t 输入的数据 x_t 和前一个隐层 h_{t-1} 输出的信息,其中 $0 < t \leq T$。例如,h_0 和 x_1 的信息进入 h_1,h_1 和 x_2 的信息进入 h_2。由此可以看出,后面的隐层中或多或少应该包含前面若干个隐层中的一些信息。这些隐层也建立了不同时间步下的不同输入之间的相互联系。这个机制决定了 RNN 天生就善于对时间序列数据展开预测。除此之外,RNN 还能处理任意长度的输入序列数据和输出序列数据。这些都是 MLP 无法轻易做到的。并且相较于 MLP,RNN 拥有较少的参数,因而运算速度也较快。

RNN 的应用相当广泛,如各大手机社交 App 中的语音转文字功能、自动驾驶系统中对其他车辆或行人轨迹的预测功能等。在电商网站或影评网站上,RNN 可以通过用户的评论自动分析用户对商品或电影的喜爱程度,甚至自动为商品或电影打分。前几年的机器翻译系统也几乎是 RNN 的天下。RNN 在将一种语言翻译成另一种语言的任务上展现了很好的性能。除了自然语言处理领域，RNN 还在分子生物学（DNA 序列的分析与预测）、粒子物理学、天文学和宇宙学等专业科研领域得到了广泛应用。RNN 也可以做一些好玩的事情，例如，起名字，写一首莎士比亚风格的诗，笔者正在研究的人工智能作曲也在最开始用到了 RNN。

本章会讲解 RNN 的基本概念和结构，以及 RNN 中一些常见问题（如梯度消失、梯度爆炸等）的解决方法，最后同样会通过一个实战案例带领大家"玩一玩"RNN。

6.1 RNN 的基本结构

本节将从宏观角度介绍几种常见的 RNN 结构。这些 RNN 结构不论是在科学研究领域还是日常生活中都随处可见。学习这些结构可以让大家进一步了解 RNN 在各个场景中具体是如何应用的，并且方便大家在自行建模时选择 RNN 结构。

1．Many-to-One 结构

Many-to-One 结构就是本章开头提到的输入长度为 T、输出长度为 1 的结构。这个结构可以应用于语义识别与分类、用户评论分析与分类、股票行情预测等场景。

在电商网站运营中，用户对商品的评价数据很宝贵，但也存在许多问题。例如：有的用户评论说很喜欢商品却不小心给了 1 颗星；有的用户发现写完评论还要给评分，因为嫌操作烦琐而直接退出，甚至反而降低评分。为了解决这些问题，可以将用户的评论作为 x 输入 RNN，预测用户对商品的评分是几颗星。

在训练阶段，收集其他电商网站的用户评论和评分。例如：一个用户的评论为"太棒了！"，对应评分为 5 颗星；另一个用户的评论为"超级贵啊！"，对应评分为 2.5 颗星。将用户评论中的每一个字作为一个 x（例如，x_1 对应"太"，x_2 对应"棒"，x_3 对应"了"），将相应的评分（如 5 颗星）作为 Y，把这些数据"喂"给 RNN 进行训练。在预测阶段，只要输入用户的评论，如"哇！产品很好！"，那么 RNN 就会预测出对应的评分为 4.5 颗星或 5 颗星。这样可以避免用户做过多的操作，从而减少误操作，同时提高用户发表评价的积极性和评价数据的正确性。

在股票行情预测上，可以通过让 RNN 学习一些历史行情数据，给出一个二分类的预测结果，告诉用户应不应该买，或者应不应该抛售。

2. Many-to-Many 结构

Many-to-Many 结构的输入长度和输出长度都为 T，如下图所示。

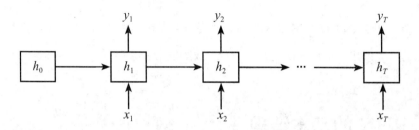

Many-to-Many 结构可用于在自然语言处理中识别句子中词的词性。例如，输入为"我喜欢深度学习"，其中 x_1、x_2、x_3 分别对应"我""喜欢""深度学习"，那么输出 y_1、y_2、y_3分别为"人称代词""动词""名词"。这种结构也可以用于从文本中提取重要的词或信息。但是，Many-to-Many 结构在处理长序列上有一定弊端，而且容易出现梯度爆炸的问题（后文会提到）。

3. One-to-Many 结构

One-to-Many 结构很有意思，输入长度为 1，输出长度为 T，并且每一个隐层的输入都是上一个隐层的输出，如下图所示。

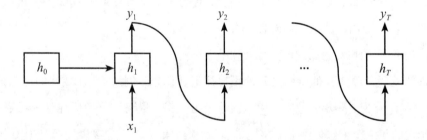

One-to-Many 结构可以用于生成简单的 AI 音乐旋律。在隐层中建立好音与音之间的关系。在训练时，通常选择一个音 x_1 作为输入，然后选择紧跟在 x_1 后面的 T 个音作为输出 y_1，y_2，$\cdots$，y_T。到了下一个训练周期，可以往前移动一个音，用原来的 y_1 作为输入 x_1，那么此时输出的 y_1 就变成了原来的 y_2。如此循环往复，就可以完成训练。在预测时只需要输入任意一个音 x_1 作为开始，x_1 经过 h_1 的处理得到第二个音 y_1，将 y_1 输入 h_2 得到第三个音

y_2。如此循环往复，最终得到一个长度为 T 的音序列。如果有足够的优质前期数据，那么得到的音序列就不会太难听。如果用某位歌手的音乐作为输入，那么得到的音序列一定会具有该歌手的风格。笔者就是以这个网络结构为起点，展开对 AI 音乐的探索的。如果读者对音乐创作感兴趣，强烈推荐使用 One-to-Many 结构打开另类音乐之门！

4．Sequence-to-Sequence 结构

Sequence-to-Sequence（Many-to-Many）结构如下图所示。这种结构不要求输入 x 的长度 T_x 和输出 y 的长度 T_y 相等，因此特别适用于机器翻译场景。

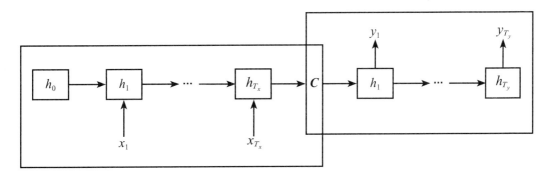

把一种语言翻译为另一种语言时，输入和输出的长度往往是不相等的。例如，"我喜欢机器学习"有 7 个字，而"I like machine learning"只有 4 个单词。Sequence-to-Sequence 结构可以有效地应对这种情况。

在训练时，输入若干个由原文和译文配对（如一句原文配一句译文）组成的数据，RNN 会对原文进行编码并将其存放在一个向量 C 中，接着从 C 出发，将每一个隐层对应到每一个输出的字或词组。RNN 还会不断学习以完善自身的参数。

在预测（翻译）时，只需要输入待翻译的原文句子，RNN 学习到的参数就会帮助原文句子完成编码并把编码信息存放在向量 C 中，C 将触发后面的多个隐层对其进行解码，并以字或词组为单位解码成译文句子。

Bahdanau 等人在 2014 年的论文 "Learning Phrase Representations using RNN Encoder-Decoder for Statistical Machine Translation" 中把这种网络命名为 Encoder-Decoder Network（编码器 – 解码器网络），它在几年前的机器翻译领域获得了极高的评价。

6.2 RNN 的正向传播

本节将简要介绍 RNN 的内部结构和正向传播原理。在开始讲解之前先来看下面的两张图。图 a 表示折叠后（folded）的 RNN，因为折叠后出现了循环（虚线箭头所示），所以称为"循环神经网络"。把折叠后的 RNN 展开（unfolded），便得到图 b。

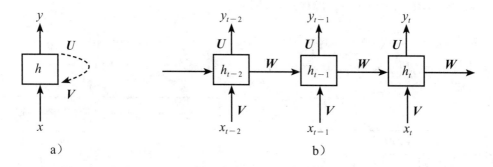

对 RNN 内部进行研究时，尤其是研究 RNN 与时间轴的关系时，我们习惯看展开后的图。上述展开图表示的是一个长序列中连续的信息在三个时间步之间的关系（Many-to-Many 结构）。为方便理解，首先假设在隐层 h 中只有一个神经元，这个神经元中有线性函数和非线性函数。正向传播可用数学公式表示如下：

$$h_t = g_h(Wh_{t-1} + Vx_t + b_h) \qquad \hat{y}_t = g_y(Uh_t + b_y)$$

其中，W、V 和 U 为权重矩阵，b_h 和 b_y 为偏移项，g_h 和 g_y 为两个非线性函数。

g_h 和 g_y 可以从 3.3 节介绍的激活函数中选择（包括我们很喜欢用的 ReLU）。如果涉及分类任务，那么 g_y 可以是 softmax 函数。

了解了只有一个神经元的情况，再来看有多个神经元的情况。如下图所示，隐层 h 中的多个神经元用圆圈表示，那么输入的 x 会和每一个神经元进行连接（与 MLP 结构很像）。尽管隐层包含多个神经元，但是在计算上和包含一个神经元的情况一样，故不再赘述。

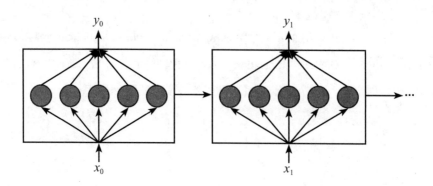

为了更高效地搭建和调试神经网络，建议事先在草稿纸上推算整个网络的维度平衡。下面就来推算 RNN 的维度平衡。

在正向传播的第一个公式中，时间步为 t 时，输入 x_t 的维度是 $n_x \times m$，其中 n_x 是输入特征数量，m 为训练中数据点的数量。权重矩阵 V 的维度是 $n_h \times n_x$，因此，Vx_t 的维度是 $n_h \times m$。可以推导出 h_t 的维度是 $n_h \times m$。因为两个相加项 Wh_{t-1} 和 Vx_t 的维度要一样，所以 Wh_{t-1} 的维度也要是 $n_h \times m$，并且 h_{t-1} 的维度和 h_t 一样。因此，h_{t-1} 和 W 相乘以后维度不变，那么 W 是一个正方形矩阵，且维度是 $n_h \times n_h$。另外，b_h 的维度是 $n_h \times 1$。

在正向传播的第二个公式中，权重矩阵 U 的维度是 $n_y \times n_h$，b_y 的维度是 $n_y \times 1$，因此，$\hat{y}_t$ 的维度是 $n_y \times m$，其中 n_y 是输出特征数量。

完成了维度平衡的推算，我们在调试网络时就能更加得心应手。另外，如果自己编写程序，以上的 n_h 和 n_y 就是需要调试的超参数。

上述正向传播公式仅是针对图中的 Many-to-Many 结构的。如果换成其他结构，应对公式进行适当微调。例如，将网络结构改成 One-to-Many，那么公式要变为：

$$h_t = g_h(Vy_{t-1} + b_h) \qquad \hat{y}_t = g_y(Uh_t + b_y)$$

在 Keras 中，可以利用如下代码搭建简单的 RNN 模型：

```
from keras.layers import SimpleRNN
model.add(SimpleRNN(units=128, input_shape=(input.shape[1], input_shape[2]), activation='relu'))
```

第 1 行载入 SimpleRNN。第 2 行将 SimpleRNN 这个层放入模型中。其中参数 units 代表隐层中神经元的数量（此处随意设定了一个值，在实际调试过程中这个值要尽量设置为 2^n），相当于 n_h；激活函数选用 ReLU，当然也可以选择其他非线性函数作为激活函数。这样就完成了一个模型的搭建。如果是分类任务，可以像以前一样设置一个交叉熵损失函数，这个损失函数是各个时间步下损失的和，即

$$L(\hat{y}, y) = \sum_{t=1}^{T_y} L(\hat{y}^t, y^t)$$

其中，$\hat{y}^t$ 是时间步 t 时的预测结果，y^t 是时间步 t 时的真实结果（真实标签）。我们可以利用对损失函数的优化来完成反向传播。

6.3 RNN 的反向传播

RNN 通过基于梯度下降法的方式来进行反向传播（Back Propagation Through Time，BPTT），从而找到各权重参数的最优值。尽管这些反向传播的计算工作都由 Keras 在后台完成，笔者仍然建议读者对 RNN 反向传播的原理做一定的了解，以方便搭建 RNN 模型。本节会涉及一些数学推导过程，但是难度并不高。

首先要牢记的一点是，每一个时间步下的所有权重值都是共享的。也就是说，在时间步 $t-1$，权重矩阵为 U、V、W；而在时间步 t，甚至 $t+1$、$t+2$、$t-2$ 等时间步，权重矩阵依然是 U、V、W。

为方便理解，仍然以 Many-to-Many 结构为例进行讲解，如下图所示。

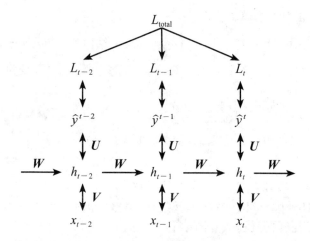

RNN 的优化算法仍然基于梯度下降原理。先回顾一下：

$$U := U - \alpha \frac{\partial L_{\text{total}}}{\partial U} \qquad V := V - \alpha \frac{\partial L_{\text{total}}}{\partial V} \qquad W := W - \alpha \frac{\partial L_{\text{total}}}{\partial W}$$

$$b_h := b_h - \alpha \frac{\partial L_{\text{total}}}{\partial b_h} \qquad b_y := b_y - \alpha \frac{\partial L_{\text{total}}}{\partial b_y}$$

其中 α 为学习率。

在这些参数更新公式中，最重要的就是梯度。先来看 $\frac{\partial L_{\text{total}}}{\partial U}$。因为 $L_{\text{total}} = \sum_{t=0}^{T_y} L_t$，所以 $\frac{\partial L_{\text{total}}}{\partial U} = \sum_{t=0}^{T_y} \frac{\partial L_t}{\partial U}$。由链式法则可得 $\frac{\partial L_t}{\partial U} = \frac{\partial L_t}{\partial \hat{y}^t} \frac{\partial \hat{y}^t}{\partial U}$。由正向传播公式 $\hat{y}^t = g_y(Uh_t + b_y)$ 可得

$$\frac{\partial \hat{y}^t}{\partial U} = \frac{\partial \hat{y}^t}{\partial Z} \frac{\partial Z}{\partial U} = \frac{\partial \hat{y}^t}{\partial Z} h_t$$

其中 $\boldsymbol{Z} = \boldsymbol{U} h_t + b_y$，$\dfrac{\partial \widehat{y}^t}{\partial \boldsymbol{Z}}$ 是非线性函数 g_y 关于 $\boldsymbol{Z}$ 的导数，由选择的 g_y 决定，在此不做详述。又因为 h_t 不是关于 $\boldsymbol{U}$ 的函数，所以有

$$\frac{\partial L_t}{\partial \boldsymbol{U}} = \frac{\partial L_t}{\partial \widehat{y}^t} \frac{\partial \widehat{y}^t}{\partial \boldsymbol{Z}} h_t$$

其中 $\dfrac{\partial L_t}{\partial \widehat{y}^t}$ 是损失函数的导数，由选择的损失函数决定，在此不做详述。最终可以得到使用梯度下降法时 $\boldsymbol{U}$ 的参数更新方程

$$\boldsymbol{U} := \boldsymbol{U} - \alpha \sum_{t=0}^{T_y} \frac{\partial L_t}{\partial \widehat{y}^t} \frac{\partial \widehat{y}^t}{\partial \boldsymbol{Z}} h_t$$

要记住的是，不管采用哪种优化算法，梯度 $\dfrac{\partial L_t}{\partial \boldsymbol{U}}$ 总是为 $\dfrac{\partial L_t}{\partial \widehat{y}^t} \dfrac{\partial \widehat{y}^t}{\partial \boldsymbol{Z}} h_t$。

说完了 $\boldsymbol{U}$，接着来看 $\boldsymbol{W}$。同理，因为 $L_{\text{total}} = \sum_{t=0}^{T_y} L_t$，所以 $\dfrac{\partial L_{\text{total}}}{\partial \boldsymbol{W}} = \sum_{t=0}^{T_y} \dfrac{\partial L_t}{\partial \boldsymbol{W}}$。使用上面的方法，可以得到

$$\frac{\partial L_t}{\partial \boldsymbol{W}} = \frac{\partial L_t}{\partial \widehat{y}^t} \frac{\partial \widehat{y}^t}{\partial h_t} \frac{\partial h_t}{\partial \boldsymbol{W}}$$

因为 $h_t = g_h(\boldsymbol{W} h_{t-1} + \boldsymbol{V} x_t + b_h)$，所以有

$$\frac{\partial h_t}{\partial \boldsymbol{W}} = \frac{\partial h_t}{\partial \boldsymbol{Q}} h_{t-1} \qquad \boldsymbol{Q} = \boldsymbol{W} h_{t-1} + \boldsymbol{V} x_t + b_h$$

进而得到

$$\frac{\partial L_t}{\partial \boldsymbol{W}} = \frac{\partial L_t}{\partial \widehat{y}^t} \frac{\partial \widehat{y}^t}{\partial h_t} \frac{\partial h_t}{\partial \boldsymbol{Q}} h_{t-1}$$

如果认为损失函数关于 $\boldsymbol{W}$ 的梯度是这样进行求解的，那就错了，因为 h_{t-1} 仍然是一个关于 $\boldsymbol{W}$ 的函数，即 $h_{t-1} = g_h(\boldsymbol{W} h_{t-2} + \boldsymbol{V} x_{t-1} + b_h)$。应该这样求解：

$$\begin{aligned}
\frac{\partial L_t}{\partial \boldsymbol{W}} &= \frac{\partial L_t}{\partial \widehat{y}^t} \frac{\partial \widehat{y}^t}{\partial h_t} \left(\frac{\partial h_t}{\partial \boldsymbol{W}} + \frac{\partial h_t}{\partial h_{t-1}} \frac{\partial h_{t-1}}{\partial \boldsymbol{W}} + \cdots \right) \\
&= \frac{\partial L_t}{\partial \widehat{y}^t} \frac{\partial \widehat{y}^t}{\partial h_t} \sum_{k=0}^{t} \frac{\partial h_t}{\partial h_{t-1}} \frac{\partial h_{t-1}}{\partial h_{t-2}} \cdots \frac{\partial h_{k+1}}{\partial h_k} \frac{\partial h_k}{\partial h_W} \\
&= \frac{\partial L_t}{\partial \widehat{y}^t} \frac{\partial \widehat{y}^t}{\partial h_t} \sum_{k=0}^{t} \left(\prod_{i=k+1}^{t} \frac{\partial h_i}{\partial h_{i-1}} \right) \frac{\partial h_k}{\partial h_W}
\end{aligned}$$

其中 $\dfrac{\partial \widehat{y}^t}{\partial h_t} = \dfrac{\partial \widehat{y}^t}{\partial \mathbf{Z}}\dfrac{\partial \mathbf{Z}}{\partial h_t} = \dfrac{\partial \widehat{y}^t}{\partial \mathbf{Z}}\mathbf{U}$。将上述公式代入以后，可以得到

$$\frac{\partial L_{\text{total}}}{\partial \mathbf{W}} = \sum_{t=0}^{T_y}\frac{\partial L_t}{\partial \widehat{y}^t}\frac{\partial \widehat{y}^t}{\partial \mathbf{Z}}\mathbf{U}\sum_{k=0}^{t}\left(\prod_{i=k+1}^{t}\frac{\partial h_i}{\partial h_{i-1}}\right)\frac{\partial h_k}{\partial h_W}$$

有了它，我们就可以实现基于梯度下降法的优化算法了。

V 和 b_h 与 W 有着同样的情况，使用以上方法可以求出它们的梯度：

$$\frac{\partial L_{\text{total}}}{\partial \mathbf{V}} = \sum_{t=0}^{T_y}\frac{\partial L_t}{\partial \widehat{y}^t}\frac{\partial \widehat{y}^t}{\partial \mathbf{Z}}\mathbf{U}\sum_{k=0}^{t}\left(\prod_{i=k+1}^{t}\frac{\partial h_i}{\partial h_{i-1}}\right)\frac{\partial h_k}{\partial h_V}$$

$$\frac{\partial L_{\text{total}}}{\partial b_h} = \sum_{t=0}^{T_y}\frac{\partial L_t}{\partial \widehat{y}^t}\frac{\partial \widehat{y}^t}{\partial \mathbf{Z}}\mathbf{U}\sum_{k=0}^{t}\left(\prod_{i=k+1}^{t}\frac{\partial h_i}{\partial h_{i-1}}\right)\frac{\partial h_k}{\partial h_{b_h}}$$

相对于以上几种情况，b_y 的情况简单多了：

$$\frac{\partial L_{\text{total}}}{\partial b_y} = \sum_{t=0}^{T_y}\frac{\partial L_t}{\partial b_y} = \sum_{t=0}^{T_y}\frac{\partial L_t}{\partial \widehat{y}^t}\frac{\partial \widehat{y}^t}{\partial b_y} = \sum_{t=0}^{T_y}\frac{\partial L_t}{\partial \widehat{y}^t}\frac{\partial \widehat{y}^t}{\partial \mathbf{Z}}$$

其中 $\mathbf{Z} = \mathbf{U}h_t + b_y$。

看到这里，相信大家已经对 RNN 的反向传播有了一定的了解。如果将上述例子中的 Many-to-Many 结构改为其他结构，只需根据实际情况对这些求导公式稍加修改，便可知道其背后的反向传播的具体过程。

6.4　简单的 RNN 案例

代码文件：chapter_6_example_1.py

学习了 RNN 的基本结构和数学原理，下面通过一个简单的案例带领大家把 RNN"玩转"起来。假设一个小镇上发生了一场非致命性流行瘟疫，因为这是一个虚构的故事，所以并没有真实的数据，我们需要人工制作一些"假"数据。为此，我们给出一个描述感染人数增长形势的 sigmoid 函数（因为大家对这个函数比较熟悉）

$$f(x) = \frac{L}{1 + \mathrm{e}^{-k(x - x_0)}}$$

其中，L 是曲线可能出现的最大值，假设这个小镇有 10000 人，则 $L = 10000$；k 是增长率，

决定曲线的陡峭程度，为了更清楚地看到样本数量的变化，将其定为 0.02，读者也可以尝试其他数字；x_0 是这个函数的中间点，即当 $f(x)$ 正好处于其定义域中间时 x 的取值，这里定为 500。因此，我们定义的感染人数增长模型为

$$f(x) = \frac{10000}{1 + e^{-0.02(x - 500)}}$$

根据这个模型编写如下代码，绘制感染人数随天数变化的曲线：

```
1   from math import exp
2   import numpy as np
3   import matplotlib.pyplot as plt
4   def modified_sigmoid(t):
5       x = 10000 / (1 + exp(-0.02 * (t - 500)))
6       return x
7   N = 1000
8   t = np.arange(0, N)
9   x = map(modified_sigmoid, t)
10  x = list(x)
11  plt.xlabel('days')
12  plt.ylabel('population')
13  plt.title('plague model')
14  plt.plot(t, x)
15  plt.show()
```

第 4 ～ 6 行将感染人数增长模型编写成一个自定义函数 modified_sigmoid()，该函数是一个"点对点"函数，即输入为一个值，输出也为一个值。

第 7 行和第 8 行定义了一个拥有 1000 个元素的 NumPy 数组，其内容为代表天数的整数序列 0 ～ 999，赋给变量 t。

因为后面要绘图，所以需要将天数序列经过 modified_sigmoid() 函数的计算，输出对应的感染人数序列，这里在第 9 行使用 Python 中的 map() 函数来完成。map() 函数会将 t 中的每一个元素交给 modified_sigmoid() 函数处理，最终输出同样拥有 1000 个元素的 x。

这时 x 的数据类型为 map，为了参与接下来的画图，在第 10 行把 x 的数据类型转换为 Python 列表。第 11 ～ 15 行完成图像的绘制。

代码的运行结果如下图所示。

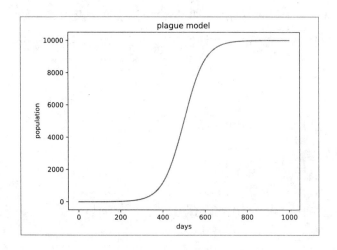

从图中可以看出，这个模型告诉我们，在近 3 年的时间里 10000 人几乎全部被感染。不过这样的数据显然不太"真实"，因为曲线太过平滑。因此，我们需要加入一些数据波动，这里使用 NumPy 库中的 random.randint() 函数来实现。这个函数可以返回指定范围内的随机整数（人数通常是整数）。现在继续假设由于小镇的医疗资源较为匮乏，确诊的感染人数存在 ±400 的误差，那么将第 5 行代码修改如下：

```
5    x = 10000 / (1 + exp(-0.02 * (t - 500))) + np.random.randint
     (-400, 400)
```

加入随机生成的数据波动后，得到如下图所示的图像。

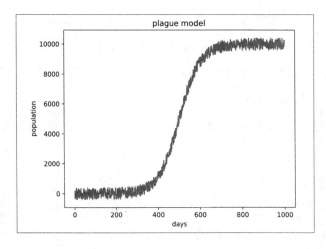

有了合适的数据，就可以开始搭建模型了。这个案例中的数据在时间上存在先后顺序，

所以我们选择用 RNN 来建立模型,达到根据时间预测感染人数的目的。前面生成了 1000 个数据,这里选择将前 800 个数据用于训练,后 200 个数据用于测试。根据任务的要求和数据的特性,我们可以建立一个 Many-to-One 结构的 RNN 模型。假设 RNN 的时间序列长度为 4,我们每次输入一个由 4 个数字组成的序列,输出第 5 个数字。例如,有一串数字 1、2、3、4、5、6、7⋯⋯第一次输入 1、2、3、4,那么 RNN 根据这 4 个数字可以推断出第 5 个数字为 5。接着输入 2、3、4、5,RNN 会推断出第 6 个数字为 6,并依此方式进行传播。

第一步:载入需要的库

```
1   import pandas as pd
2   import numpy as np
3   import matplotlib.pyplot as plt
4   from keras.models import Sequential
5   from keras.layers import Dense, SimpleRNN
6   from math import exp
```

第二步:生成"假"数据

```
7   def modified_sigmoid(t):
8       x = 10000 / (1 + exp(-0.02 * (t - 500))) + np.random.randint
        (-400, 400)
9       return x
10  N = 1000
11  t = np.arange(0, N)
12  x = map(modified_sigmoid, t)
13  x = list(x)
14  plt.plot(t, x)
15  plt.show()
```

这段代码在前面已经解释过,故不再赘述。

第三步:数据前处理

在训练前,我们总是要对输入的数据进行一定的处理,这次也不例外。

```
16  x = np.array(x)
```

```
17   num_time_steps = 4
18   train, test = x[0:800], x[800:1000]
19   test = np.append(test, np.repeat(test[-1], num_time_steps))
20   train = np.append(train, np.repeat(train[-1], num_time_steps))
21   def sequence_generator(input_data, num_time_steps):
22       X, Y = [], []
23       for i in range(len(input_data) - num_time_steps):
24           X.append(input_data[i:i + num_time_steps])
25           Y.append(input_data[i + num_time_steps])
26       return np.array(X), np.array(Y)
27   x_train, y_train = sequence_generator(train, num_time_steps=num_
     time_steps)
28   x_test, y_test = sequence_generator(test, num_time_steps=num_
     time_steps)
29   x_train = np.reshape(x_train, (x_train.shape[0], x_train.shape[1], 1))
30   x_test = np.reshape(x_test, (x_test.shape[0], x_test.shape[1], 1))
```

为方便后面的计算，在第 16 行把 x 的数据类型从 Python 列表转换为 NumPy 数组。

这个案例将 RNN 的输入序列长度设定为 4，所以在第 17 行为变量 num_time_steps 赋值为 4，也可以根据实际需求设置成其他值。

第 18 行把第二步生成的"假"数据划分成训练集和测试集，train 和 test 分别是拥有 800 个和 200 个元素的 NumPy 数组。

第 21 ~ 26 行定义了一个函数 sequence_generator()，用于将 train 和 test 中的单个元素变为由 4 个元素组成的序列。例如，假设有输入序列 1、2、3、4、5、6，train 中现有的是 1、2、3，通过 sequence_generator() 函数将这 3 个单独元素变成 [1, 2, 3, 4]、[2, 3, 4, 5]、[3, 4, 5, 6]。

但是，第 23 行告诉我们 sequence_generator() 函数存在一个问题：如果输入的是 train，其长度为 800，时间步长为 4，那么输出的长度是 796；同样，如果输入的是 test，其长度为 200，那么输出的长度是 196。换句话说，sequence_generator() 函数会损失一定的长度。为方便后面的计算，需要做长度补偿工作，即将 train 和 test 的长度分别变为 804 和 204，那么通过 sequence_generator() 函数输出的长度就是 800 和 200 了。这个步骤是由第 19 行和第 20 行完成的：从 test 和 train 中分别取出它们的最后一个元素，通过 NumPy 库的 repeat() 函数复制 4 遍后追加到 test 和 train 后面。

完成长度补偿后，在第 27 行和第 28 行用 sequence_generator() 函数分别对 train 和 test

做序列化处理, 得到的 x_train 和 x_test 是二维的 NumPy 数组, 尺寸分别为 (800, 4) 和 (200, 4)。而后面要使用的拟合函数 fit() 接收的是三维数据, 因此要给 x_train 和 x_test 增加一个维度。在第 29 行和第 30 行使用 reshape() 函数达到了这个目的, x_train 和 x_test 的维度尺寸分别变为 (800, 4, 1) 和 (200, 4, 1)。

第四步: RNN 搭建

```
31   model = Sequential()
32   model.add(SimpleRNN(units=64, input_shape=(4, 1), activation='relu'))
33   model.add(Dense(16, activation='relu'))
34   model.add(Dense(1))
35   model.compile(loss='mse', optimizer='rmsprop')
36   model.fit(x_train, y_train, epochs=50, batch_size=16, verbose=2)
```

网络结构非常简单。为方便举例, 这里只在第 32 行用 SimpleRNN() 函数搭建了一层 RNN。x_test 和 x_train 的维度尺寸分别是 (200, 4, 1) 和 (800, 4, 1), 这是 fit() 函数所要求的。200 和 800 是批量大小, 则每一个数据点的尺寸是 (4, 1), 即参数 input_shape 的值。激活函数仍然选择 ReLU 函数, 读者也可以尝试使用其他激活函数。

因为每一次 y 的输入只有一个数字, 所以第 34 行的 Dense 层只有一个神经元。

为了从 RNN 过渡到最后的 Dense 层, 在中间还加了一个 Dense 层, 即第 33 行。

第 35 行将损失函数设置为 MSE, 因为本案例不是分类问题, 所以没必要使用交叉熵损失函数。优化算法选择 RMSProp, 读者也可以选择其他优化算法进行对比。但是相比 Adam 算法, RMSProp 算法在 RNN 训练中往往可以获得更好的效果。

最后在第 36 行设定了训练数据、epoch、批量大小等。

第五步: 结果预测

```
37   trainPredict = model.predict(x_train)
38   testPredict = model.predict(x_test)
39   predicted = np.concatenate((trainPredict, testPredict), axis=0)
40   df = pd.DataFrame(x)
41   index = df.index.values
42   plt.plot(index, df[0], 'b')
43   plt.plot(index, predicted, 'g')
```

```
44    plt.legend('real data')
45    plt.legend('predicted')
46    plt.title('real data vs predicted data')
47    plt.xlabel('days')
48    plt.ylabel('population')
49    plt.axvline(df.index[800], c='r')
50    plt.show()
```

训练结束以后,第 37 行和第 38 行把训练数据和测试数据全部作为输入,交给训练完的 RNN 进行预测,得到的预测结果为两个 NumPy 数组。接着在第 39 行用 concatenate() 函数把这两个 NumPy 数组"连接"起来,得到一个长度为 1000(因为输入长度为 1000)的 NumPy 数组。

第 40 ~ 48 行分别将输入数据和 RNN 预测的数据绘制成曲线,第 49 行绘制一条竖线作为训练数据和测试数据的分界线,结果如下图所示。可以看到两条曲线的走势总体相似,说明模型能达到一定的预测效果。

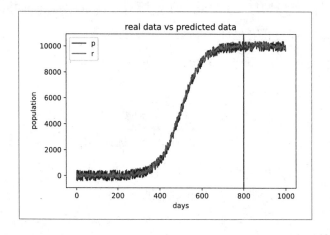

第六步:模型性能测试

```
51    draw_x = x[800:1000].reshape((200, 1))
52    diff = (testPredict - draw_x) / testPredict
53    dataframe = pd.DataFrame(diff)
54    ax = dataframe.plot()
55    vals = ax.get_yticks()
```

```
56   ax.set_xlabel('days')
57   ax.set_yticklabels(['{:,.2%}'.format(x) for x in vals])
58   ax.legend('percentage')
59   ax.set_title('percentage diff')
60   plt.show()
```

最后一步来看看预测结果如何。利用测试集的 200 个数据点和预测出的最后 200 个数据点进行误差对比。代码比较容易且不属于深度学习范畴，故不做详细解释。最后绘制的误差图如下图所示，可以看出，误差范围基本在 -8% ~ 2% 之间。

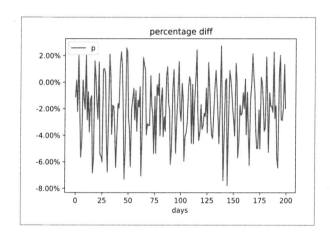

这个案例使用 Many-to-One 结构完成了一次序列数据的预测。建议感兴趣的读者修改以上程序的超参数和网络结构，甚至自己寻找一些序列数据来搭建一个 RNN，看看预测效果如何。如果有一定数量的语言文本数据，还可以将这个案例中的 RNN 模型运用到语言模型中，用于计算已有文本信息的下一个字 / 词 / 短语的概率分布，并选出概率最高的字 / 词 / 短语作为预测结果。

但是，RNN 的训练就这么简单吗？当然不是。下一节会带大家了解 RNN 在训练中产生的一些问题，并给出相应的解决方案。

6.5 训练 RNN 时的问题与解决方案

RNN 独特的网络结构容易导致训练时出现一些问题。本节会先提出两个最关键的问题——梯度爆炸和梯度消失，然后给出一些解决方案，如梯度裁剪（gradient clipping）、权重正交初始化、LSTM/GRU 等。在分析问题成因时会涉及一些数学推导过程，但是并不难。尽管 Keras 大大降低了编写代码的难度，但是了解问题成因和解决途径对搭建和调试 RNN 还是很有帮助的。

6.5.1　梯度爆炸和梯度消失

在训练 RNN 时，通常会出现梯度爆炸（exploding gradient）和梯度消失（vanishing gradient）。那么这两个问题是怎么产生的呢？还记得在 6.3 节中介绍过各个学习参数的梯度项吗？先来回顾 $\boldsymbol{W}$、$\boldsymbol{V}$ 和 b_h 的梯度公式：

$$\frac{\partial L_{\text{total}}}{\partial \boldsymbol{W}} = \sum_{t=0}^{T_y} \frac{\partial L_t}{\partial \widehat{y}^t} \frac{\partial \widehat{y}^t}{\partial \boldsymbol{Z}} U \sum_{k=0}^{t} \left(\prod_{i=k+1}^{t} \frac{\partial h_i}{\partial h_{i-1}} \right) \frac{\partial h_k}{\partial h_W}$$

$$\frac{\partial L_{\text{total}}}{\partial \boldsymbol{V}} = \sum_{t=0}^{T_y} \frac{\partial L_t}{\partial \widehat{y}^t} \frac{\partial \widehat{y}^t}{\partial \boldsymbol{Z}} U \sum_{k=0}^{t} \left(\prod_{i=k+1}^{t} \frac{\partial h_i}{\partial h_{i-1}} \right) \frac{\partial h_k}{\partial h_V}$$

$$\frac{\partial L_{\text{total}}}{\partial b_h} = \sum_{t=0}^{T_y} \frac{\partial L_t}{\partial \widehat{y}^t} \frac{\partial \widehat{y}^t}{\partial \boldsymbol{Z}} U \sum_{k=0}^{t} \left(\prod_{i=k+1}^{t} \frac{\partial h_i}{\partial h_{i-1}} \right) \frac{\partial h_k}{\partial h_{b_h}}$$

可发现三个梯度公式都包含 $\prod\limits_{i=k+1}^{t} \frac{\partial h_i}{\partial h_{i-1}}$，该项涉及累乘的计算。下面来看 RNN 的基本公式：

$$h_i = f_h(\boldsymbol{V}x_t + \boldsymbol{W}h_{i-1} + b_h) = f_h(\boldsymbol{Z}_t)$$

其中，f_h 为激活函数，$\boldsymbol{Z}_t = \boldsymbol{V}x_t + \boldsymbol{W}h_{i-1} + b_h$。

① 假设 h_i 是标量，那么 $\frac{\partial h_i}{\partial h_{i-1}}$ 也是标量。

当大部分 $\left| \frac{\partial h_i}{\partial h_{i-1}} \right| < 1$ 时，$\prod\limits_{i=k+1}^{t} \frac{\partial h_i}{\partial h_{i-1}}$ 很有可能越来越小并往 0 靠近，这样会使得梯度很小，即网络训练的速度很慢甚至无法训练，这便是梯度消失问题。相反，如果 $\left| \frac{\partial h_i}{\partial h_{i-1}} \right| > 1$，则会导致梯度爆炸问题，程序很可能最终会因无法收敛而崩溃。

② 假设 h_i 是向量，那么有

$$\frac{\partial \boldsymbol{h}_i}{\partial \boldsymbol{h}_{i-1}} = \frac{\partial \boldsymbol{h}_i}{\partial \boldsymbol{Z}_t} \frac{\partial \boldsymbol{Z}_t}{\partial \boldsymbol{h}_{i-1}} = \text{diag}(f'_h(\boldsymbol{Z}_t)) \cdot \boldsymbol{W}$$

其中，diag 表示对角线矩阵。那么怎么理解这个对角线矩阵呢？假设 $\boldsymbol{Z}_t = \begin{bmatrix} a \\ b \\ c \\ d \end{bmatrix}$，激活函数

f_h 为 ReLU 函数，那么有

$$h_i = \begin{bmatrix} \mathrm{ReLU}(a) \\ \mathrm{ReLU}(b) \\ \mathrm{ReLU}(c) \\ \mathrm{ReLU}(d) \end{bmatrix}$$

$\dfrac{\partial h_i}{\partial h_{i-1}}$ 一定是一个雅可比矩阵，那么利用雅可比矩阵的计算方法可以得到

$$\frac{\partial h_i}{\partial Z_t} = \begin{bmatrix} \dfrac{\partial \mathrm{ReLU}(a)}{\partial a} & \dfrac{\partial \mathrm{ReLU}(a)}{\partial b} & \dfrac{\partial \mathrm{ReLU}(a)}{\partial c} & \dfrac{\partial \mathrm{ReLU}(a)}{\partial d} \\ \dfrac{\partial \mathrm{ReLU}(b)}{\partial a} & \dfrac{\partial \mathrm{ReLU}(b)}{\partial b} & \dfrac{\partial \mathrm{ReLU}(b)}{\partial c} & \dfrac{\partial \mathrm{ReLU}(b)}{\partial d} \\ \dfrac{\partial \mathrm{ReLU}(c)}{\partial a} & \dfrac{\partial \mathrm{ReLU}(c)}{\partial b} & \dfrac{\partial \mathrm{ReLU}(c)}{\partial c} & \dfrac{\partial \mathrm{ReLU}(c)}{\partial d} \\ \dfrac{\partial \mathrm{ReLU}(d)}{\partial a} & \dfrac{\partial \mathrm{ReLU}(d)}{\partial b} & \dfrac{\partial \mathrm{ReLU}(d)}{\partial c} & \dfrac{\partial \mathrm{ReLU}(d)}{\partial d} \end{bmatrix} = \mathrm{diag}(f_h'(Z_t))$$

这个矩阵只有对角线上的元素 $\dfrac{\partial \mathrm{ReLU}(a)}{\partial a}$、$\dfrac{\partial \mathrm{ReLU}(b)}{\partial b}$、$\dfrac{\partial \mathrm{ReLU}(c)}{\partial c}$、$\dfrac{\partial \mathrm{ReLU}(d)}{\partial d}$ 不为 0，因而称为对角线矩阵。另外，$\mathrm{diag}(f_h'(Z_t))$ 是激活函数的斜率。如果此时 W 是一个 4×4 的矩阵，那么有

$$\begin{bmatrix} w_{11} & w_{12} & w_{13} & w_{14} \\ w_{21} & w_{22} & w_{23} & w_{24} \\ w_{31} & w_{32} & w_{33} & w_{34} \\ w_{41} & w_{42} & w_{43} & w_{44} \end{bmatrix}$$

最终得到的 $\dfrac{\partial h_i}{\partial h_{i-1}}$ 为

$$\begin{bmatrix} w_{11}\dfrac{\partial \mathrm{ReLU}(a)}{\partial a} & w_{12}\dfrac{\partial \mathrm{ReLU}(a)}{\partial a} & w_{13}\dfrac{\partial \mathrm{ReLU}(a)}{\partial a} & w_{14}\dfrac{\partial \mathrm{ReLU}(a)}{\partial a} \\ w_{21}\dfrac{\partial \mathrm{ReLU}(b)}{\partial b} & w_{22}\dfrac{\partial \mathrm{ReLU}(b)}{\partial b} & w_{23}\dfrac{\partial \mathrm{ReLU}(b)}{\partial b} & w_{24}\dfrac{\partial \mathrm{ReLU}(b)}{\partial b} \\ w_{31}\dfrac{\partial \mathrm{ReLU}(c)}{\partial c} & w_{32}\dfrac{\partial \mathrm{ReLU}(c)}{\partial c} & w_{33}\dfrac{\partial \mathrm{ReLU}(c)}{\partial c} & w_{34}\dfrac{\partial \mathrm{ReLU}(c)}{\partial c} \\ w_{41}\dfrac{\partial \mathrm{ReLU}(d)}{\partial d} & w_{42}\dfrac{\partial \mathrm{ReLU}(d)}{\partial d} & w_{43}\dfrac{\partial \mathrm{ReLU}(d)}{\partial d} & w_{44}\dfrac{\partial \mathrm{ReLU}(d)}{\partial d} \end{bmatrix}$$

因为要用 $\dfrac{\partial h_i}{\partial h_{i-1}}$ 进行重复累乘，所以如果 $\dfrac{\partial h_i}{\partial h_{i-1}}$ 所有特征值的绝对值都小于 1，那么就会出现梯度消失；如果 $\dfrac{\partial h_i}{\partial h_{i-1}}$ 所有特征值的绝对值都大于 1，那么就会出现梯度爆炸。

　　了解梯度爆炸和梯度消失问题后,来看看激活函数的选择。先看 sigmoid 和 tanh 函数。从 3.3 节中这两个函数的图像可以看出,如果 Z_t 特别大或特别小,那么无论 h_i 是标量还是向量,$f_h'(Z_t)$ 总是接近于 0,这会使 $\dfrac{\partial h_i}{\partial h_{i-1}}$ 特别小,从而导致梯度消失。再来看 ReLU 函数。从 3.3 节中 ReLU 函数及其导数的图像可以看出:如果 Z_t 小于 0,那么会出现梯度消失,因为 $f_h'(Z_t)=0$;如果 Z_t 大于 0,那么 $f_h'(Z_t)=1$,既不会出现梯度消失也不会出现梯度爆炸。因此,为了避免出现梯度消失和梯度爆炸,在搭建网络时,应该优先选择 ReLU 作为激活函数。

　　然而优先选择 ReLU 作为激活函数并不能完全解决梯度消失和梯度爆炸的问题。我们看到 $\dfrac{\partial h_i}{\partial h_{i-1}}$ 的结果矩阵中也存在权重值 w,$\|w\|$ 太小有可能导致梯度消失,$\|w\|$ 太大则有可能导致梯度爆炸。

　　梯度消失会导致训练速度慢,甚至当训练序列数据长度很长时,RNN 无法学习。梯度爆炸则会导致训练过程非常不稳定,损失函数无法收敛甚至发散,也有可能导致程序崩溃。

6.5.2　梯度问题的解决方案

　　梯度爆炸比较容易被发现,处理方法也比较简单,用梯度裁剪可以将梯度控制在较低的范围内。我们可以设定一个梯度阈值,如果在反向传播中求得梯度的范数大于阈值,那么就用阈值除以梯度的范数,得到一个缩放系数。将这个缩放系数和梯度相乘可得到一个较小的梯度,用数学公式表示就是:

　　梯度 $g=\dfrac{\partial L}{\partial \theta}$($\theta$ 是网络中的各个参数),当 $\|g\|_2>$ 阈值时,$g \longleftarrow \dfrac{阈值}{\|g\|_2}g$。

　　在 Keras 中,可以用如下代码来实现梯度裁剪:

```
from keras import optimizers
optimizer = optimizers.SGD(lr=0.01, clipnorm=1.0)
```

或者:

```
optimizer = optimizers.SGD(lr=0.01, clipvalue=0.5)
```

　　在 Keras 官方的源代码中给出了这样的解释:clipnorm 和 clipvalue 都是浮点数(float)。如果使用 clipnorm,那么当梯度的 L2 范数超过阈值时,梯度上限就会被限制;如果使用

clipvalue，那么当梯度的绝对值超过阈值时，梯度的上限就会被限制。另外，clipnorm 和 clipvalue 可以在任何优化算法中被调用。顺便提一下，所搭建的 RNN 的时间序列长度越长，那么它面临梯度爆炸的风险就越大，并且进行梯度裁剪所带来的计算成本也越大。如果读者的编程基础较好，可以尝试让网络只计算一部分时间序列下的梯度，而不是对前面所有的时间序列计算梯度，即 $\sum\limits_{k}^{t}\left(\prod\limits_{i=k+1}^{t}\dfrac{\partial h_i}{\partial h_{i-1}}\right)$，其中 $k>0$。这种方法叫 Truncated BPTT，但它也存在一些弊端，例如，会严重影响网络对长序列的学习效果。

与梯度爆炸相比，梯度消失不容易被发现。例如，当 $\left\|\dfrac{\partial h_t}{\partial h_{t-50}}\right\|$ 特别小时，我们可以怀疑其是由梯度消失导致的，但也可以怀疑其是由 h_t 和非常靠前的数据没有太多必要联系导致的，例如，一句有 50 个字的话，第 50 个字和第 1 个字的联系不一定大。梯度爆炸的处理方法除了前文提到的选择 ReLU 作为激活函数，还有大名鼎鼎的 LSTM 和 GRU（将在 6.6 节介绍）。

我们在 6.5.1 节中了解了权重自身的大小也会影响梯度。我们希望 $\left\|\dfrac{\partial h_t}{\partial h_{t-50}}\right\|$ 中所有的特征值都为 1，而单位正交矩阵的奇妙性质可以帮助我们做到这一点，所以可以将权重矩阵正交化。在 Keras 中，可以利用如下代码来实现：

```
from keras import initializers
initializer = initializers.Orthogonal(gain=1.0, seed=None)
```

上述代码中，gain 是用于乘以单位矩阵的增益参数，seed 是用于生成随机数的参数。这段代码可以生成一个随机正交矩阵。我们会将这个矩阵作为权重的初始矩阵。

除了上面介绍的方法，还有 Skip Connections 等方法也可以有效抑制梯度爆炸和梯度消失，限于篇幅，这里不再展开介绍。

6.6　解决长期依赖问题的"良药"——GRU 和 LSTM

通过上一节的学习我们知道，如果学习非常长的序列，RNN 有遇到梯度问题的风险；即使不会遇到梯度问题，太长的序列也会导致 RNN 训练效果不好。为了解决这个问题，科学家们提出了 GRU（Gated Recurrent Unit，门控循环单元）和 LSTM（Long Short Term Memory，长短期记忆网络）两种 RNN 单元结构。它们对解决梯度消失问题和长序列的学习都有很好的效果，尽管梯度爆炸问题仍然有可能存在，但是大量的经验告诉我们，在搭建 RNN 时考虑 GRU 和 LSTM 是不错的选择。

6.6.1 GRU

先来看一个简单的 RNN 单元，如下图所示。

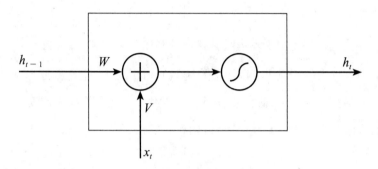

将上图所示的结构"翻译"成数学语言就是 $h_t = f(Wh_{t-1} + Vx_t + b_h)$。前面提到过，这是一个 RNN 单元的计算模式，将多个单元串在一起就是一个 RNN。我们也知道这个非线性激活函数和 W 造成了梯度消失，尤其是在序列较长的时候。因此，我们需要给这些梯度创造"捷径"。

再来看 GRU 单元，如下图所示。圆圈中的 σ 代表 sigmoid 函数，H 代表哈达玛积（在第 5 章提到过）。

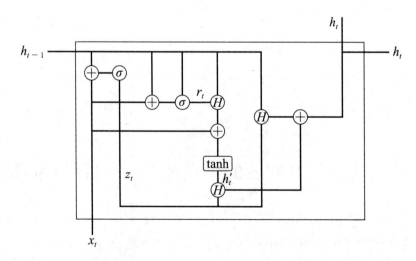

GRU 单元中最重要的两个部分就是 Update Gate 和 Reset Gate。下面暂时"关闭"其他

部分，先看一下 Reset Gate 部分，如下图所示。

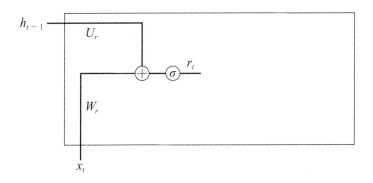

Reset Gate 的数学形式是 $r_t = \sigma(W_r x_t + U_r h_{t-1} + b_r)$。Reset Gate 决定了模型要"忘记"多少过去的信息。输入信息 x_t 和前一个单元的输出 h_{t-1} 分别乘以各自的权重之后求和并汇入一个 sigmoid 函数中。我们可以来看看它在整个单元内是怎么运作的，如下图所示。

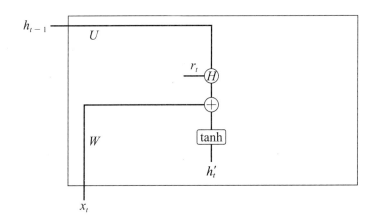

将上图所示的结构用数学形式表达出来就是 $h_t' = \tanh(U h_{t-1} \circ r_t + W x_t + b_h)$。$h_t'$ 是一个新引入的记忆体，用于存储过去的信息。$U h_{t-1} \circ r_t$ 表示 Reset Gate 和 $U h_{t-1}$ 的哈达玛积，它决定了要从前一个时间步中"忘记"多少信息。怎么理解它的作用呢？下面举一个例子来说明。

假设淘宝网上一则很长的用户评论以"商品还是不错的"开头，接着用了很长的篇幅描述商品的各个细节和应用场景，最后写道："但是我还是后悔购买了这个商品，因为××功能做得还是不太好，并没有满足 ×× 应用场景的使用需求。"把这一则用户评论交给预先训练好的含有 GRU 单元的 RNN，RNN 最终给了 3 颗星的评分。Reset Gate 在里面就起到了关键作用。它会让 RNN "忘记"位于开头的诸如"商品还不错""一开始我很喜欢它"等信息，而"聚焦"于后文中用户对商品的"吐槽"，并使得 RNN 最终给出一个偏低的评分。注意观察公式 $Uh_{t-1} \circ r_t$，在这种情况下 r_t 的值会很小，因为过去的"商品还是不错的"的信息不至于影响最后做出公正的评分。

接下来看看如下图所示的 Update Gate。

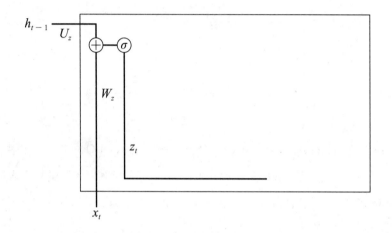

Update Gate 的数学形式是 $z_t = \sigma(W_z x_t + U_z h_{t-1} + b_z)$，其中 h_{t-1} 是前一个隐态传过来的信息，x_t 是当前 GRU 单元的输入。它们分别乘以各自的权重之后"汇入"一个 sigmoid 函数。z_t 就是一个 Update Gate，因为最后 sigmoid 函数输出的值在 $0 \sim 1$ 之间，所以 Update Gate 决定了前一时间步（前一单元）的隐态输出的信息有多少可以传到下一时间步下的隐态。模型可以利用 Update Gate 避免梯度消失问题。

最后来看看如何在整个 GRU 单元中使用 Update Gate，如下图所示。

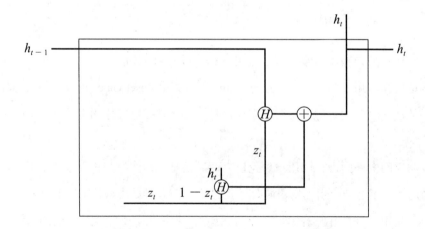

我们用数学公式来表示 Update Gate 的示意图：$h_t = 1 - z_t \circ h_t' + z_t \circ h_{t-1}$。从公式可以看出，Update Gate 决定了多少过去的信息 h_{t-1} 可以被传入 h_t，也决定了从当前的新记忆体中要拾取多少信息。如果 $z_t = 1$，那么两个时间步下的隐态输出是一样的，证明上一时间步的信息完全被传递到下一时间步。下面还是用淘宝网的用户评价来帮助大家理解。

第二个用户对商品的评论以"总体来说，我很喜欢这件商品"开头，接着对商品做了一些无关紧要的描述，甚至包含商品的一些小缺点。现在用 GRU 对这一则评论进行语义识别，希望它多聚焦于前面的积极部分。因此，z_t 会有一个较大的值，以把更多前面的诸如"总体来说，我很喜欢这件商品"等信息传入当前单元，而不是后面那些无关紧要的描述。

如果要训练这样一个 GRU-RNN 模型，那么便要收集很多条评论及对应的评分。例如：用户 1 的评论内容为"商品很不错！虽然 ×××，但是 ×××。优点是 ×××。缺点是 ××× ……"，评分为 4.5；用户 2 的评论内容为"商品很一般。虽然有 ××× 优点，但是离我的要求还有距离……"，评分为 2.7。将类似这样的很多条评论和评分输入 GRU-RNN 模型，模型便会自动学习所有的权重，最终自动得知应该聚焦于评论的哪个位置，并给出较为公正的评分。

现在总结一下 GRU 的数学表达式：

$$z_t = \sigma(W_z x_t + U_z h_{t-1} + b_z)$$
$$r_t = \sigma(W_r x_t + U_r h_{t-1} + b_r)$$
$$h_t' = \tanh(U h_{t-1} \circ r_t + W x_t + b_h)$$
$$h_t = 1 - z_t \circ h_t' + z_t \circ h_{t-1}$$

如果将权重简化一下，令 W 和 U 相等，可以得到：

$$z_t = \sigma(W_z [h_{t-1}, x_t] + b_z)$$
$$r_t = \sigma(W_r [h_{t-1}, x_t] + b_r)$$
$$h_t' = \tanh(W [h_{t-1} \circ r_t, x_t] + b_h)$$
$$h_t = 1 - z_t \circ h_t' + z_t \circ h_{t-1}$$

在 Keras 中，GRU 的实现特别简单，示例代码如下：

```
from keras.layers import GRU
model.add(GRU(units=128, input_shape=(input.shape[1], input_shape[2]),
    activation='tanh'))
```

可以看到，只需在 6.2 节中代码的基础上把 SimpleRNN() 函数换成 GRU() 函数，并设置激活函数为 tanh。

6.6.2　LSTM

LSTM 是为解决长期依赖的问题而设计的，它能为长序列的学习提供非常优异的性能。先来看一个 LSTM 单元，如下图所示。

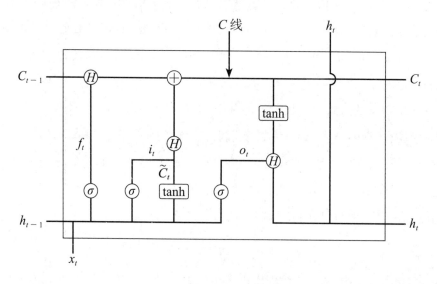

仔细观察上图可以发现，LSTM 和 GRU 最大的不同就是 LSTM 多了一条贯穿整个单元的线。GRU 中穿过单元进行传播的信息只在隐层中存储 h，但是在 LSTM 中多了一条"C线"——我们称之为单元态（cell state，又称细胞态）。通俗地讲，LSTM 中有两条信息流动的通道。隐层中存储的是比较近期的信息，而"C线"上没有过多的运算（信息不会经历太多改变），因而实现了更长期信息的流动。正因为这条"C线"的存在，LSTM 对长序列的学习性能才会如此出色。下面会像讲解 GRU 那样一步步带大家了解 LSTM。上图中使用的符号和 GRU 中的符号一样，故不再赘述。先看 LSTM 单元做的第一件事——决定需要在前一个单元中"忘记"多少信息。完成这一工作的是 Forget Gate，如下图所示。

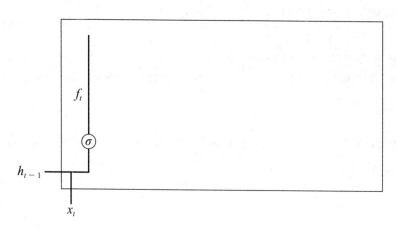

上图用数学形式表示为 $f_t = \sigma\left(W_f\left[h_{t-1},\ x_t\right] + b_f\right)$。sigmoid 函数输出 $0 \sim 1$ 之间的值。这个值越接近 1，表示对前一个单元的信息保留得越多；越接近 0，表示对前一个单元的信息保留得越少。

LSTM 做的第二件事是决定要在单元内存储哪些信息。为了做成这件事，LSTM 将上一个单元的输出 h_{t-1} 和当前单元的输入 x_t 配合各自的权重，并行地交给一个 sigmoid 函数和一个 tanh 函数，如下图所示。

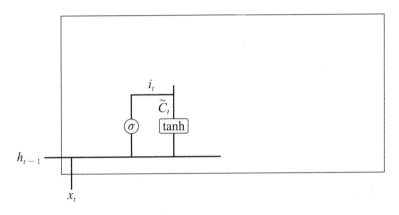

上图用数学形式表示为

$$i_t = \sigma\left(W_i\left[h_{t-1},\ x_t\right] + b_i\right)$$
$$\widetilde{C}_t = \tanh\left(W_C\left[h_{t-1},\ x_t\right] + b_C\right)$$

第一个公式中的 sigmoid 函数决定要更新哪些值，该函数也可以被称为 Update Gate。第二个公式中的 tanh 函数输出一个可以被添加到单元态的值 $\widetilde{C}_t$，这个值和单元态上信息的更新有很大关系。

LSTM 做的第三件事是更新单元态，即将上一个单元态 C_{t-1} 更新为 C_t。此时就要用到上一步得到的 $\widetilde{C}_t$ 了，如下图所示。

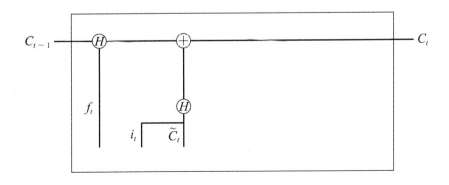

上图用数学形式表示为

$$C_t = f_t \circ C_{t-1} + i_t \circ \tilde{C}_t$$

其中，f_t 决定了在上一个单元态中需要保留多少信息，f_t 越大，上一个单元态中就有越多信息从"C 线"流入当前单元态。同时，$\tilde{C}_t$ 被 i_t 缩小后汇入了 C_t，从而保证 C_t 有机会得到新的信息。

LSTM 做的最后一件事就是输出。这个输出和当前单元态存在联系，如下图所示。

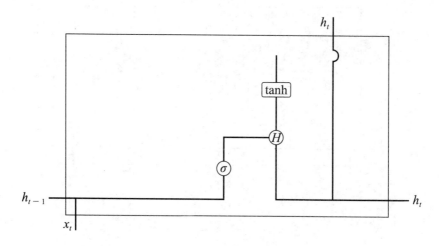

上图用数学形式表示为

$$o_t = \sigma(W_o[h_{t-1},\ x_t] + b_o)$$
$$h_t = o_t \tanh(C_t)$$

o_t 的公式中用到了一个 sigmoid 函数，称为 Output Gate。输入信息仍然是当前单元态的输入 x_t 和上一单元态的隐层输出 h_{t-1}。h_t 的公式中的 o_t 保证了只输出我们需要的部分（o_t 在 0～1 之间）。

现在总结一下 LSTM 的数学表达式：

$$f_t = \sigma(W_f[h_{t-1},\ x_t] + b_f) \qquad \text{（Forget Gate）}$$
$$i_t = \sigma(W_i[h_{t-1},\ x_t] + b_i) \qquad \text{（Update Gate）}$$
$$\tilde{C}_t = \tanh(W_C[h_{t-1},\ x_t] + b_C)$$
$$C_t = f_t \circ C_{t-1} + i_t \circ \tilde{C}_t$$
$$o_t = \sigma(W_o[h_{t-1},\ x_t] + b_o) \qquad \text{（Output Gate）}$$
$$h_t = o_t \tanh(C_t)$$

在 Keras 中，LSTM 的实现很简单，代码如下：

```
from keras.layers import LSTM
model.add(LSTM(units=128, input_shape=(input.shape[1], input_shape[2]), activation='tanh'))
```

在搭建 LSTM RNN 模型之前，要考虑以下三个重要的事项。

① 激活函数的选择：在 Keras 的 LSTM() 函数中，大多数情况下选择默认的 tanh 函数作为激活函数（即不指定参数 activation）。除了三个 sigmoid 函数组成的 Gate 之外，我们可以根据需求将 tanh 函数修改为其他函数。但是切记不能修改成 ReLU 函数，因为 ReLU 函数没有上限值，模型很有可能发散。

② 优化算法的选择：尽管 Adam 算法的优化效果非常出色，但是在 LSTM 中，很多情况下 RMSProp 和 AdaGrad 算法能提供更加出色的优化效果。

③ 多层 LSTM 的情况：如果有好几层 LSTM 网络，那么需要按照以下格式编程：

```
model = Sequential()
model.add(LSTM(…, return_sequences=True, input_shape=(…)))
model.add(LSTM(…, return_sequences=True)
model.add(LSTM(…, return_sequences=True)
model.add(LSTM(…, return_sequences=True)
model.add(LSTM(…))
model.add(Dense())
```

在搭建 LSTM RNN 模型时，如果 LSTM 单元下面还有一层 LSTM 单元，那么就需要将 return_sequences 设置为 True（改变前默认值为 False），否则程序报错。如果 LSTM 层下面是 Dense 层，则需要设置 return_sequences=False。

LSTM 于 1997 年被提出，直到今天还在发挥着很重要的作用。我们可以把 LSTM 理解成对 RNN 结构的一次“魔改”，但是里面的非线性运算（如 sigmoid 函数、tanh 函数）及权重参数较多，无形中增加了不少计算成本。因此，后来有人提出了训练效果不错的 GRU。从前文的公式可以看出，GRU 对运算资源的消耗肯定没有 LSTM 那么大，但同时效果肯定也没有 LSTM 那么好。因此，在选择 GRU 或 LSTM 时应该权衡自己对运算结果和运算资源成本的要求。

6.7 RNN 案例：影评分析

本节要探讨一个影评分析的 RNN 案例，它涉及自然语言处理领域的一个经典分支——语义识别，因此，本节会先讲解一些词嵌入（word embedding）的知识，再来编写代码。

6.7.1 准备知识——词嵌入

前面提到过，计算机实际上是"看不到"图像的，图像需要转换成基于数字的矩阵或张量才能供计算机进行计算。同样，计算机也"看不懂"文字信息，因此，在完成一些自然语言处理的相关任务之前，我们需要对输入数据做一些前处理，把文字信息转换成基于数字的向量，才能让计算机"看懂"。

我们先来尝试用 3.5 节中提到过的 one-hot 编码方法将文字信息转换成数字向量。假设有如下的学习文本：

① 我 想 看 电 影

② 我 饿 了 要 吃 饭

③ 晚 上 停 电 了

在进行自然语言处理时，通常会把学习文本中所有出现过的字或词做成一个字典。那么上述学习文本对应的字典如下：

{1: '我', 2: '想', 3: '看', 4: '电', 5: '影', 6: '饿', 7: '了', 8: '要', 9: '吃', 10: '饭', 11: '晚', 12: '上', 13: '停'}

学习文本中一共出现过 13 个不同的字，所以这个字典一共有 13 个键值对。实际应用中的字典往往是比较大的。

接着用 one-hot 编码把这些字转换成数字向量，结果如下：

$$
\begin{matrix} \text{我} & & \text{想} & & & \text{停} \\ \begin{bmatrix} 1 \\ 0 \\ \vdots \\ 0 \end{bmatrix} & & \begin{bmatrix} 0 \\ 1 \\ \vdots \\ 0 \end{bmatrix} & \cdots\cdots & & \begin{bmatrix} 0 \\ 0 \\ \vdots \\ 1 \end{bmatrix} \end{matrix}
$$

每个向量的元素个数和字典的长度是一样的。通过 one-hot 编码，可以很容易地将文字信息转换成数字向量，但是这种方法存在一些问题。首先，one-hot 编码生成的向量里有太多的 0，造成矩阵过于稀疏。其次，真实的人类语言环境中，字或词之间是存在语境联系的。例如，我们会说"我要喝水"，而不会说"我要喝汽车"，因为"喝"和"水"的相关度要远大于和"汽车"的相关度。然而 one-hot 编码无法建立这种联系。为了解决这些问题，科学家们提出了第二种方法——词嵌入。

词嵌入是自然语言处理中比较常用的将文字信息转换成数字向量的方法，其实现方式有多种，如 word2vec 和 GloVe。词嵌入的优点是建立了字或词之间的联系。科学家们通过大量的文本数据训练出了一套嵌入矩阵（embedding matrix）。一个嵌入矩阵的示例如下（为方便举例，这里随机放入一些数字）：

$$\begin{bmatrix} 1.3 & 1.2 & 4.5 & 2.0 & 1.0 \\ 2.1 & 2.0 & 1.2 & 0.4 & 0.3 \\ 4.6 & 3.2 & 3.1 & 3.2 & 2.2 \end{bmatrix}$$

嵌入矩阵的每一列代表一个字或一个词，那么矩阵的行数等于每一个字或词向量的行数（这个值要依照训练效果自行调整），列数等于字典的大小。如果所有训练文本中一共出现过 20 个不同的字，那么嵌入矩阵就有 20 列。实际应用中的嵌入矩阵要比这个示例大得多。

用嵌入矩阵与字或词的 one-hot 向量做点乘，就可以得到字或词的向量（word vector），从而实现字或词的向量化表示。例如，

$$我 = \begin{bmatrix} 1.3 \\ 2.1 \\ 4.6 \end{bmatrix}$$

该向量称为嵌入向量，这样字或词的向量就不稀疏了。更重要的是，嵌入向量还能建立字或词之间的联系。提出 word2vec 的科学家们发现"King"向量－"Man"向量 ≈ "Queen"向量－"Woman"向量，这表明词嵌入可以很好地建立字或词之间的联系。

我们可以在网上找到训练好的词嵌入模型，用于完成自己的自然语言处理任务，也可以通过已有的文本数据训练一套专属于自己的、更有针对性的词嵌入模型。

在 Keras 中也可以建立词嵌入模型来提高训练效果，示例代码如下：

```
1   from keras.layers.embeddings import Embedding
2   model.add(Embedding(input_dim=1000, output_dim=64, input_length=10))
```

第 1 行加载 Embedding() 函数。第 2 行在 Embedding() 函数中传入了 3 个参数：第 1 个参数 input_dim 是字典的大小，即训练数据中一共出现了多少个不同的字或词。第 2 个参数

output_dim 是词嵌入矩阵的行数。例如，词嵌入矩阵中的每个字用 3 个元素来标识，就像

$$我 = \begin{bmatrix} 1.3 \\ 2.1 \\ 4.6 \end{bmatrix}$$

这个矩阵有 3 行，那么 output_dim 就等于 3。我们可以在训练过程中不断微调这个值，直至网络性能达到最优。第 3 个参数 input_length 是输入序列的长度。这一层中的参数数量是 input_dim×output_dim，网络会通过训练数据来调整词嵌入矩阵中的每一个值。

6.7.2 代码解析

代码文件：chapter_6_example_2.py

本案例要使用 LSTM RNN 模型对用户的电影评论做出基于语义识别的评价，不需要给出具体的评分，只需要给出"积极"或"消极"的评价。例如，用户 1 的评论"我很喜欢这部电影"对应的评价是"积极"，用户 2 的评论"这部电影很无聊"对应的评价则是"消极"。

看到这个训练任务，我们的脑海中应该下意识地蹦出两个想法：①网络的最后一层是只有一个神经元的 Dense 层，并且激活函数首选 sigmoid 函数；②损失函数首选二分类交叉熵（Binary Cross Entropy，BCE）。

这里使用由斯坦福大学在 2011 年收集并整理的 IMDb 数据集作为训练数据，所以文本数据是英文的。该数据集包含 50000 条影评，其中一半用于训练，另一半用于测试。2011 年的一篇论文使用本节的方法分析这个数据集，准确率达到了 88.9%[①]。

关于词嵌入，我们将嵌入矩阵的行数设定为 32 行（可以在后期更改这个数值并观察其对训练效果的影响）。为了节约计算资源，把字典的大小设定为 5000，即 5000 个高频词汇；并且把每一条影评的最大长度设定为 500 个单词，这就意味着计算机只能"看到"影评的前 500 个单词，如果影评长度少于 500 个单词，用 0 值来补齐。如果计算机上安装有一块 GPU 足够高端的显卡，那么可以进一步"放松"对字典大小和影评长度的限制，再对比训练结果。

下面来看代码。

---

① Andrew L. Maas, Raymond E. Daly, Peter T. Pham, Dan Huang, Andrew Y. Ng, and Christopher Potts. (2011). Learning Word Vectors for Sentiment Analysis. The 49th Annual Meeting of the Association for Computational Linguistics (ACL 2011).

第一步：载入需要的库

```
1   import numpy
2   from keras.datasets import imdb
3   from keras.models import Sequential
4   from keras.layers import Dense
5   from keras.layers import LSTM
6   from keras.layers.embeddings import Embedding
7   from keras.preprocessing import sequence
```

第二步：载入数据

```
8   vocab_size = 5000
9   (X_train, y_train), (X_test, y_test) = imdb.load_data(num_
    words=vocab_size)
```

第 8 行按照前面的设定将字典的词汇数量设置为 5000 个，这个值可以根据需求更改。
第 9 行从 IMDb 数据集中载入训练数据，并分配给训练集和测试集。

第三步：限制输入序列的长度

```
10  review_length_max = 500
11  X_train = sequence.pad_sequences(X_train, maxlen=review_length_max)
12  X_test = sequence.pad_sequences(X_test, maxlen=review_length_max)
13  embedding_length = 32
```

第 10 行设置每条影评的长度限制为 500 个单词，这个长度就是 RNN 中时间步的数量。

第 11 行和第 12 行按照第 10 行设置的长度限制分别对训练数据和测试数据进行长度调整操作：如果影评长度小于 500，则在序列末尾用 0 补齐；如果影评长度大于 500，则将序列"修剪"到长度为 500。举例来说，假设序列长度的限制为 5，那么"天真好"会变为"天真好 00"，"今天天气不错"则会变为"今天天气不"。在用 RNN 处理不同长度的输入序列时一般都要进行这个操作，从而让所有输入序列的长度和时间步的数量相等，这样 RNN 才能介入计算。

第 13 行设置嵌入向量的长度为 32，这个值也可以根据需求更改。

第四步：网络搭建

```
14   model = Sequential()
15   model.add(Embedding(vocab_size, embedding_length, input_length
     =review_length_max))
16   model.add(LSTM(128))
17   model.add(Dense(1, activation='sigmoid'))
18   model.compile(loss='binary_crossentropy', optimizer='adam', metrics
     =['accuracy'])
19   model.fit(X_train, y_train, validation_data=(X_test, y_test), epochs
     =10, batch_size=64)
```

像往常一样，先在第 14 行设置一个序列模型，接着在第 15 行加入 Embedding 层。具体原理在前面讲过，故不再赘述。第 16 行加入 LSTM 层并设定 128 个神经元。最后在第 17 行汇入一个 Dense 层，使用 sigmoid 作为激活函数。

因为本案例是一个二分类问题，所以第 18 行的损失函数设置为 binary_crossentropy，如果是多分类问题，损失函数要设置为 categorical_crossentropy。优化算法选择 Adam 算法。

第 19 行进行拟合，设置方式和以前的案例相同。

这个模型需要运行一定时间，使用 GPU 可以大大提高运行速度。运行完 10 个 epoch 后，测试集的预测准确率达到 87.3%，这个结果尚能接受。但是训练集的预测准确率在 93% 左右，说明出现了一些过拟合的迹象，可以考虑使用第 4 章介绍的避免过拟合的方法进一步优化网络。

现在可以看到，这个 LSTM RNN 模型是一个 Many-to-One 的结构。感兴趣的读者可以更改网络结构等设置，看看对预测准确率会有怎样的影响；还可以利用爬虫爬取一些网站上的评论数据，用于 LSTM RNN 模型的训练。

第 7 章

自动编码器

•
•
•

- AE 的结构
- 重构损失
- 简单的 AE 案例
- Sparse AE
- 去噪自动编码器
- 上色器

我们先回顾一下 MLP、CNN、RNN 这三种网络和回归算法，可以发现它们最大的一个特点是输入数据是成对的 (X, Y)，其中 X 代表输入数据，Y 代表标签。例如，用 CNN 进行图像识别时，一组训练数据包含一幅画有小猫的图像（X）和标签"小猫"（Y）；用 RNN 做一个将中文翻译成英文的翻译器时，训练数据中的 X 是中文句子，Y 是对应的英文句子。训练时会输入很多对 (X_i, Y_i)，当训练完成后，在预测时输入一个新的预测对象 X_{new}，模型会输出一个预测结果 Y_{new}。这种每次都将 X 和 Y 输入给网络进行学习的方式称为监督学习。在进行监督学习时，训练数据的标签分类工作需由人工完成，相当费时费力。既然有监督学习，也就有对应的非监督学习。非监督学习不需要由人工完成标签分类，这就意味着仅输入数据 X 即可对网络进行训练。而本章要讲解的 AE（AutoEncoder，自动编码器）就是一种基于非监督学习算法的网络。

AE 在结构上类似于第 6 章提到的 Encoder-Decoder（编码器 – 解码器），而且和前面学过的网络模型一样，输入也可以是语音、信号、文本、图像、音频、视频等。输入数据首先进入编码器（Encoder），编码器会将输入数据转换为低维度的表示（张量，在很多时候是向量）。我们可以理解为编码器将输入数据精简压缩成低维度张量（向量），并且让它可以代表输入数据。例如，输入数据为"AutoEncoder"，编码后的表示有可能是"AE"。接下来解码器会将这些低维度的张量（向量）转换成类似输入数据的输出。例如，解码器接收到信息"AE"后，会将其转换成"AutoEncoder"或"Auto Encoder"等。又如，有一个 11 位的数 27024685427，如果死记硬背下来可能要花一点时间，但是仔细观察这个数各位上的数字，2、4、6、8 是连续的偶数，54 是 27 的两倍，那么记住这个数就变得容易了，因为真正要记住的信息比 11 位数字少，再结合找到的规律即可高效地推断出其他数字。AE 的工作原理就类似于通过训练来寻找"记住"数字的规律和方法。

此时有些读者肯定会有疑问：为什么要转换成类似输入数据的输出？这不就相当于复制和粘贴吗？下面来看 AE 的一类应用。在去噪自动编码器（Denoising AutoEncoder，DAE）中，带有噪声的数据被 AE 的编码器处理成一个低维度张量（向量）。假设这个噪声数据是一段有噪声的通话录音，那么 AE 会把这段录音转换成一个低维度的表示，作为解码器的输入，最终输出一段没有噪声的清晰通话录音。这个去噪自动编码器也可以用来去除照片中的图像噪点、马赛克等，并输出清晰的图像。简而言之，AE 所做的工作就是找到一种可以将输入数据转换成我们期待的输出的方式。

因为解码器完成的是从低维度张量（向量）到高维度输出的转换，那么我们可以推测出解码器的输出和编码器的输入一定会有区别。这些区别需要用损失函数来衡量。例如，在训练去噪自动编码器时，我们可以给一些清晰的通话录音人为加上一些噪声、环境音、模拟的电话信号中断等，让网络自动对这些带有噪声的数据进行编码和解码。如果解码器的输出和原始数据（未经人工处理的通话录音）差别较大，那么损失函数会给网络比较大的损失，迫使解码器的输出不断接近原始数据。不断利用这个过程优化网络的参数，最终得到可以实现预期功能的去噪自动编码器。

除了去噪自动编码器，AE 还可用于图像 / 视频上色（将黑白照片或视频变成彩色照片或视频）、数据降维等场景。有些时候，AE 也可用来初始化其他神经网络的权重，或者给大型神经网络的输入进行数据降维或预训练（尤其在没有足够的标签数据的情况下）。

本章会像前几章一样，先讲解 AE 的结构和原理，然后带大家亲手搭建一个自己的 AE 网络。

7.1 AE 的结构

如下图所示，AE 的结构包含编码器、压缩后的低维向量、解码器。压缩后的低维向量又称为代码（code）或潜向量（latent vector）。

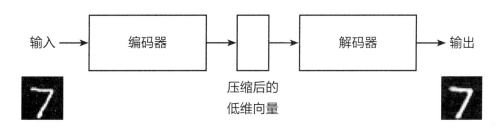

前文中提到过，输入数据经过编码器之后被"压缩"编码成潜向量。有些读者肯定会有一个疑问：这个潜向量到底是什么？潜向量中存储的是决定输入数据的因素。假设一个输入数据是一个人的脸部图像，那么对应的潜向量可能会包含这些数据:性别，1;肤色，0.3;头发颜色，－ 0.2;眼睛颜色，－ 0.42;脸型，0.22。因此，这个潜向量的维度要低于输入数据。例如，在处理 MNIST 数据集中 28 像素 ×28 像素的黑白图像数据时，输入数据的维度尺寸是 (batch_size, 784)，而潜向量的尺寸有可能是任何一个比 784 小的数字，如 (batch_size, 64)。如果潜向量的尺寸和输入数据的尺寸相同甚至比它更大（如大于或等于 784），那么 AE 很可能将输入数据直接复制到输出，如下图所示。

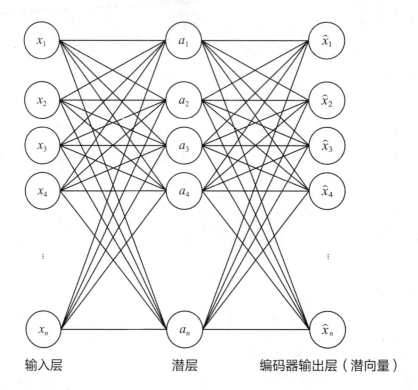

输入层　　　　　　　　　潜层　　　　　编码器输出层（潜向量）

　　我们也可以将编码的过程理解为：编码器提取输入数据的特征（如 MNIST 数据集中的书写风格、数字图像的角度、线条是直线还是曲线等）并将其编码成潜向量。接着潜向量又被解码器解码成输出。解码器的工作就是对潜向量的内容进行"还原"。整个 AE 网络的训练目的是让输入数据和输出数据尽量接近。我们可以看到本节开头的图中，两个"7"非常接近，但仍然存在一些不同。整个网络的优化基于梯度下降类优化算法。

　　要搭建一个 AE 网络，只需关心三件事：编码器结构、解码器结构、损失函数的计算。编码器和解码器的内部结构既可以是 MLP 中的全连接结构，也可以是 CNN 中的卷积 – 池化结构，甚至可以是其他结构（根据具体使用场景来定）。

　　我们可以简单地将 AE 理解为一种降维算法，因此，AE 具有以下三个性质。

　　① 因为 AE 只能从训练过的数据中"学会"如何编码，所以 AE 只能对训练过的数据进行有效"压缩"或编码。例如，我们不能用 MNIST 数据集训练出来的 AE 对彩色风景照片进行编码。

　　② AE 的输出一定不会和输入相同，只能尽量接近。如果两者相同，那么 AE 就成了一个简单的"复制粘贴机"，失去了降维的作用。

　　③ AE 是非监督网络。前面讲过，训练 AE 时只需要提供原始数据，不需要制作分类标签。更具体地说，AE 是一种自监督网络，因为 AE 是通过对比训练数据自身来进行学习的，

用数学形式可以表示为 $\mathrm{Decoder}(\mathrm{Encoder}(X)) \sim X$。

下面来看一个简单的 AE 结构，如下图所示。

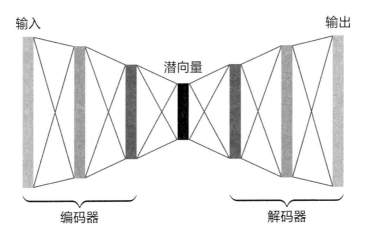

上图所示的 AE 结构虽然比较简单，且十分类似 MLP 网络，但是有几点需要强调一下：

① 在编码器中，每一层的维度尺寸在不断变小。例如，输入的一幅图像被"拉直"成一个 784×1 的向量，到了第二层有可能变成 512×1，到了第三层变成 128×1，而潜向量则是 64×1。为方便举例，这里用了 512、128、64 这些数字，而在实际的编程过程中，则需要自己设定并调试这些数值，以使网络发挥最佳性能。

② 在这个结构中，每一层都是全连接层，也可用其他连接方式来达到训练目的。例如，编码彩色图像时可以考虑使用卷积层和池化层。

③ 图中的编码器和解码器成镜像关系。虽然没有规定编码器和解码器一定要成镜像关系，但是很多时候我们习惯使它们成镜像关系。

④ 因为训练 AE 的目的是使解码器的输出数据接近编码器的输入数据，所以解码器的最后一层（图中最右侧的方框）必须和编码器的第一层（图中最左侧的方框）拥有相同的维度尺寸。例如，输入数据是 784×1 的向量，那么输出数据也要是 784×1 的向量。

7.2 重构损失

AE 的大体结构并不复杂，结合以前学习的知识，可以较为轻松地搭建一个 AE 网络。有些地方将 AE 的损失函数称为重构损失（reconstruction loss），因为损失函数建立的是 AE 对输入数据进行"复原"重构的结果与输入数据的距离。在搭建 AE 网络时，常用的损失函数大致有 MSE（Mean Squared Error，均方误差）和 BCE（Binary Cross Entropy，二分类交叉熵）两种。

MSE 的数学公式为

$$\text{MSE} = L(x, \hat{x}) = \frac{1}{m} \sum_{i=1}^{m} (x_i - \hat{x}_i)^2$$

BCE 的数学公式为

$$\text{BCE} = L(x, \hat{x}) = -\frac{1}{m} \sum_{i=1}^{m} (x_i \log \hat{x}_i + (1 - x_i) \log(1 - \hat{x}_i))$$

其中 x_i 是输入数据，它将被输入编码器；$\hat{x}_i$ 由解码器生成。

MSE 比较好理解，每次通过对比解码器产物和编码器输入的差来计算损失函数。$L(x, \hat{x})$ 的减小证明 $\hat{x}_i$ 和 x_i 正在越来越接近。

BCE 不太好理解，可回忆一下，上一次接触 BCE 应该是在学习逻辑回归的时候，它被用来计算二分类时的误差，所以 x_i 只可能是 0 或 1。在计算 AE 的损失误差时，只需使 x_i 是 0 或 1（将 x_i 除以它的取值范围）即可使用 BCE。例如，将 MNIST 数据集中图像的像素点灰度值除以 255，那么每个像素点就在 0～1 之间了。根据梯度下降法的原理，当损失函数梯度为 0 时参数达到最优。而根据 AE 的原理，当网络中参数最优时，$\hat{x}_i$ 和 x_i 无限接近，那么最终可以通过让 BCE 的梯度最小化来使得 $\hat{x}_i$ 和 x_i 无限接近。通过对 BCE 求导并令其导数等于 0，正好也可以得出 $\hat{x}_i = x_i$，因此，BCE 也可以作为 AE 的损失函数。

在 Keras 中，只需在 compile() 函数中设置参数 loss 的值，即可实现两种损失函数。示例代码如下：

```
audoencoder.compile(optimizer='adam', loss='mse')
audoencoder.compile(optimizer='adam', loss='binary_crossentropy')
```

笔者的建议是：为了获得更好的训练效果，如果有能力计算出 $\hat{x}_i$ 的范围，应尽量使用 BCE 作为损失函数。

知道了损失函数，就可以对损失函数进行求导，从而完成反向传播。因为 AE 中没有引入新的连接方式，所以求导计算和以前讲过的网络结构中的求导计算类似，在此不再赘述。而 Keras 可以在后台帮我们完成这项工作。

7.3 简单的 AE 案例

代码文件：chapter_7_example_1.py

本案例仍然使用 MNIST 数据集中的黑白手写数字图像作为训练数据，但是训练目的不是分类识别，而是"临摹"。训练完成后，AE 会照着我们给的新数字"临摹"出一个数字。

第一步：载入需要的库

```
1   import keras
2   from keras.layers import Dense, Activation, Input
3   from keras.models import Sequential
4   import matplotlib.pyplot as plt
```

第二步：载入数据

```
5   def load_dataset():
6       (X_train, _), (X_test, _) = keras.datasets.mnist.load_data()
7       X_train = X_train / 255
8       X_test = X_test / 255
9       return X_train, X_test
10  X_train, X_test = load_dataset()
```

第三步：数据前处理

```
11  X_train_flatten = X_train.reshape((X_train.shape[0], -1))
12  X_test_flatten = X_test.reshape((X_test.shape[0], -1))
```

前三步的代码与 3.7 节的代码类似，在此不再详细解释。

第四步：搭建网络

```
13  input_size = 784
14  hidden_size = 128
15  code_size = 32
16  model = Sequential()
```

```
17    model.add(Dense(hidden_size, input_shape=(input_size,), activation
      ='relu'))
18    model.add(Dense((code_size), activation='relu'))
19    model.add(Dense(hidden_size, activation='relu'))
20    model.add(Dense(input_size, activation='sigmoid'))
21    model.summary()
22    model.compile(optimizer='adam', loss='binary_crossentropy', metrics
      =['accuracy'])
23    model.fit(X_train_flatten, X_train_flatten, epochs=5, validation_
      data=(X_test_flatten, X_test_flatten))
```

因为 MNIST 数据集中的图像是 28 像素 ×28 像素的，所以在第 13 行设置输入尺寸为 784，将图像"拉直"。第 14 行和第 15 行的 hidden_size 和 code_size 是超参数，这里分别设置为 128 和 32。读者也可以尝试一下其他值，看看它们能给网络性能带来多大的影响。

第 17 ~ 20 行依次定义了几个全连接层，这和 MLP 很类似。其中第 18 行的潜向量包含 32 个神经元。但是，整个网络的维度先从输入的 784 缩小到 32（编码器部分），再从 32 增长到 128 最后到 784（解码器部分），这一点和 MLP 不一样（对称性使然）。因为我们希望最后得到的是 28 像素 ×28 像素的图像，而不是 MLP 中的 10 种分类，所以最后一层仍然要将维度变回到 784。

在第 22 行的编译环节选择了较为"靠谱"的 Adam 优化算法，并选择 BCE（binary_crossentropy）作为损失函数。最后在第 23 行把数据"喂"给网络进行拟合。值得注意的是，在搭建 AE 这类非监督学习网络时，将 fit() 函数中的参数 input 和 output 都设定为 X_train。

最终得到的准确率约为 81%，可以通过修改一些超参数（如适当增加层数或每一层的神经元数量）来提高准确率。但是，这里并不适合用准确率来衡量拟合效果，因为我们并不希望准确率达到非常高，而是希望最终解码器输出的结果比较像输入数据。

第五步：结果预测

```
24    reconstructed = model.predict(X_test_flatten)
25    plt.figure(1)
26    plt.subplot(211)
27    plt.imshow(X_test[10], cmap='Greys')
28    plt.subplot(212)
```

```
29    plt.imshow(reconstucted[10].reshape(28, 28), cmap='Greys')
30    plt.show()
```

在第 24 行对测试数据进行预测。得到的变量 reconstucted 存储的是对所有测试数据进行预测的结果，并且每一幅图像都被"拉直"了。因此，必须在第 29 行对变量 reconstucted 进行还原处理，即使用 reshape() 函数将其转换成 28 像素 ×28 像素的图像。在结果中可以看到，两幅图像还是十分像的。为了检验两幅图像是否有区别，可以通过代码 reconstucted[10].reshape(28, 28) - X_test[10] 计算差值矩阵，看看差值矩阵中是否全都是 0。如果全都是 0，那么这个 AE 是有问题的，因为它只是简单地复制了输入数据。

7.4 Sparse AE

如果要求你一整天只说一句话，那么你选择的那句话肯定最能表达你的感受，每个字都是关键，不会废话连篇。在 AE 中，如果在损失函数中加入一些特殊的项（如 L1 正则化项）来限制潜向量中激活函数的计算，那么潜向量中保留的信息就只有输入数据中最重要的特征了。怎么理解呢？下面再举一个例子。如果一个人自称懂天文学、数学、人工智能、音乐、心理学等，那么这个人对这些学科和知识肯定涉猎不深，因为真正的专家在大多数时候只精通他所在的领域，就像一个数学教授不可能有郎朗那样的钢琴演奏功底，一个天文学家也不太可能精通心理学。所以，当我们有重要的数学问题时，肯定更需要请教数学教授，当我们对黑洞感兴趣时，肯定更需要请教天文学家，因为他们能给我们更重要的信息。而一旦加入一些限制，Sparse AE 就可以充当那个"数学教授"和"天文学家"，而不是号称什么都懂的人。如果联系在第 4 章中所学的知识，那么正则化项在这里无非就是给网络学习增加了一些"惩罚"和难度，使得网络的学习效果更好。

Sparse AE 的实现方法有 KL-divergence 和 L1 正则化两种。本节重点讲解 L1 正则化，感兴趣的读者可以自行研究 KL-divergence 的数学原理和具体实现。

L1 正则化$\|w\|$在权重方向上的导数$\frac{\partial L_1}{\partial W}$只可能有＋ 1 和－ 1 两种情况，这意味着在基于梯度下降法的优化算法里，L1 正则化永远使权重朝着 0 的方向变化。当一些权重等于 0 以后就不再更新，会导致一些激活函数的输出为 0（无法激活）。在 Sparse AE 中，有时隐层神经元数量不少于输入层神经元数量，但是 L1 正则化导致只有一部分神经元被激活。就

像本节开头的例子，你心里有一堆想说的话，L1 正则化却限制你只准说一句高度概括的话。

在 Keras 中使用 L1 正则化实现 Sparse AE 的示例代码如下：

```
1   code_size = 32
2   input_size = 784
3   model = Sequential()
4   model.add(Dense(code_size, input_shape=(input_size,), activation
    ='relu', activity_regularizer=regularizers.l1(10e-05)))
5   model.add(Dense(input_size, activation='sigmoid'))
6   model.summary()
7   model.compile(optimizer='adam', loss='binary_crossentropy', metrics
    =['accuracy'])
8   model.fit(X_train_flatten, X_train_flatten, epochs=5, validation_
    data=(X_test_flatten, X_test_flatten))
```

这里仍然用 MNIST 数据集作为训练数据，因此，数据的前处理和后处理与 7.3 节的案例完全相同，不再赘述。

第 1 行仍然将 code_size 设定为 32。第 3 行仍然使用序列模型。

第 4 行很关键，在这个网络中，输入数据直接来到由 32 个神经元组成的潜向量，这与 7.3 节的案例完全不同（7.3 节的案例中，在输入层和潜向量之间夹了由 128 个神经元组成的一层）。接着利用 activity_regularizer=regularizers.l1(10e-05) 设定了 L1 正则化，其中参数设置成 10^{-5}，这使得 32 个神经元不一定全部被激活，从而提取了输入数据最重要的特征。

第 5 行定义了输出层。这一层需要 784 个神经元完全被激活并输出，没有必要做正则化处理。

剩余部分和 7.3 节的案例类似，故不再赘述。运行后，第 5 个 epoch 的准确率为 80.7%。这里同样不需要准确率达到很高，甚至达到 100%。因为如果准确率达到 100%，那么网络就很可能只是简单地对输入数据进行了复制。

这个 Sparse AE 的网络结构比 7.3 节案例中的 AE 要简单，因而参数少了很多。最后可以看看生成的数字图像，大致和输入图像相似，但是相似程度没有 7.3 节的案例那么高，这就是 L1 正则化起到的作用。如果需要让解码器的输出和编码器的输入更加接近，那么可以考虑适当增加潜向量的神经元数量。

接着可以做另外一个试验，搭建四层的 Sparse AE 网络，每一层都有 784 个神经元（只需将 7.3 节案例中的每一层神经元数量改成 784，并且加上 L1 正则化项）。最终这个网络的准确率也可以达到 80% 以上，然后同样需要验证网络并没有对输入信息进行简单复制。

7.5 去噪自动编码器

代码文件：chapter_7_example_2.py

顾名思义，去噪自动编码器就是去除信号噪声和图像噪点的一种自动编码器。我们可以在输入数据进入编码器后人为地加入一些噪声，使编码器无法对输入数据进行简单复制。这些噪声的设置可以是引入高斯噪声，或者随机令某些输入数据为 0（例如，在 MNIST 数据集中，随机地让代表一幅图像的由 784 个神经元组成的向量中的某些元素等于 0），或者使用 Dropout 正则化。

在 Keras 中，可以通过以下步骤来实现去噪自动编码器。

第一步：载入需要的库

```
1    import keras
2    from keras.layers import Dense, Activation, Input
3    from keras.models import Sequential
4    import numpy as np
5    import matplotlib.pyplot as plt
```

第二步：载入数据

```
6    def load_dataset():
7        (X_train, _), (X_test, _) = keras.datasets.mnist.load_data()
8        X_train = X_train / 255
9        X_test = X_test / 255
10       return X_train, X_test
11   X_train, X_test = load_dataset()
```

以上两步的代码和前面的案例类似，故不再详细解释。

第三步：数据前处理

```
12    X_train_flatten = X_train.reshape((X_train.shape[0], -1))
13    X_test_flatten = X_test.reshape((X_test.shape[0], -1))
14    noise_factor = 0.5
15    X_train_noise = X_train_flatten + noise_factor * np.random.normal
      (loc=1.0, scale=1.0, size=X_train_flatten.shape)
16    X_test_noise = X_test_flatten + noise_factor * np.random.normal
      (loc=1.0, scale=1.0, size=X_test_flatten.shape)
17    X_train_noise = np.clip(X_train_noise, 0., 1.)
18    X_test_noise = np.clip(X_test_noise, 0., 1.)
```

第 12 行和第 13 行将载入的 X_train 和 X_test 数据"拉直"成 784×1 的向量。

第 14 行定义了一个噪点系数，它决定了要在数据中加入多少噪点。

第 15 行和第 16 行在"拉直"的数据中加入噪点，这些噪点呈标准高斯分布，因此平均值为 0、方差为 1。

第 17 行和第 18 行将加了噪点的数据的值限制在 0 ~ 1 之间，以方便做归一化处理。

现在可以通过以下代码看看加了噪点的数据变成了什么样子：

```
19    n = 10
20    plt.figure(figsize=(20, 2))
21    for i in range(1, n):
22        ax = plt.subplot(1, n, i)
23        plt.imshow(X_test_noise[i].reshape(28, 28), cmap='Greys')
24    plt.show()
```

将 noise_factor 设置得越大，加入噪点后的图像就越混乱，其中的数字也越难辨认。如果将 noise_factor 设置成 1.0，加入噪点后的图像会变得面目全非。反之，将 noise_factor 设置得越小，加入噪点后的图像中的数字就越清晰。

第四步：搭建网络

```
25    input_size = 784
26    hidden_size = 128
```

```
27   code_size = 32
28   model = Sequential()
29   model.add(Dense(hidden_size, input_shape=(input_size,), activation
     ='relu'))
30   model.add(Dense((hidden_size), activation='relu'))
31   model.add(Dense(hidden_size, activation='relu'))
32   model.add(Dense(input_size, activation='sigmoid'))
33   model.summary()
34   model.compile(optimizer='adam', loss='binary_crossentropy')
35   model.fit(X_train_noise, X_train_flatten, epochs=5, validation_
     data=(X_test_noise, X_test_flatten))
```

第四步的代码和 7.3 节的案例几乎完全相同，只有第 35 行需要注意，fit() 函数的第 1 个参数一定要是加入噪点后的训练数据，这样网络才会不断地去建立加入噪点的数据和未加噪点的数据之间的联系，从而在预测时可以对加入噪点的数据进行降噪和复原。

第五步：预测

```
36   reconstructed = model.predict(X_test_noise)
```

这一步将加入噪点的测试数据 X_test_noise 全部交给网络进行预测。

第六步：结果可视化

```
37   n = 10
38   plt.figure(figsize=(20, 4))
39   for i in range(1, n):
40       ax = plt.subplot(2, n, i)
41       plt.imshow(X_test_noise[i].reshape(28, 28))
42       plt.gray()
43       ax.get_xaxis().set_visible(False)
44       ax.get_yaxis().set_visible(False)
45       ax = plt.subplot(2, n, i + n)
46       plt.imshow(reconstructed[i].reshape(28, 28))
47       plt.gray()
```

```
48      ax.get_xaxis().set_visible(False)
49      ax.get_yaxis().set_visible(False)
50  plt.show()
```

这一步将加入噪点的测试数据和复原后的数据进行对比。整个输出有两行图像，上面一行是加入噪点的测试数据，下面一行是复原后的图像。最终效果尚能接受。

如果理解了这些训练的原理和方法，再加上足够的数据支持，那么完全有能力自己训练一个可以复原老照片的去噪自动编码器。

7.6　上色器

代码文件：chapter_7_example_3.py

博物馆中一些老旧的黑白照片虽然见证了历史，但是较难吸引年轻的参观者。很多经典的黑白老电影现在已经没有多少年轻的观众愿意观看了。最重要的原因是大家都看惯了彩色照片和彩色电影，对黑白照片和黑白电影很难提起兴趣。这个案例要利用 AE 训练一个上色器，将黑白图像转换成彩色图像。掌握了这项技术后，就可以将它运用于给黑白电影上色，因为电影也是由一帧帧图像构成的。

上色器的训练比较简单，即将黑白图像作为输入、对应的彩色图像作为输出，"喂"给 AE 网络。上色器的结构类似于一个反向的去噪自动编码器，因此，我们可以将"上色"理解为在黑白图像中加入好的"噪点"。这个案例会使用 CIFAR-10 数据集的彩色 RGB 图像（32 像素 ×32 像素）作为训练数据。看到彩色图像，我们就应该考虑使用卷积层，所以在这个案例中，编码器和解码器的结构就不仅是全连接层了。

第一步：载入需要的库

```
1  from keras.layers import Dense, Input
2  from keras.layers import Conv2D, Flatten
3  from keras.layers import Reshape, Conv2DTranspose
4  from keras.models import Model
5  from keras.datasets import cifar10
6  from keras.utils import plot_model
```

```
7   from keras.callbacks import ReduceLROnPlateau, ModelCheckpoint
8   import numpy as np
9   import matplotlib.pyplot as plt
10  import os
11  from keras import backend as K
```

第二步：载入 CIFAR-10 数据集

```
12  (X_train, _), (X_test, _) = cifar10.load_data()
13  img_rows = X_train.shape[1]
14  img_cols = X_train.shape[2]
15  channels = X_train.shape[3]
```

第三步：建立彩色 RGB 图像转灰度图像的函数

```
16  def rgb2gray(rgb):
17      return np.dot(rgb[..., :3], [0.2126, 0.7152, 0.0722])
```

这个函数将彩色 RGB 图像的矩阵和参数向量 [0.2126, 0.7152, 0.0722] 做向量点乘，得到一个灰度图像矩阵。如果读者想在其他程序中对彩色 RGB 图像进行灰度转换，可以直接"照搬"这个函数。

第四步：预览彩色图像与灰度图像

先绘制彩色图像，代码如下：

```
18  color_images = X_test[:100]
19  color_images = color_images.reshape((10, 10, X_test.shape[1], X_
    test.shape[2], X_test.shape[3]))
20  color_images = np.vstack([np.hstack(i) for i in color_images])
21  plt.figure()
22  plt.axis('off')
23  plt.title('Color images')
24  plt.imshow(color_images)
25  plt.show()
```

第 18 行从测试数据中读取前 100 幅图像。

第 19 行使用 reshape() 函数对彩色图像进行处理，这是因为最终需要将 100 幅图像排列成 10×10 的矩阵。X_test.shape[1] 是行数，X_test.shape[2] 是列数，X_test.shape[3] 是通道数。在 CIFAR-10 数据集中，这三个值分别是 32、32、3。

第 20 行使用 NumPy 库中的 vstack() 函数将图像矩阵在竖直方向堆叠起来，每一层有 10 幅图像。

第 21～25 行用 Matplotlib 库将图像绘制出来。

然后绘制转换后的灰度图像，代码如下：

```
26  gray_images = rgb2gray(X_test[:100])
27  gray_images = gray_images.reshape((10, 10, X_test.shape[1], X_
    test.shape[2]))
28  gray_images = np.vstack([np.hstack(i) for i in gray_images])
29  plt.figure()
30  plt.axis('off')
31  plt.title('gray images')
32  plt.imshow(gray_images, cmap='Greys')
33  plt.show()
```

这一段代码和上一段代码类似，不同的是，第 26 行利用前面构建的 rgb2gray() 函数将测试数据的前 100 幅图像转换成灰度图像，第 32 行则相应地将画图的色彩模式设置成 'Greys'。

第五步：数据前处理

```
34  X_train = X_train.astype('float32') / 255
35  X_test = X_test.astype('float32') / 255
36  X_train_gray = rgb2gray(X_train)
37  X_test_gray = rgb2gray(X_test)
38  X_train_gray = X_train_gray.astype('float32') / 255
39  X_test_gray = X_test_gray.astype('float32') / 255
```

先用上面这段代码对彩色图像和灰度图像分别做归一化处理，即将矩阵的每一个元素除以 255。做归一化处理有助于提高训练效果，这也是深度学习中常用的技巧。

```
40  X_train_gray = X_train_gray.reshape((X_train_gray.shape[0], X_
    train.shape[1], X_train.shape[2], 1))
41  X_test_gray = X_test_gray.reshape((X_test_gray.shape[0], X_test.
    shape[1], X_test.shape[2], 1))
42  X_train = X_train.reshape((X_train.shape[0], X_train.shape[1], X_
    train.shape[2], 3))
43  X_test = X_test.reshape((X_test.shape[0], X_test.shape[1], X_
    test.shape[2], 3))
```

这段代码对输入的灰度图像和输出的彩色图像做了统一的"塑形"处理，以保持两者在维度上的一致性。第 40 行和第 41 行将灰度图像的维度加上一个通道维度 1。第 42 行和第 43 行将彩色图像的维度加上一个通道维度 3。如果没有进行该步骤，那么训练时极有可能出错。因为后面要使用卷积层，所以这里不需要将图像"拉直"成向量。

第六步：参数设定

```
44  input_shape = (X_train.shape[1], X_train.shape[2], 1)
45  batch_size = 32
46  kernel_size = 3
47  latent_dim = 256
```

第 44 行设定了输入数据（灰度图像）的维度尺寸。

第 45 行设定批量大小为 32。

第 46 行设定卷积层滤波器的大小为 3×3，这个值可以根据自己的需求更改。

第 47 行设定潜向量的维度大小为 256，即输入图像的特征信息将存入一个由 256 个元素组成的向量中。

第七步：搭建网络

```
48  inputs = Input(shape=input_shape, name='encoder_input')
49  x = inputs
50  layer_filters = [64, 128, 256]
51  for filters in layer_filters:
52      x = Conv2D(filters=filters,
```

```
                              kernel_size=kernel_size,
                              strides=2,
                              activation='relu',
                              padding='same')(x)
53  shape = K.int_shape(x)
54  x = Flatten()(x)
55  latent = Dense(latent_dim, name='latent_vector')(x)
56  encoder = Model(inputs, latent, name='encoder')
57  encoder.summary()
58  latent_inputs = Input(shape=(latent_dim,), name='decoder_input')
59  x = Dense(shape[1] * shape[2] * shape[3])(latent_inputs)
60  x = Reshape((shape[1], shape[2], shape[3]))(x)
61  for filters in layer_filters[::-1]:
62      x = Conv2DTranspose(filters=3,
                              kernel_size=kernel_size,
                              strides=2,
                              activation='relu',
                              padding='same')(x)
63  outputs = Conv2DTranspose(filters=channels,
                              kernel_size=kernel_size,
                              activation='sigmoid',
                              padding='same',
                              name='decoder_output')(x)
64  decoder = Model(latent_inputs, outputs, name='decoder')
65  decoder.summary()
66  autoencoder = Model(inputs, decoder(encoder(inputs)), name='auto-
    encoder')
67  autoencoder.summary()
68  save_dir = os.path.join(os.getcwd(), 'saved_models')
69  model_name = 'colorized_ae_model.{epoch:03d}.h5'
70  if not os.path.isdir(save_dir):
71      os.makedirs(save_dir)
72  filepath = os.path.join(save_dir, model_name)
73  lr_reducer = ReduceLROnPlateau(factor=np.sqrt(0.1),
                                      cooldown=0,
                                      patience=5,
```

```
                              verbose=1,
                              min_lr=0.5e-6)
74   checkpoint = ModelCheckpoint(filepath=filepath, monitor='val_loss',
     verbose=1, save_best_only=True)
75   autoencoder.compile(loss='mse', optimizer='adam')
76   callbacks = [lr_reducer, checkpoint]
77   autoencoder.fit(X_train_gray,
                     X_train,
                     validation_data=(X_test_gray, X_test),
                     epochs=10,
                     batch_size=batch_size,
                     callbacks=callbacks)
```

这次的网络结构比以前稍微复杂一些，而且还用到了 Keras Functional API。Functional API 相对于以前的 Sequential API 来说自由度更高，更加适合搭建复杂模型。下面来看具体代码。

第 48 行定义了输入层 inputs，这一层的维度尺寸应该和灰度图像的维度尺寸相同，都是 (32, 32, 1)。

第 49 行将 inputs 赋给一个新变量 x，我们会用它贯穿整个网络。

第 51 行和第 52 行以循环的方式定义了三个卷积层，它们的滤波器数量在第 50 行定义。也可以用以下代码来定义这三个卷积层：

```
x = Conv2D(filters=64, kernel_size=kernel_size, strides=2, activation
='relu', padding='same')(x)
x = Conv2D(filters=128, kernel_size=kernel_size, strides=2, activation
='relu', padding='same')(x)
x = Conv2D(filters=256, kernel_size=kernel_size, strides=2, activation
='relu', padding='same')(x)
```

这样分别定义和循环定义的效果完全相同，但是代码过于冗长。这三个卷积层最终会输出 (None, 4, 4, 256) 的张量，第一个值代表批量大小，因为现在还不知道，所以用 None 代替。一幅灰度图像输入经过这三个卷积层的处理最终会得到一个 (4, 4, 256) 的张量并放入 x 中。

第 54 行利用 Flatten() 函数将 x "拉直"，得到一个由 4096 个元素组成的张量（4×4×256 = 4096）。

第 55 行定义了一个潜向量 latent，该潜向量有 256 个元素。为建立 x 和该潜向量的联系，需要使用一个 Dense 层，将 x 作为它的输入并在里面定义 256 个神经元。

到这里就完成了编码器的定义。第 56 行用 Model() 函数将上面这些层收纳到编码器中。而"收纳"工作只需要在 Model() 函数中定义输入和输出。输入是第 48 行定义的 inputs，输出是第 55 行定义的 latent，并将编码器命名为"encoder"。第 57 行输出网络结构，以便进行检查。

接着来看解码器。解码器的结构和编码器的结构正好相反。

在第 58 行定义解码器的输入，它是一个由 256 个元素组成的向量（潜向量 latent）。

因为解码器要和编码器对称，所以在第 59 行定义了一个全连接层，将这个向量的维度变成 (None, 4096)，那么这一层的输出和第 54 行的 Flatten() 完全一样。

接下来需要将这个向量变成维度尺寸为 (None, 4, 4, 256) 的张量，在第 60 行用 Reshape() 函数完成了这一步。

第 61 行和第 62 行定义了三个转置卷积层 Conv2DTranspose()。在 AE 网络中，如果遇到需要动用卷积层解决的图像问题，那么在解码器中应该使用 Conv2DTranspose() 与编码器中的 Conv2D() 进行对应。如果在编码器中使用了 MaxPooling2D() 等池化层，那么在解码器中应该使用 Upsampling2D() 与其对应。为了保证解码器和编码器的对称性，滤波器数量依次是 256、128、64，那么三个卷积层的输出张量的维度尺寸为 (None, 32, 32, 64)。

接着在第 63 行定义输出层，因为最终要得到一幅 3 通道的 RGB 图像，需要在这个输出层定义 3 个滤波器，所以解码器的输出张量的维度尺寸为 (None, 32, 32, 3)。希望读者在搭建网络时具备逐层检查维度的能力。

第 64 行和第 65 行完成解码器的最终定义，并用 summary() 函数输出网络结构以供检查。

第 66 行将解码器和编码器"拼装"成一个 AE。同样需要给 AE 定义输入和输出。输入部分比较好理解，就是 inputs。而输出部分则是 decoder(encoder(inputs))，因为 encoder(inputs) 得到的是潜向量 latent，那么用这个 latent 作为 decoder 的输入，得到的自然是 decoder 的输出，这也是整个 AE 的输出。

第 68 ～ 72 行简单地对模型进行存储。

第 73 行定义了一个学习率下降器。因为在试运行阶段发现了由学习率过大导致的收敛困难，所以如果 5 个 epoch 以后损失函数没有明显减小，就把学习率降低为 sqrt(0.1)。

接下来的代码就很稀松平常了。第 75 行定义编译器，其中选择 MSE 作为损失函数、Adam 作为优化算法。第 77 行定义拟合。因为这个程序需要一定时间运行，所以只设定了

10 个 epoch。

第八步：显示彩色图像

```
78   X_decoded = autoencoder.predict(X_test_gray)
79   imgs = X_decoded[:100]
80   imgs = imgs.reshape((10, 10, img_rows, img_cols, channels))
81   imgs = np.vstack([np.hstack(i) for i in imgs])
82   plt.figure()
83   plt.axis('off')
84   plt.title('Colorized test images (Predicted)')
85   plt.imshow(imgs, interpolation='none')
86   plt.show()
```

第八步和第四步的图像预览类似，故不再详细解释。运行代码后，将上色器上色的图像与原本的彩色图像对比，可以发现上色效果还是可以接受的。如果设置更多 epoch，增大潜向量的尺寸，对网络结构进行微调，效果应该能得到一定的提升。

这个案例最关键的地方就是维度转换，一定要提前计算好每一层的维度尺寸，才能保证训练不出现异常。利用编码器和解码器的对称性可以很好地计算张量的维度。如果最终需要输出三通道彩色图像，则一定要将最终输出层的滤波器数量设定为 3，第 5 章对此有详细解释。

第 8 章

变分自动编码器

· · ·

- VAE 的结构
- 对 VAE 的深层理解
- 损失函数
- 重参数技巧
- VAE 案例

第 7 章中讲解的 AE 利用编码器和解码器的通力合作来完成计算任务。编码器对数据进行"压缩"编码，解码器将这些"压缩"编码后的向量"复原"，并使得"复原"后的数据和输入编码器的数据尽量接近。有些读者也许会问：将数据（文字、图片、音频等）输入 AE，让 AE 再对输入数据进行"复原"有意义吗？答案是：没什么意义。不过，我们看重的是 AE 提取特征的能力。笔者认为，编码器将输入数据编码，继而进行特征提取的过程还是很重要的，尤其在训练大型神经网络时可用于预训练。本章要带大家了解另一种 AE——变分自动编码器（Variational AutoEncoder，VAE）。需要说明的是，这里虽然将 VAE 归类到 AE 中，但是它和第 7 章所讲的 AE 存在较大区别。

VAE 于 2014 年由 Diederik Kingma 和 Max Welling 两位科学家提出，一面世就因性能出色迅速成为一款被广泛使用的编码器。和 AE 不同的是，VAE 是一种生成模型。在这里简单介绍一下生成模型这个新概念。在深度学习中大致有判决模型（discriminative model）和生成模型（generative model）两类模型。之前学过的 MLP（DNN）、CNN、RNN 都是判决模型，这类模型完成的任务通常是分类与回归。例如，将小猫图片输入基于 CNN 的模型，得到的输出是"小猫"这个标签类别；又如，输入一句中文，模型可以翻译出对应的英文。因此，可以说判决模型用于学习找到不同类别和标签的边界，再利用这些边界将它们区分开来。判决模型经常用于完成监督学习的任务。用数学语言表达就是：判决模型最终利用输入数据 X 建立关于目标 Y 的条件概率 $P(Y|X=x)$。

生成模型则能对每一个类别建立概率分布，因而可用于生成数据。怎么理解"分布"这个词呢？假设现在有很多种动物的图片，如小猫、小狗、大象等。把这些图片分好类后放在对应的盒子里，那么对于计算机来说，因为看不懂图片，所以每一个盒子中的动物是一些向量表示。这些盒子里的向量就组成了各类"分布"，那么，计算机现在有了"小猫"分布、"小狗"分布、"大象"分布等。如果要训练一个生成模型，可以将一些小猫、小狗、大象的图片输入模型，这个模型通过训练就能把每一种动物的图片放到对应的盒子里，并在每个盒子里找到对应动物的特征，最终生成小猫、小狗或大象。生成模型通常用于完成非监督学习的任务。用数学语言表达就是：生成模型最终利用目标 Y 建立关于数据 X 的条件概率 $P(X|Y=y)$。

知道了生成模型的原理，再来看看普通 AE 和 VAE。第 7 章所讲的普通 AE 是将输入信息压缩成固定的潜向量。这就暴露出普通 AE 的一个问题——潜向量空间（简称潜空间）不连续。下面举一个例子来说明，请看下图。

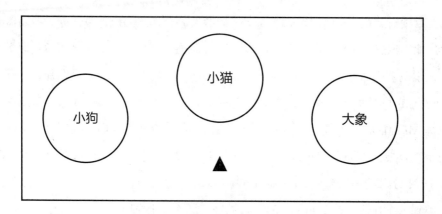

假设上图中的大方框是潜空间，潜空间中有三个"盒子"（用圆圈表示），分别是小猫、小狗和大象。如果要训练一个普通的 AE，并输入一个代表小猫特征的潜向量，那么解码器根据这个潜向量肯定会生成一张小猫图片。对于"小猫"这样固定的输入，只要能保证每一次输入的潜向量都在"盒子"里，那么输出自然没问题。但是，如果随机在潜空间中取一个潜向量，如在图中三角形所示位置的潜向量，那么解码器输出的图片可能会很难看，因为"小猫""小狗""大象"三个"盒子"之间存在"三不管"地带。我们把这个问题称为潜空间的不连续，这也是普通 AE 的一个缺陷。

有些读者肯定会问：怎么保证每次取的潜向量都在"盒子"里呢？具体方法如下图所示。

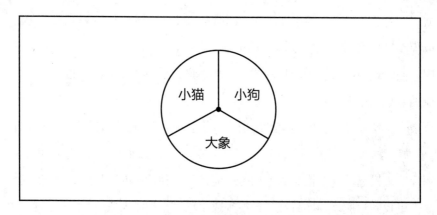

我们可以在潜空间中建立一个小区域（用圆圈表示），那么三种动物就实现了"无缝对接"，中间没有了"三不管"地带，此时潜空间就是连续的了。在训练时，生成模型建立小猫、小狗和大象的分布，即图中各自所在的区域和位置。在生成时，只需在这个圆圈中任意取出潜向量并传递给解码器，那么解码器无论如何都会生成能看的图片，且图片必定是小猫、小狗和大象中的一种。这是 VAE 区别于普通 AE 的最大特点，因此，我们可以将 VAE 归类为生成模型。顺便提一下，并不是所有的 AE 都能归类为生成模型，因为有一些普通 AE 编码得到的是一个具体的向量，而不是一种分布，因此严格意义上来说，这些 AE 也不能生成新数据。下图可以帮助我们具体理解 VAE。

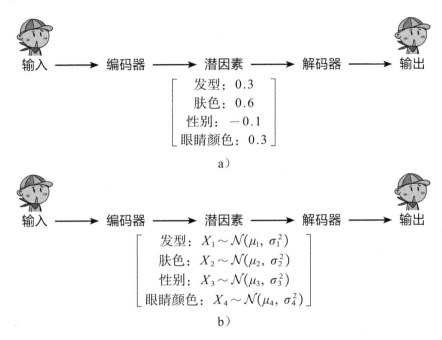

图 a 代表一个简单的普通 AE 结构，潜因素是一个元素值固定的向量。图 b 则代表 VAE 的简易结构，中间的潜因素是一堆正态分布，这些正态分布使潜空间变得连续，而且还促成了 VAE 的另一个特点，即每一次生成的数据都有所不同，并且还可以生成很多我们从来没见过的数据。为方便举例，这里只列举了四个特征，实际应用中的特征数量会远多于四个。

除此之外，相较于普通 AE 存在的意义（即学会对复杂数据进行降维编码和简易高效地表示复杂数据），VAE 的作用就是产生新数据。目前，VAE 有一些很有意思的应用方向，如生成美术作品、生成句子、自动谱曲等。但是，如果使用 VAE 来生成图片，那么得到的图片大多数时候会比较模糊。

本章将带大家了解 VAE 的工作原理，并搭建自己的 VAE 网络。

8.1 VAE 的结构

先来看下图的结构。

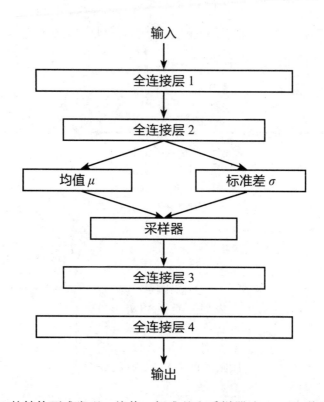

对比普通 AE 的结构不难发现，均值、标准差和采样器让 VAE 和普通 AE 在结构上产生了不同，这些不同也导致了两者的根本区别。前文中提到的"潜空间连续"就是均值和标准差这两个模块造成的。普通 AE 中，编码器会在全连接层 2 的下面输出一个潜向量，而 VAE 在全连接层 2 的下面分别输出了特征的均值和标准差，根据均值和标准差就可以得到特征的分布。例如，高斯分布为 $f(x) = \dfrac{1}{\sigma\sqrt{2\pi}} e^{-\frac{1}{2}\left(\frac{x-\mu}{\sigma}\right)^2}$，我们只要知道均值 μ 和标准差 σ 就可以构建一个高斯分布。在 VAE 中，大多数时候我们也会在这里构建高斯分布。采样器会根据均值和标准差对潜空间内的向量进行随机采样，从而让 VAE 每次都生成不同的数据。而在全连接层的神经元数量上，全连接层 1 和全连接层 4 的神经元数量相等，全连接层 2 和全连接层 3 的神经元数量相等，这一点和普通 AE 还是很相似的。

下面具体看一看数据是如何在 VAE 网络中"流动"的。假设有一个输入矩阵，通过两个全连接层（编码器）之后变成一个向量。这个向量通过均值和标准差两个模块之后会进一步变为均值向量和标准差向量，并且两者等长。假设均值向量为 [0.2, 0.3, 1.4, 2.0]，标准差向量为 [0.2, 0.8, 0.3, 1.1]，此时程序会通过这些均值和标准差构建 4 个高斯分布（因为这里假定的均值向量和标准差向量的长度为 4），分别如下图所示。

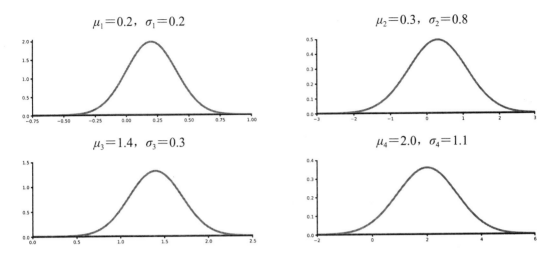

接下来，采样器会在以上 4 个分布中随机取值，最终得到 [0.47, 1.15, 1.03, 3.01]。因为采样器是随机取值，所以即使均值和标准差相同，每一次得到的向量也不一定相同。在 Keras 中，均值和标准差模块可以简单地利用 Dense 层来实现。这里要强调的是，从编码器（全连接层 2）中出来的向量会被两个小的 Dense 层处理，处理得到的向量作为采样器中的均值向量和标准差向量，而不是我们需要对编码器的输出进行均值和标准差的求解。我们可以将此过程理解为采样器根据均值、标准差和概率分布（如高斯分布）进行随机取值。虽然标准差的存在使采样器取值有了一定的"自由度"，但是很多时候这个"自由度"不需要非常大。理想情况下，只要求"自由度"能使各个不同的类别足够接近。结合本章开头的 VAE 示意图，"小猫""小狗""大象"三个类别刚好相邻，且可以建立关系并实现"平滑过渡"，这就是一种非常理想的状态。如果"自由度"过大，那么"小猫""小狗""大象"三个类别很可能会出现大面积重合，这样一来 VAE 生成的动物图片可能就是"四不像"，因此标准差应适当减小。但是，如果将标准差减小到 0，那么整个 VAE 网络就和普通 AE 网络没有什么两样了。合适的均值和标准差都要依靠网络训练拟合得到。如果读者懂一些数字信号处理知识，也可以把这里的标准差理解成"噪声"，这些噪声的"捣乱"是可以提高训练效果的。既然都加入了"噪声"，那么也可以把均值和标准差模块所做的事理解为一种正则化行为，并且可以减少模型过拟合。采样器工作完之后会把输出"递交"给解码器（即后面两个全连接层）。我们可以通过对比解码器输出的结果和输入样本来优化网络参数。另外，因为这个解码器是一个基于概率分布生成数据的模型，所以也可称为"生成器"。

前文提到了一个"平滑过渡"的概念。如下图所示，可以这么理解：如果用 VAE 做了一个音乐生成器，那么在潜空间内既有代表古典音乐的潜向量，也有代表摇滚音乐的潜向量。

我们只需要找到两种音乐风格的潜向量均值，再将均值的一半加到代表古典音乐的潜向量中，即可得到有古典音乐感觉的摇滚音乐。

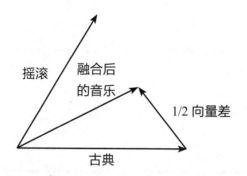

另外，还可以用"平滑过渡"来实现某种特征的生成。例如，找到代表长发女性的潜向量和短发女性的潜向量并求差，这个差代表的就是"长发"这个特征。把"长发"特征加载到其余的任意潜向量上，解码器就可以使任何人都有长发了。

为方便举例，本章主要使用全连接层。可以根据具体需求将这些全连接层替换成卷积层等。

8.2 对 VAE 的深层理解

前文对 VAE 的结构和原理进行了基本描述，相信大家对 VAE 已经有了一定的感性认识。本节将带大家对 VAE 建立更深层次的理解，以帮助大家更好地掌握并自行搭建 VAE 网络。想要完全理解 VAE 的精髓，数学推导过程是必不可少的，因此，理解本节的内容需要一定的数学基础，但是不用担心，涉及的数学推导并不难。

前文已讲过 VAE 是一种生成模型。在生成模型中，通常对输入数据 x 的概率分布 $P_\theta(x)$ 比较感兴趣（其中分布函数 P_θ 中的参数 θ 是训练得到的）。例如，我们可以用 $P_\theta(x)$ 表示 MNIST 数据集的分布（具体来说，每一幅图像中每一个特征的分布特点），有了 $P_\theta(x)$ 就可以利用它生成 28 像素 ×28 像素的黑白数字图像。同样，我们也可以构建彩色图像、音频信号等数据的分布，再用这个分布规律去生成全新的数据。

我们知道，在 VAE 中要从潜空间内利用均值和标准差作为参数的高斯分布中随机采样得到一个潜向量 z，z 是决定生成数据的因素，后面的解码器（或生成器）再通过 z 去生成数据。因此，我们可以构建 x 和 z 的联合分布 $P_\theta(x, z)$，$P_\theta(x)$ 就可以从边缘分布计算，求

得 $P_\theta(x) = \int P_\theta(x, z)\mathrm{d}z$。这个公式可以理解为：如果知道决定人脸的所有因素 $P_\theta(x, z)$，用一个积分将它们全部"收入囊中"，就可以知道人脸数据的分布特点。这个想法很好，但是对 $P_\theta(x, z)$ 的直接求解是一个不可能完成的任务，并且它也无法针对参数 θ 微分，这就意味着优化算法会面临"巧妇难为无米之炊"的尴尬局面。不要急，我们不难发现 $P_\theta(x, z) = P_\theta(x|z)P_\theta(z)$，那么 $P_\theta(x) = \int P_\theta(x|z)P_\theta(z)\mathrm{d}z$。但是，如果将这个公式写成代码并做个实验，就会发现 $P_\theta(x|z)$ 很容易导致网络忽略 z，从而使得 $P_\theta(x|z)$ 和 $P_\theta(x)$ 相等。所以这个公式还是"不靠谱"，我们又陷入了问题的"沼泽"。

这个时候，永远活在每个热爱深度学习的人心中的英国数学家托马斯·贝叶斯送来了解决方案——贝叶斯公式。利用贝叶斯公式可以建立关系式 $P_\theta(x|z)P_\theta(z) = P_\theta(z|x)P_\theta(x)$。那么，关于输入数据 x 的分布 $P_\theta(x)$ 可以表示为 $P_\theta(x) = \int P_\theta(z|x)P_\theta(x)\mathrm{d}z$。而 VAE 网络要做的事就是求这个积分，其中 $P_\theta(z|x)$ 是给定输入 x 得到潜向量 z 的概率（编码器的工作），$P_\theta(x)$ 是输入数据 x 的真实概率分布。此时会发现 $P_\theta(z|x)$ 也不太好直接求解，怎么办呢？可以将 $P_\theta(z|x)$ 假设为正态分布，用数学语言表示就是 $Q_\phi(z|x) \approx P_\theta(z|x)$，其中 $Q_\phi(z|x)$ 服从高斯分布。这时对输入数据分布的估算就变为 $P_\theta(x) = \int Q_\phi(z|x)P_\theta(x)\mathrm{d}z$。这是 VAE 最精髓、最核心的部分，也是 VAE 网络中有均值和标准差两个模块的原因。利用 VAE 网络中的均值和标准差模块，我们要让 $Q_\phi(z|x)$ 和 $P_\theta(z|x)$ 尽量接近。

8.3 损失函数

接下来，到了了解损失函数的时候了。在 VAE 中，损失函数分为两部分：一部分是由 KL 散度带来的；另一部分是由对比重构结果和输入数据的误差导致的，我们称这个误差为重构误差（reconstruction loss）。将两部分相加作为 VAE 的损失函数，用于对网络进行优化。当然，VAE 的损失函数和前面所讲的 MLP（DNN）、RNN、CNN 略有不同。

在讲解 VAE 的损失函数之前，先要引入一个新概念——KL 散度（Kullback-Leibler divergence）。KL 散度是用来描述两个概率分布的差别的，它的数学表达式为：对于离散变量，$D_{\mathrm{KL}}(P \parallel Q) = \sum_{x \in X} p(x)\log\left(\dfrac{P(x)}{Q(x)}\right)$；对于连续变量，$D_{\mathrm{KL}}(P \parallel Q) = \int p(x)\log\left(\dfrac{P(x)}{Q(x)}\right)\mathrm{d}z$。了

解了这些,即可进行 VAE 损失函数的推导。推荐学有余力的读者对 KL 散度做更深入的了解。

前面提到用 $Q_\phi(z|x)$ 来估算 $P_\theta(z|x)$。因为 Q_ϕ 和 P_θ 是两个概率分布,所以我们不能用简单的距离函数来研究它们的区别。此时 KL 散度就有了用武之地。

首先要知道 KL 散度永远非负:

$$D_{\text{KL}}(Q_\phi(z|x) \| P_\theta(z|x)) = \int Q_\phi(z|x) \log\left(\frac{Q_\phi(z|x)}{P_\theta(z|x)}\right) \mathrm{d}z \geq 0$$

接着再次利用贝叶斯定理,得到

$$P_\theta(z|x) = \frac{P_\theta(x|z)P(z)}{P(x)}$$

代入积分中,得到

$$D_{\text{KL}}(Q_\phi(z|x) \| P_\theta(z|x)) = \int Q_\phi(z|x) \log\left(\frac{Q_\phi(z|x)P(x)}{P_\theta(x|z)P(z)}\right) \mathrm{d}z \geq 0$$

将 log 函数分解开来,得到

$$D_{\text{KL}}(Q_\phi(z|x) \| P_\theta(z|x)) = \int Q_\phi(z|x) \left[\log\left(\frac{Q_\phi(z|x)}{P_\theta(x|z)P(z)}\right) + \log P(x)\right] \mathrm{d}z \geq 0$$

将积分算子"解开",得到

$$D_{\text{KL}}(Q_\phi(z|x) \| P_\theta(z|x)) = \int Q_\phi(z|x) \log\left(\frac{Q_\phi(z|x)}{P_\theta(x|z)P(z)}\right) \mathrm{d}z + \int Q_\phi(z|x) \log P(x) \mathrm{d}z \geq 0$$

因为交给 VAE 的输入数据分布是一定的,所以 $\log P(x)$ 是常数,从而有

$$D_{\text{KL}}(Q_\phi(z|x) \| P_\theta(z|x)) = \int Q_\phi(z|x) \log\left(\frac{Q_\phi(z|x)}{P_\theta(x|z)P(z)}\right) \mathrm{d}z + \log P(x) \int Q_\phi(z|x) \mathrm{d}z \geq 0$$

$Q_\phi(z|x)$ 是一个概率分布,所有的概率分布在 $-\infty \sim +\infty$ 范围内积分出来都是 1,所以有

$$D_{\text{KL}}(Q_\phi(z|x) \| P_\theta(z|x)) = \int Q_\phi(z|x) \log\left(\frac{Q_\phi(z|x)}{P_\theta(x|z)P(z)}\right) \mathrm{d}z + \log P(x) \geq 0$$

将上式移项,可得

$$\log P(x) \geq - \int Q_\phi(z|x) \log\left(\frac{Q_\phi(z|x)}{P_\theta(x|z)P(z)}\right) \mathrm{d}z$$

接下来把 log 函数分解开来，可得

$$\log P(x) \geq - \int Q_\phi(z|x) \left[\log Q_\phi(z|x) - \log P_\theta(x|z) - \log P(z) \right] \mathrm{d}z$$

将上式移项，可得

$$\log P(x) \geq - \int Q_\phi(z|x) \log \frac{Q_\phi(z|x)}{P(z)} \mathrm{d}z + \int Q_\phi(z|x) \log P_\theta(x|z) \mathrm{d}z$$

根据 KL 散度的定义式可得

$$\int Q_\phi(z|x) \log \frac{Q_\phi(z|x)}{P(z)} \mathrm{d}z = D_{\mathrm{KL}}(Q_\phi(z|x) \,\|\, P(z))$$

利用数学期望可得

$$\int Q_\phi(z|x) \log P_\theta(x|z) \mathrm{d}z = E_{\sim Q_\phi(z|x)}[\log P_\theta(x|z)]$$

所以有

$$\log P(x) \geq - D_{\mathrm{KL}}(Q_\phi(z|x) \,\|\, P(z)) + E_{\sim Q_\phi(z|x)}[\log P_\theta(x|z)]$$

我们称上式的右边部分为 ELBO（Evidence Lower Bound）：

$$\mathrm{ELBO} = - D_{\mathrm{KL}}(Q_\phi(z|x) \,\|\, P(z)) + E_{\sim Q_\phi(z|x)}[\log P_\theta(x|z)]$$

此处 ELBO 可以理解为 $\log P(x)$ 的下限。将 ELBO 最大化就意味着将 $\log P(x)$ 增大。随着 $\log P_\theta(x|z)$ 越来越大，解码器的性能越来越好。而 $D_{\mathrm{KL}}(Q_\phi(z|x) \,\|\, P(z))$ 的角色就有点像一个正则化项，在给 ELBO 施加 "惩罚"。

接下来看看 $D_{\mathrm{KL}}(Q_\phi(z|x) \,\|\, P(z))$ 项。为了计算这一项，必须先假设 $Q_\phi(z|x)$ 和 $P(z)$ 的分布规律。前文已经假设过 $Q_\phi(z|x)$ 服从高斯分布，现在也可以假设 $P(z)$ 服从高斯分布，那么有

$$P(z) \to \frac{1}{\sqrt{2\pi\sigma_p^2}} \exp\left(- \frac{(x - \mu_p)^2}{2\sigma_p^2} \right)$$

$$Q_\phi(z|x) \to \frac{1}{\sqrt{2\pi\sigma_q^2}} \exp\left(- \frac{(x - \mu_q)^2}{2\sigma_q^2} \right)$$

根据 KL 散度的定义公式可得

$$-D_{\text{KL}}\left(Q_\phi(z|x)\,\|\,P(z)\right)=\int\frac{1}{\sqrt{2\pi\sigma_q^2}}\exp\left(-\frac{(x-\mu_q)^2}{2\sigma_q^2}\right)\log\left(\frac{\frac{1}{\sqrt{2\pi\sigma_p^2}}\exp\left(-\frac{(x-\mu_p)^2}{2\sigma_p^2}\right)}{\frac{1}{\sqrt{2\pi\sigma_q^2}}\exp\left(-\frac{(x-\mu_q)^2}{2\sigma_q^2}\right)}\right)\mathrm{d}z$$

其中，μ_q 和 σ_q 分别是 $Q_\phi(z|x)$ 的均值和标准差，μ_p 和 σ_p 分别是 $P(z)$ 的均值和标准差。

将等式右边的 log 项分解开：

$$-D_{\text{KL}}\left(Q_\phi(z|x)\,\|\,P(z)\right)=\int\frac{1}{\sqrt{2\pi\sigma_q^2}}\exp\left(-\frac{(x-\mu_q)^2}{2\sigma_q^2}\right)\left[-\frac{1}{2}\log 2\pi-\log\sigma_p-\right.$$
$$\left.\frac{(x-\mu_p)^2}{2\sigma_p^2}+\frac{1}{2}\log 2\pi+\log\sigma_q+\frac{(x-\mu_q)^2}{2\sigma_q^2}\right]\mathrm{d}z$$

上式看似复杂，但是可以被简化为

$$-D_{\text{KL}}\left(Q_\phi(z|x)\,\|\,P(z)\right)=\int\frac{1}{\sqrt{2\pi\sigma_q^2}}\exp\left(-\frac{(x-\mu_q)^2}{2\sigma_q^2}\right)\left[-\log\sigma_p-\frac{(x-\mu_p)^2}{2\sigma_p^2}+\right.$$
$$\left.\log\sigma_q+\frac{(x-\mu_q)^2}{2\sigma_q^2}\right]\mathrm{d}z$$

还可以进一步简化为

$$-D_{\text{KL}}\left(Q_\phi(z|x)\,\|\,P(z)\right)=\int\frac{1}{\sqrt{2\pi\sigma_q^2}}\exp\left(-\frac{(x-\mu_q)^2}{2\sigma_q^2}\right)\left[-\frac{(x-\mu_p)^2}{2\sigma_p^2}+\log\frac{\sigma_q}{\sigma_p}+\right.$$
$$\left.\frac{(x-\mu_q)^2}{2\sigma_q^2}\right]\mathrm{d}z$$

因为 $\dfrac{1}{\sqrt{2\pi\sigma_q^2}}\exp\left(-\dfrac{(x-\mu_q)^2}{2\sigma_q^2}\right)$ 是一个概率分布，所以可以用数学期望的思想来继续简化：

$$-D_{\text{KL}}\left(Q_\phi(z|x)\,\|\,P(z)\right)=E_{\sim Q_\phi(z|x)}\left[-\frac{(x-\mu_p)^2}{2\sigma_p^2}+\log\frac{\sigma_q}{\sigma_p}+\frac{(x-\mu_q)^2}{2\sigma_q^2}\right]$$

再次简化后得到

$$-D_{\text{KL}}\left(Q_\phi(z|x)\,\|\,P(z)\right)=\log\frac{\sigma_q}{\sigma_p}-\frac{1}{2\sigma_p^2}E_{\sim Q_\phi(z|x)}\left[(x-\mu_p)^2\right]+$$
$$\frac{1}{2\sigma_q^2}E_{\sim Q_\phi(z|x)}\left[(x-\mu_q)^2\right]$$

因为方差定义式为

$$\sigma_q^2 = E_{\sim Q_\phi(z|x)}[(x - \mu_q)^2]$$

需要注意的是，σ_p^2不一定等于$E_{\sim Q_\phi(z|x)}[(x - \mu_q)^2]$，所以有

$$- D_{KL}(Q_\phi(z|x) \| P(z)) = \log\frac{\sigma_q}{\sigma_p} - \frac{1}{2\sigma_p^2}E_{\sim Q_\phi(z|x)}[(x - \mu_p)^2] + \frac{1}{2}$$

这个时候可以来一点小技巧：

$$- D_{KL}(Q_\phi(z|x) \| P(z)) = \log\frac{\sigma_q}{\sigma_p} - \frac{1}{2\sigma_p^2}E_{\sim Q_\phi(z|x)}\{[(x - \mu_q) + (\mu_q - \mu_p)]^2\} + \frac{1}{2}$$

继而得到

$$- D_{KL}(Q_\phi(z|x) \| P(z)) = \log\frac{\sigma_q}{\sigma_p} - \frac{1}{2\sigma_p^2}E_{\sim Q_\phi(z|x)}[(x - \mu_q)^2 + (\mu_q - \mu_p)^2 +$$
$$2(x - \mu_q)(\mu_q - \mu_p)] + \frac{1}{2}$$

将数学期望项拆开：

$$- D_{KL}(Q_\phi(z|x) \| P(z)) = \log\frac{\sigma_q}{\sigma_p} - \frac{1}{2\sigma_p^2}\{E_{\sim Q_\phi(z|x)}[(x - \mu_q)^2] + E_{\sim Q_\phi(z|x)}[(\mu_q - \mu_p)^2] +$$
$$2E_{\sim Q_\phi(z|x)}[(x - \mu_q)(\mu_q - \mu_p)]\} + \frac{1}{2}$$

因为$x - \mu_q = 0$，所以有

$$- D_{KL}(Q_\phi(z|x) \| P(z)) = \log\frac{\sigma_q}{\sigma_p} - \frac{1}{2\sigma_p^2}\{\sigma_q^2 + (\mu_q - \mu_p)^2 + 2 \times 0 \times (\mu_q - \mu_p)\} + \frac{1}{2}$$
$$= \log\frac{\sigma_q}{\sigma_p} - \frac{\sigma_q^2 + (\mu_q - \mu_p)^2}{2\sigma_p^2} + \frac{1}{2}$$

假设$P(z)$满足标准正态分布，那么有$\mu_p = 0$，$\sigma_p = 1$，上面的式子可以进一步简化为

$$- D_{KL}(Q_\phi(z|x) \| P(z)) = \frac{1}{2}[1 + \log\sigma_q^2 - \sigma_q^2 - \mu_q^2]$$

将上式代入 ELBO 的公式$\log P(x) \geqslant - D_{KL}(Q_\phi(z|x) \| P(z)) + E_{\sim Q_\phi(z|x)}[\log P_\theta(x|z)]$可得到

$$\log P(x) \geqslant \frac{1}{2}[1 + \log\sigma_q^2 - \sigma_q^2 - \mu_q^2] + E_{\sim Q_\phi(z|x)}[\log P_\theta(x|z)]$$

最终可以得到损失函数

$$L_{\text{VAE}} = \underbrace{-\frac{1}{2}\sum_{j=1}^{J}[1+\log\sigma_j^2-\sigma_j^2-\mu_j^2]}_{L_{\text{KL}} \text{——KL损失}} - \underbrace{\frac{1}{L}\sum_l E_{\sim Q_\phi(z|x)}\big[\log P_\theta\big(x_i|z^{(i,\,l)}\big)\big]}_{L_{\text{R}} \text{——重构误差}}$$

其中，j 是均值向量和标准差向量的长度。

在损失函数中，假设 $P(z)$ 满足标准正态分布，则 KL 散度带来的损失如下：

$$-\frac{1}{2}\sum_{j=1}^{J}[1+\log\sigma_j^2-\sigma_j^2-\mu_j^2]$$

其重构误差如下：

$$\frac{1}{L}\sum_l E_{\sim Q_\phi(z|x)}\big[\log P_\theta\big(x_i|z^{(i,\,l)}\big)\big]$$

如果输入数据被假设为高斯分布，那么可以使用 MSE 作为重构误差；如果输入数据被假设为伯努利分布，那么可以使用二分类交叉熵作为重构误差。

这时有些读者肯定会问一个问题：既然有 KL 损失，为什么还要在损失函数里设置重构误差呢？如果只有 KL 损失，那么最终优化后的结果是潜向量随机分布在潜空间内，而解码器根本无法在潜空间中找到有用信息并进行解码。因此，重构误差必不可少。两者通力合作才能保证 VAE 顺利完成任务。

在 Keras 中无法直接构建 VAE 的损失函数，不过不要担心，8.5 节的案例会具体讲解如何构建 VAE 的损失函数。

8.4 重参数技巧

前面讲过的 MLP、DNN、CNN、RNN、AE 都是依靠反向传播不断优化损失函数得到最终的权重参数，VAE 也不例外。我们也知道反向传播的核心是求导运算。VAE 中有一个采样器，这个采样器随机从潜空间中取潜向量。但是，细心的读者一定会发现这个随机采样器无法求导。

我们先来看看下图。图 a 是未使用重参数技巧（reparameterization trick）的 VAE，整个计算流程在前面讲过，故不再赘述。这种结构会产生一个问题——反向传播无法通过采样器模块，因为我们无法对采样器模块进行求导，也就无法进行梯度下降的计算。在解决问题之前，先来了解一点高斯分布的性质：从任意参数的高斯分布 $N(\mu, \sigma^2)$ 中采样得到一个潜向量 $\boldsymbol{Z}$，相当于从标准正态分布 $N(0,1)$ 中采样得到一个 ε 并且使 $\boldsymbol{Z} = \mu + \varepsilon\sigma$。这样一来，采样器模块就完美地避开了求导环节。图 b 就是对这种想法，即重参数技巧的诠释。

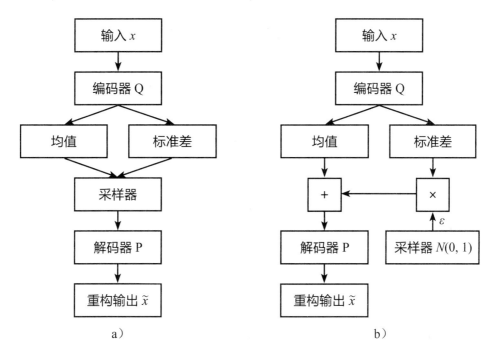

a）　　　　　　　　　　　　b）

需要注意的是，ε 和 σ 在大多数情况下都是以向量的形式存在的，那么 $\varepsilon\sigma$ 就应该是两个向量中每一个对应元素的积。例如：

$$\varepsilon = \begin{bmatrix} 0.1 \\ 0.4 \\ 0.2 \end{bmatrix} \quad \sigma = \begin{bmatrix} 0.2 \\ 0.3 \\ 0.1 \end{bmatrix} \quad \varepsilon\sigma = \begin{bmatrix} 0.02 \\ 0.12 \\ 0.02 \end{bmatrix}$$

在实现重参数技巧以后，就可以用 SGD、Adam、RMSProp 等优化算法来优化网络了。

8.5　VAE 案例

代码文件：chapter_8_example_1.py

这个案例仍然使用 MNIST 数据集的黑白手写数字图像作为训练数据，最后会得到各个数字在潜空间内的分布情况和可视化后的手写数字"平滑过渡"。本案例的代码改编自

Keras 官网的 VAE 教学代码。整个网络的结构如下图所示。这个网络比较简单,然而采样器和损失函数需要我们自己定义。这次仍然会用到 Keras 的 Functional API 功能。

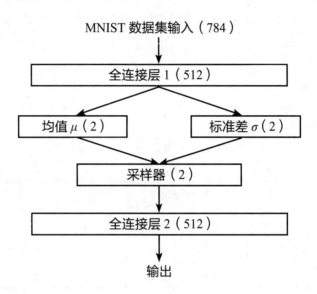

第一步:载入需要的库

```
1   from keras.layers import Lambda, Input, Dense
2   from keras.models import Model
3   from keras.datasets import mnist
4   from keras.losses import mse, binary_crossentropy
5   from keras import backend as K
6   import numpy as np
7   import matplotlib.pyplot as plt
```

因为需要借助 Keras 的高级(模型级别)API 进行一些低级(张量级别)的运算,所以在第 5 行载入 Keras 的 backend 功能。后面将用它来寻找张量的维度尺寸,以及生成服从标准正态分布的随机数。

第二步:构建一个采样器函数,在其中运用重参数技巧

```
8    def sampling(args):
9        z_mean, z_log_var = args
10       batch = K.shape(z_mean)[0]
```

```
11      dim = K.int_shape(z_mean)[1]
12      epsilon = K.random_normal(shape=(batch, dim))
13      return z_mean + K.exp(0.5 * z_log_var) * epsilon
```

第 8 行中只定义了一个输入参数 args，这是因为后面自定义采样器时输入数量为 1。

虽然只定义了一个输入参数 args，但它是一个由两个元素组成的 Python 列表，两个元素分别为均值和指数运算后的方差。因此，在第 9 行将 args 解开，把两个元素分别分配给变量 z_mean 和 z_log_var。

第 10 行和第 11 行中都使用了 Keras 的 backend 功能来获取维度信息。

第 12 行用 K.random_normal() 函数生成满足标准正态分布的随机数，并用这些随机数创建一个维度尺寸是 (batch, dim) 的矩阵，这就是重参数技巧中的 ε。最后这个采样器返回的是 $\mu + e^{0.5\log\sigma^2}\varepsilon$。如果将 $e^{0.5\log\sigma^2}$ 进行对数计算，那么可以发现 $e^{0.5\log\sigma^2}$ 就是 σ。因此，公式 $\mu + e^{0.5\log\sigma^2}\varepsilon$ 和 $\mu + \sigma\varepsilon$ 是等价的。之所以这么算，是因为方便。

第三步：构建绘图器

```
14  def plot_results(models, data, batch_size=128):
15      encoder, decoder = models
16      x_test, y_test = data
17      z_mean, _, _ = encoder.predict(x_test, batch_size=batch_size)
18      plt.figure(figsize=(12, 10))
19      plt.scatter(z_mean[:, 0], z_mean[:, 1], c=y_test)
20      plt.colorbar()
21      plt.xlabel('z[0]')
22      plt.ylabel('z[1]')
23      plt.show()
24      n = 30
25      digit_size = 28
26      figure = np.zeros((digit_size * n, digit_size * n))
27      grid_x = np.linspace(-4, 4, n)
28      grid_y = np.linspace(-4, 4, n)[::-1]
29      for i, yi in enumerate(grid_y):
30          for j, xi in enumerate(grid_x):
31              z_sample = np.array([[xi, yi]])
```

```
32              x_decoded = decoder.predict(z_sample)
33              digit = x_decoded[0].reshape(digit_size, digit_size)
34              figure[i * digit_size: (i + 1) * digit_size, j * digit_
                size: (j + 1) * digit_size] = digit
35      plt.figure(figsize=(10, 10))
36      start_range = digit_size // 2
37      end_range = (n - 1) * digit_size + start_range + 1
38      pixel_range = np.arange(start_range, end_range, digit_size)
39      sample_range_x = np.round(grid_x, 1)
40      sample_range_y = np.round(grid_y, 1)
41      plt.xticks(pixel_range, sample_range_x)
42      plt.yticks(pixel_range, sample_range_y)
43      plt.xlabel('z[0]')
44      plt.ylabel('z[1]')
45      plt.imshow(figure, cmap='Greys_r')
46      plt.show()
```

这个函数会在最后用到。它看似复杂，实际上并不难理解。这个函数大致分为两部分：第一部分为第 15 ～ 23 行，作用是将各个数字在潜空间内的分布绘制出来；第二部分为第 24 ～ 46 行，作用是将生成的数字以 30 行 ×30 列的形式绘制出来。

从第 17 行可以看出，第一张图以编码器输出结果之一的均值 z_mean 作为绘制的依据。读者也可以用 z 作为画图的依据，并观察两者结果的不同。从第 32 行可以看出，第二张图以解码器生成的数据作为绘制的依据。

第四步：载入训练数据并做前处理

```
47  (x_train, y_train), (x_test, y_test) = mnist.load_data()
48  image_size = x_train.shape[1]
49  original_dim = image_size * image_size
50  x_train = np.reshape(x_train, [-1, original_dim])
51  x_test = np.reshape(x_test, [-1, original_dim])
52  x_train = x_train.astype('float32') / 255
53  x_test = x_test.astype('float32') / 255
```

这一步和前面的案例处理 MNIST 数据集类似，故不做详细解释。

第五步：网络超参数设定

```
54    input_shape = (original_dim, )
55    intermediate_dim = 512
56    batch_size = 128
57    latent_dim = 2
58    epochs = 50
```

这一步主要根据本节开头的网络结构示意图设定网络的超参数。第 54 行，input_shape 代表一个输入数据点的维度尺寸，所以设定为 (784,)。两个全连接层的神经元数量都是 512，所以第 55 行将 intermediate_dim 设定为 512。同样，在第 57 行将潜向量维度设定为 2。最后在第 58 行设置了 50 个 epoch。

第六步：网络搭建

```
59    inputs = Input(shape=input_shape, name='encoder_input')
60    x = Dense(intermediate_dim, activation='relu')(inputs)
61    z_mean = Dense(latent_dim, name='z_mean')(x)
62    z_log_var = Dense(latent_dim, name='z_log_var')(x)
63    z = Lambda(sampling, output_shape=(latent_dim,), name='z')([z_
      mean, z_log_var])
64    encoder = Model(inputs, [z_mean, z_log_var, z], name='encoder')
65    encoder.summary()
66    latent_inputs = Input(shape=(latent_dim,), name='z_sampling')
67    x = Dense(intermediate_dim, activation='relu')(latent_inputs)
68    outputs = Dense(original_dim, activation='sigmoid')(x)
69    decoder = Model(latent_inputs, outputs, name='decoder')
70    decoder.summary()
71    outputs = decoder(encoder(inputs)[2])
72    vae = Model(inputs, outputs, name='vae_mlp')
```

这一步主要根据本节开头的网络结构示意图用代码搭建网络。

首先在第 59 行建立一个输入层。接着在第 60 行建立一个 512 个神经元的全连接层，激活函数设置为我们惯用的 ReLU。

随后，全连接层的输出会分别"流"向均值模块和标准差模块。第 61 行是均值模块，使用了一个只有两个神经元的全连接层。第 62 行同样使用了一个只有两个神经元的全连接层，其输出不是标准差，而是$\log\sigma^2$，这是为了方便计算 KL 损失。需要注意的是，均值模块和标准差模块的全连接层是没有激活函数的。如果有激活函数，全连接层的输出都是非负，tanh 函数的值还有一定取值范围，而 σ 是可以为负数的。事实上，在这里使用任何激活函数都会带来不理想的结果，所以并不需要激活函数。

第 63 行建立了一个 Lambda 层，这个层有点类似 Python 中的 lambda 函数。前面得到了均值 z_mean 和对数方差 z_log_var，这里就可以将它们"喂"给第二步建立的采样器。因此，在 Lambda 层中将第二步定义的 sampling 设定为运算函数。这一层的输出为潜向量，潜向量的维度尺寸必须和均值向量、标准差向量的维度尺寸相同，所以有 output_shape=(latent_dim,)。而 Lambda 层的输入是一个 Python 列表，其包含 z_mean 和 z_log_var 两个元素。这样就完美建立了 Lambda 和 sampling 的联系。

第 64 行用一个 Model() 函数将这些层全部整合起来，定义为编码器，在这个函数里只需要定义输入和输出。在第 65 行使用 summary() 函数输出编码器的结构，以便进行检查。

接下来到了解码器登场的时间。解码器的结构相对简单，第 66 ～ 69 行依次是解码器的输入层、中间的全连接层、输出层和 Model() 函数。同样，在第 70 行查看解码器的结构。在第 71 行定义了整个网络的输出 outputs，它来自解码器的输出，解码器的输入又来自编码器产生的潜向量，最后的"[2]"表示在编码器的输出中，只需要 z 作为解码器的输入。最后在第 72 行再次利用 Model() 函数对模型进行整合，此时输入为第 59 行定义的 inputs，输出为第 71 行定义的 outputs。

第七步：定义损失函数

```
73   reconstruction_loss = mse(inputs, outputs)
74   reconstruction_loss *= original_dim
75   kl_loss = -0.5 * (1 + z_log_var - K.square(z_mean) - K.exp(z_log_var))
76   kl_loss = K.sum(kl_loss, axis=-1)
77   vae_loss = K.mean(reconstruction_loss + kl_loss)
78   vae.add_loss(vae_loss)
```

先在第 73 行和第 74 行将 MSE 作为重构损失。接着在第 75 行和第 76 行定义 KL 损失，只需将公式 $L_{\mathrm{VAE}} = -\frac{1}{2}\sum_{j=1}^{J}[1+\log\sigma_j^2-\sigma_j^2-\mu_j^2]$ 用代码实现。在第 77 行将两个损失相加，

最后在第 78 行用 add_loss() 函数将自定义的损失函数添加到第六步定义的 VAE 网络中。

第八步：训练模型

```
79    vae.compile(optimizer='adam')
80    vae.summary()
81    vae.fit(x_train, None, epochs=epochs, batch_size=batch_size, validation
      _data=(x_test, None))
```

先在第 79 行编译模型，优化算法可以选择 Adam 算法。第 81 行的第 1 个 None 代表在 VAE 网络训练中不需要目标数据，第 2 个 None 则代表不需要目标数据做验证。

第九步：结果可视化

```
82    models = (encoder, decoder)
83    data = (x_test, y_test)
84    plot_results(models, data, batch_size=batch_size)
```

用前面构建的 plot_results() 函数将编码器生成的结果（潜向量）和解码器生成的数据及性能绘制成图像，结果如下面两图所示。

在图 a 中可以看到，每个数字都在潜空间中占据一个区域，并且各个区域连接在一起，这就意味着不同数字之间可以实现平滑过渡。细心观察图 b，会发现数字真正地实现了平滑过渡。

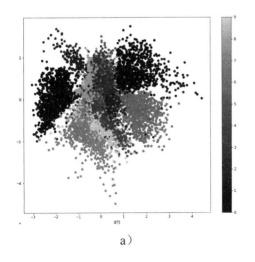

a）

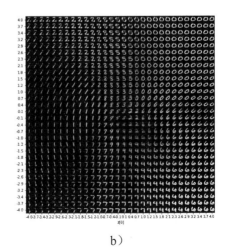

b）

第 9 章

对抗生成网络

- GAN 的基本结构
- GAN 的训练
- GAN 的数学原理
- GAN 案例：DCGAN

第 8 章讲解的 VAE 的核心思想是依靠编码器和生成器通力合作完成任务。但是,提高工作效率的方式除了精诚合作还有对抗竞争。假设某公司的老总让做同一个项目的几个员工之间形成一种对抗竞争关系:一组员工专门负责技术攻关,另一组员工专门负责"挑刺"。那么按照一般人的心理来推断,攻关组总会认为他们的成果是最棒的,挑刺组则总会认为攻关组的员工做出的成果存在问题。于是老总吩咐道:挑刺组尽可能地挑刺,攻关组则尽可能地用高品质的成果堵住挑刺组的嘴;并且,没有挑刺组的放行,攻关组的产品不允许贸然投放市场。攻关组首次研发的样品可能存在明显的问题,那么挑刺组就会说"你看看你们这也不行,那也不行",并把样品退回。攻关组感觉受到了奇耻大辱,于是夜以继日地努力工作,做出第二份样品递交给了挑刺组。挑刺组拿到样品一看,说:"比上次好一些,可是依旧和竞品存在一定的差距,退回。"于是攻关组继续修改、优化样品,并一次次地送给挑刺组检查。挑刺组的眼睛越来越雪亮,眼光也越来越挑剔。当挑刺组最终对攻关组的成果放行并投放市场后,产品得到了极好的市场反馈,消费者赞不绝口。

从这个例子可以看出,虽然产品的技术攻关和研发是由攻关组负责的,但是如果没有挑刺组的高标准、严要求,产品不可能得到完美的迭代和优化。在这个过程中,挑刺组对攻关组整体水平的提高也起到了十分重要的促进作用。两者虽然是对抗竞争关系,但是并没有相互削弱,反而相互促进,并最终直抵纳什平衡(博弈论中的一个概念)。

通过对抗竞争达到同时提高的想法是不是非常妙?于是 2014 年,一篇名为"Generative Adversarial Nets"的论文横空出世,其第一作者就是大名鼎鼎的 Ian Goodfellow。论文提出的对抗生成网络(Generative Adversarial Network,GAN)及其各类变种网络无疑是近 10 年来人类在深度学习领域取得的最伟大的成就之一。GAN 最重要的两个组成部分就是生成器(generator)和鉴别器(discriminator)。生成器扮演的角色类似上述例子中的攻关组,而鉴别器扮演的角色则是挑刺组。另外,GAN 是一种非监督学习网络,我们不需要提供标签。并且 GAN 属于生成模型,根据第 8 章对生成模型的介绍,GAN 最终要拟合出输入数据的分布。

把一些数据输入 GAN 后,生成器会自动学习输入数据的分布,鉴别器会对生成器生成的数据进行鉴别,并告诉生成器它生成的数据是否合格。如果生成器生成的"假"数据和输入数据相差无几,鉴别器会认为生成器生成的数据就是输入数据,并显示合格(1),否则鉴别器会显示不合格(0)。在训练的初始阶段,鉴别器也许可以很清楚地分辨出生成器生成的数据和真实数据。但是,训练一段时间以后,生成器"蒙混过关"的概率就会大很多。在这个过程中,鉴别器和生成器是共同进化升级的。最终生成器生成的数据将达到"以假乱真"的地步，使鉴别器"傻傻分不清楚"。这样的数据就是我们想要的。

因为 GAN 具有卓越的性能，从 2014 年开始每个月都有很多有关 GAN 的论文发表。下图[①]便展示了 GAN 的迅速发展。截至 2019 年，有将近 500 篇关于 GAN 的论文发表。

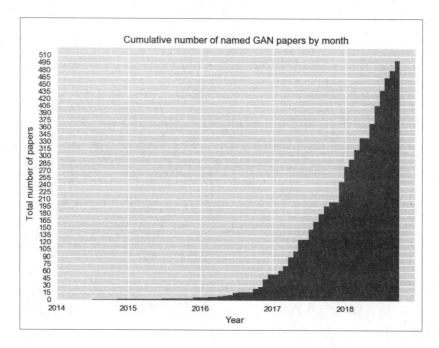

GAN 被广泛运用在图像处理领域，具体应用场景包括图像生成、图像还原、视频颜色还原、视频补帧还原、3D 图像生成、图像混合等。如果把一些人脸图像输入 GAN，那么最终 GAN 可以像 VAE 那样生成以假乱真的人脸图像，而这些人脸图像并不存在于训练数据中。此外，GAN 生成的图像通常不会像 VAE 生成的图像那样模糊。除了图像处理和信号处理，在其他领域中也能看到 GAN 的应用，因此，GAN 还有各类衍生变种。当然，GAN 也有一些自己特有的缺点，例如，GAN 并不是很好训练，一些很小的超参数变动对网络影响极大，网络收敛极其不稳定，容易导致生成器的梯度消失，或者有时训练出来的 GAN 生成的数据多元化较差。

本章会先带大家了解 GAN 的基本原理，最后通过一个案例带领大家训练自己的第一个 GAN 模型。

---

① 来源：https://github.com/hindupuravinash/the-gan-zoo。

9.1 GAN 的基本结构

本节将介绍 GAN 的基本结构。首先来看生成器。GAN 中的生成器和 VAE 中的生成器十分类似，其基本结构如下图所示。

我们可以随机采样一些向量作为输入向量，"喂"给神经网络。第 8 章讲过"采样"的含义，在此不再赘述。我们可以通过高斯分布或均匀分布进行采样。通常认为输入向量中每一个维度的值代表一个特征。例如，如下所示的输入向量可以代表人脸图像的三个特征：

$$\begin{bmatrix} -0.6 \\ -0.9 \\ 0.8 \end{bmatrix} \rightarrow \begin{bmatrix} 男性 \\ 短头发 \\ 络腮胡 \end{bmatrix} \qquad \begin{bmatrix} 0.9 \\ 0.8 \\ -0.9 \end{bmatrix} \rightarrow \begin{bmatrix} 女性 \\ 长头发 \\ 极短胡须 \end{bmatrix}$$

生成器的神经网络可以是 MLP（DNN）、CNN 甚至其他结构，总之可以根据具体任务需求来定。输出的高维矩阵或张量可以是图像、文本、信号等。这个生成器存在的意义就是要拟合出真实输入数据的分布。因此，训练这个生成器也是训练 GAN。

在 VAE 中通过搭配一个编码器来帮助训练生成器，输入向量来自定义的高斯分布。在 GAN 中则会搭配一个鉴别器来帮助训练生成器，鉴别器的基本结构如下图所示。

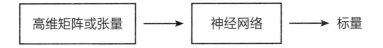

输入的高维矩阵或张量既可以是生成器生成的"假"数据，也可以是训练数据集中的"真"数据。和生成器一样，鉴别器的神经网络可以是 MLP（DNN）、CNN 甚至其他结构，总之依照具体任务需求而定。最后鉴别器输出的标量是 0～1 之间的一个值。如果这个标量接近 1，那么代表鉴别器认为它的输入数据是来自训练数据集的高质量"真"数据，当然生成器的目的就是要让自己生成的"假"数据在鉴别器眼里"蒙混过关"；如果这个标量接近 0，那么代表鉴别器认为输入数据质量低，来自生成器的"凭空捏造"。

如下图所示的例子解释了这种关系。图 a 中模糊的图像肯定是生成器的"拙劣"作品，那么鉴别器自然会给一个较低的分数，如 0.1。如果图像像图 b 中那样清晰而自然，那么不论图像是生成器的"巧夺天工"还是照搬自真实数据，鉴别器都会给一个较高的分数，如 0.9。

a）训练早期的生成器生成的模糊图像

b）真实数据中的图像或训练后期生成器生成的高质量图像

通过合适的方式把生成器和鉴别器组合起来，就构成了 GAN 的基本结构，如下图所示，其中 G 代表生成器，D 代表鉴别器。

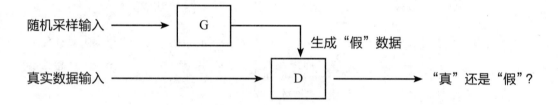

9.2　GAN 的训练

了解了鉴别器和生成器的原理，接着来看看 GAN 是如何训练的。GAN 的训练和前面学习的网络结构的训练有一定区别，其过程如下图所示。

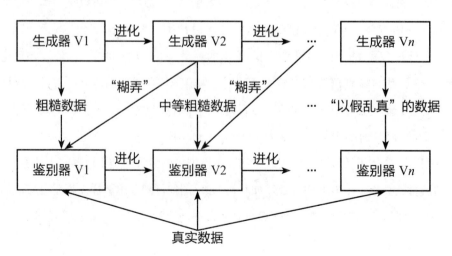

从图中可以看出，一开始生成器 V1 利用随机采样的向量生成了一堆很粗糙的数据，这些数据可以是图像、音频、文本等。鉴别器 V1 学习生成器生成的"假"数据和真实数据后，会认为真实数据为 1，"假"数据为 0。这个结果就像是鉴别器 V1 对生成器 V1 说："你做得不行，太粗糙了。"于是，生成器 V1"痛定思痛"，进化成生成器 V2。生成器 V2 会拿着它的"造假"成果来尝试"糊弄"鉴别器 V1。鉴别器 V1 觉得这样不公平，于是升级进化成鉴别器 V2，并开始对生成器 V2 的"造假"成果"评头论足"一番。可想而知，在训练开始的时候，鉴别器给出的评分都不会特别高。但是随着训练的进行，鉴别器给出的评分会越来越高，因为生成器生成的数据越来越像真实数据。就这样循环往复，生成器最后进化到 Vn 版本，并将自己的成果展示给鉴别器 Vn。鉴别器 Vn 最终被成功"糊弄"，并给了一个不错的评分。在整个过程中，生成器的目的是尽可能地拿到鉴别器给出的高分，鉴别器的目的则是尽可能地区分出数据的真假。

了解完拟人化的训练过程，下面将整个训练过程按步骤呈现出来：

第一步：将生成器和鉴别器分别初始化。

第二步：用迭代的方式分别训练生成器和鉴别器。在每个迭代周期中做以下工作：

• 先将生成器的参数固定（即生成器暂时不参与参数更新和优化算法），只更新鉴别器的参数。将随机采样得到的一些向量输入生成器，那么在开始训练鉴别器时，由于生成器的参数没有更新，生成器生成的数据质量一定很差。同时，再在真实数据中采样一些高质量数据输入鉴别器。这样做的目的是让鉴别器学会把高分给真实数据，把低分给生成的数据。例如，将生成器生成的一些图像给鉴别器打分，鉴别器的评分需要接近 0；将数据集中的图像给鉴别器打分，鉴别器的评分需要接近 1。这一步完成后，鉴别器可以进化到 V2 版本。

• 再将鉴别器的参数固定（即鉴别器使用刚刚更新好的参数，且在此步骤中不参与更新），只更新生成器的参数。将随机采样得到的一个向量输入生成器，让生成器生成数据。接着将生成器生成的数据交给鉴别器打分。此时希望通过优化生成器的参数，使鉴别器对生成器生成的数据打的分越高越好，因为生成器得到高分意味着生成的数据比较真实。

可以发现，鉴别器和生成器是分开训练的。只需要延续第二步的迭代过程，让鉴别器和生成器不断升级进化，即可得到质量不错的"假"数据。

了解了 GAN 的基本算法原理，下面列出正式的算法步骤：

第一步：将 θ_D 和 θ_G 初始化，其中 θ_D 是鉴别器的参数，θ_G 是生成器的参数。

第二步：设定迭代周期数 iter，并建立迭代。

• 在 X 中采样 m 个样本 $\{x^1, x^2, \cdots, x^m\}$，其中 X 是真实数据，m 可以是训练时的批量

大小。

• 在 Z 分布中采样 m 个向量 $\{z^1, z^2, \cdots, z^m\}$，其中 z 是生成器的输入向量（有些地方称为噪声），Z 可以是高斯分布。

• 将 $\{z^1, z^2, \cdots, z^m\}$ 中的每个向量 z^i 作为生成器的输入，得到 $\{\tilde{x}^1, \tilde{x}^2, \cdots, \tilde{x}^m\}$，其中 $\tilde{x}^i = G(z^i)$。

• 将以下公式最大化：

$$\tilde{L} = \frac{1}{m}\sum_{i=1}^{m}\log\left(D(x^i)\right) + \frac{1}{m}\sum_{i=1}^{m}\log\left(1 - D(\tilde{x}^i)\right)$$

并更新 θ_{D}：

$$\theta_{\mathrm{D}} \leftarrow \theta_{\mathrm{D}} + \eta\,\nabla\tilde{L}(\theta_{\mathrm{D}})$$

其中，$\log\left(D(x^i)\right)$ 代表鉴别器对真实数据给出的评分的对数，应该越大越好；$D(\tilde{x}^i)$ 代表鉴别器对"假"数据给出的评分，应该越小越好。因为 $D(\tilde{x}^i)$ 位于 $0 \sim 1$ 之间，所以 $\log\left(1 - D(\tilde{x}^i)\right)$ 应该越大越好。因此，一个好的鉴别器总是归功于 $\tilde{L}$ 被最大化。因为这里求的是最大化问题，所以更新 θ_{D} 的公式中有一个"＋"号，使用的是梯度上升法。

这样就完成了鉴别器的训练，接着来训练生成器。

• 从 Z 分布中采样 $\{z^1, z^2, \cdots, z^m\}$ 个样本。

• 将以下公式最大化：

$$\tilde{L} = \frac{1}{m}\sum_{i=1}^{m}\log\left(D(G(z^i))\right)$$

并更新 θ_{G}：

$$\theta_{\mathrm{G}} \leftarrow \theta_{\mathrm{G}} + \eta\,\nabla\tilde{L}(\theta_{\mathrm{G}})$$

其中 $D(G(z^i))$ 代表的是：因为生成器要想办法"糊弄"鉴别器，所以将 $G(z^i)$ "喂"给鉴别器后，希望鉴别器能给一个高分。因此，要将 $\tilde{L}$ 最大化。同样利用梯度上升法对 θ_{G} 进行优化。

前面说生成器和鉴别器之间的关系既是竞争又是相互促进，这句话怎么理解呢？如果只用生成器生成图像就会发现，它并不善于处理各个特征之间的关系，例如，在进行图像生成时，生成器在处理像素之间的关系上做得不好。此时必须要用一个鉴别器来弥补生成器的缺点，同时这个鉴别器又要特别有全局观，能从整体上审视生成器生成的数据。因为

VAE 中没有鉴别器，所以 VAE 生成的图像在大多数时候比较模糊。如果没有生成器，那么鉴别器在训练时会缺乏负面样本（只有来自数据集的真实数据，没有"假"数据），从而无法提升性能。由生成器不断提供一些负面样本给鉴别器，就能解决这个问题。因此，生成器和鉴别器这对"冤家"是相辅相成、相互依存的关系。

如果把训练过程可视化，在训练一开始，分布情况如下图所示。其中曲线 A 代表生成器生成数据的分布，曲线 B 代表真实数据的分布，曲线 C 代表鉴别器的评分。

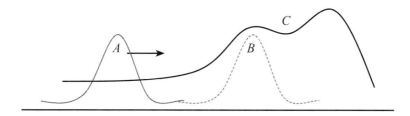

随着训练的进行，曲线 A 和曲线 B 会越来越靠近，这是因为生成器生成数据的分布会越来越接近真实数据的分布。与此同时，代表鉴别器评分的曲线 C 也会逐渐向曲线 A 和曲线 B 靠近，并最终得到下图。

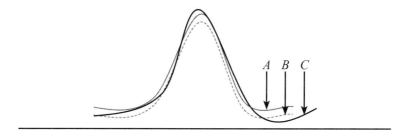

9.3 GAN 的数学原理

从感性层面了解 GAN 的工作原理后，有必要对 GAN 建立更深层次的理解。证明 GAN 的收敛性和了解 GAN 的计算优化过程的重要性不言而喻，因此，本节也会有一些关于 GAN 优化原理的数学推导过程。进行收敛性的推导和验证有助于在以后搭建 GAN 类变种网络时选择损失函数。本节将以 GAN 原版论文中的损失函数为例进行演算，但这个损失函数并不是 GAN 唯一可用的损失函数。

首先要清楚 GAN 的终极训练目标是得到一个生成器的概率分布 $p_G(x)$，并使得 $p_G(x)$ 接近真实数据 x 的分布 $p_r(x)$。生成器的输入 $\mathbf{Z}$ 来自分布 $p_z(\mathbf{Z})$。用 $G(\mathbf{Z}; \theta_G)$ 表示生成器，

其中 Z 代表根据分布 $p_z(Z)$ 采样得到的输入向量（有些地方称为噪声），θ_G 是生成器的参数，也就是通过训练要得到的生成器的权重值。$G(Z; \theta_G)$ 的输出是高维矩阵或张量。用 $D(x; \theta_D)$ 代表在输入为真实数据时鉴别器给出的评分，其中 θ_D 是鉴别器的权重值。因为这个评分在 $0 \sim 1$ 之间，所以也可以称之为概率。如果将 GAN 训练的终极目标细分，可以得到：对于鉴别器来说，输出结果要越来越准确；对于生成器来说，输出结果要越来越真实。

首先定义一个损失函数 $L(G, D)$：

$$\min_G \max_D L(G, D) = E_{x \sim p_r(x)}\big[\log(D(x))\big] + E_{z \sim p_z(Z)}\big[\log(1 - D(G(Z)))\big]$$

其中，$D(x)$ 是当输入为真实数据 x 时鉴别器的输出。我们可以在程序中借助激活函数（如 sigmoid）使 $D(x)$ 的输出位于 $0 \sim 1$ 之间，那么 $\log(D(x))$ 位于 $-\infty \sim 0$ 之间。在这里引入数学期望 $E_{x \sim p_r(x)}$ 并限定真实数据 x 服从 $p_r(x)$ 分布。$D(G(Z))$ 代表当输入是生成器生成的"假"数据时鉴别器给的分数，所以生成器的输入 Z 必须服从 $p_z(Z)$ 分布。因此，这个损失函数可以理解为：当输入数据是真实数据时鉴别器的输出与当输入数据是"假"数据时 1 减去鉴别器的输出的和。使用 log 函数是为了方便优化计算。对鉴别器来说，$\log(D(x))$ 应尽可能大，因为这表示鉴别器对真实数据的判断较准确；同时 $D(G(Z))$ 应尽可能小，因此 $\log(1 - D(G(Z)))$ 应尽可能大。所以，等式右侧两项的和需要被最大化才能保证鉴别器对真实数据和"假"数据的判断足够准确。$\max_D$ 就表示要对 $L(G, D)$ 求最大值。但对生成器来说，它最希望的是"骗过"鉴别器，因此它"坏坏"地希望鉴别器对输入数据"傻傻分不清楚"，$\min_G$ 就是对生成器的诉求的反映。

接下来是很关键的一步：假设输入 x 服从生成器生成的数据分布 $p_G(x)$（也可理解为现在假设输入数据 x 来自生成器），则 $E_{z \sim p_z(z)}\big[\log D(G(Z))\big]$ 等价于 $E_{x \sim p_G(x)}\big[\log D(x)\big]$。因此，$E_{z \sim p_z(z)}\big[\log(1 - D(G(Z)))\big]$ 也应等价于 $E_{x \sim p_G(x)}\big[\log(1 - D(x))\big]$。上面定义的损失函数公式就可以简化为

$$\min_G \max_D L(G, D) = E_{x \sim p_r(x)}\big[\log(D(x))\big] + E_{x \sim p_G(x)}\big[\log(1 - D(x))\big]$$

上一步简化的目的是将数学期望函数 E 中的参数统统变为 x，以方便进一步简化。所以，根据数学期望的定义式展开数学期望，可以得到

$$\min_G \max_D L(G, D) = \int \big[p_r(x)\log(D(x)) + p_G(x)\log(1 - D(x))\big]\mathrm{d}x$$

如果把 G 固定，对 $L(G, D)$ 求最大值，那么只需对 $p_r(x)\log(D(x)) + p_G(x)\log(1 - D(x))$

求最大值。因为 $p_r(x)\log(D(x)) + p_G(x)\log(1-D(x))$ 是一个单峰值的凹函数,即顶点朝上、开口朝下,那么令它在 $D(x)$ 上的导数等于 0,即可得到最大值。因此,令

$$\frac{\mathrm{d}}{\mathrm{d}D(x)}\big[p_r(x)\log(D(x)) + p_G(x)\log(1-D(x))\big] = 0$$

可以得到 $\dfrac{p_r(x)}{D(x)} = \dfrac{p_G(x)}{1-D(x)}$,则 $p_r(x)(1-D(x)) = p_G(x)D(x)$,通过移项可以得到

$$D^*(x) = \frac{p_r(x)}{p_r(x) + p_G(x)}$$

其中 $D^*(x)$ 是固定生成器参数后令损失函数 $L(G, D)$ 最大化时的 $D(x)$ 值。但是,我们仍然不知道 $p_G(x)$ 的值,所以 $D^*(x)$ 暂时还是未知的。不要急,我们继续往下讲。

此时可以固定鉴别器参数,并对生成器进行优化。将固定值 $D^*(x) = \dfrac{p_r(x)}{p_r(x) + p_G(x)}$ 代入损失函数中,得到

$$\min_G L(G, D^*) = \int \left[p_r(x)\log\left(\frac{p_r(x)}{p_r(x) + p_G(x)}\right) + p_G(x)\log\left(\frac{p_G(x)}{p_r(x) + p_G(x)}\right) \right]\mathrm{d}x$$

现在需要对以上公式求最小值。这个最小值的求解看起来比较麻烦,这里引入一个新概念——JS 散度(Jensen-Shannon Divergence,JSD)。JS 散度的作用和第 8 章讲过的 KL 散度类似,也用于分析两个概率分布的相似程度。JS 散度的定义式为:

$$\mathrm{JSD}(P \| Q) = \frac{1}{2}\mathrm{KL}(P \| M) + \frac{1}{2}\mathrm{KL}(Q \| M)$$

其中,P 和 Q 是两个不同的概率分布,$M = \dfrac{1}{2}(P+Q)$。关于 JS 散度的更多知识不展开讲解。

现在求解 $p_r(x)$ 和 $p_G(x)$ 的 JS 散度:

$$\mathrm{JSD}(p_r(x) \| p_G(x)) = \frac{1}{2}\mathrm{KL}\left(p_r(x) \| \frac{1}{2}(p_r(x) + p_G(x))\right) +$$
$$\frac{1}{2}\mathrm{KL}\left(p_G(x) \| \frac{1}{2}(p_r(x) + p_G(x))\right)$$

根据 KL 散度的定义式,可以将上式等号右边的部分逐步简化:

$$\mathrm{JSD}\left(p_r(x) \parallel p_G(x)\right) = \frac{1}{2}\left[\int p_r(x)\log\frac{2p_r(x)}{p_r(x)+p_G(x)}\mathrm{d}x + \int p_G(x)\log\frac{2p_G(x)}{p_r(x)+p_G(x)}\mathrm{d}x\right]$$

$$= \frac{1}{2}\left[\begin{array}{l}\int p_r(x)\left(\log 2 + \log\frac{p_r(x)}{p_r(x)+p_G(x)}\right)\mathrm{d}x +\\ \int p_G(x)\left(\log 2 + \log\frac{p_G(x)}{p_r(x)+p_G(x)}\right)\mathrm{d}x\end{array}\right]$$

$$= \frac{1}{2}\left[2\log 2 + \int\left(\begin{array}{l}p_r(x)\log\frac{p_r(x)}{p_r(x)+p_G(x)} +\\ p_G(x)\log\frac{p_G(x)}{p_r(x)+p_G(x)}\end{array}\right)\mathrm{d}x\right]$$

是不是看到了很熟悉的项呢？这就是在这里引入 JS 散度的原因。

因此得到$\min_G L(G, D^*) = 2\mathrm{JSD}\left(p_r(x) \parallel p_G(x)\right) - 2\log 2$。JS 散度和 KL 散度一样，有一个很重要的性质，那就是永远非负。因此，$\mathrm{JSD}\left(p_r(x) \parallel p_G(x)\right)$ 的最小值就是 0，而 JSD 为 0 时，两个分布相同。这意味着最终的纳什平衡出现在 $p_r(x) = p_G(x)$ 时。因此可以轻易地求出

$$D^*(x) = \frac{p_r(x)}{p_r(x)+p_G(x)} = \frac{1}{2}$$

并最终得到

$$\min_G \max_D L(G, D^*) = -2\log 2$$

这就意味着在理想状态下，训练好 GAN 以后，鉴别器会朝着输出等于 0.5 的方向去收敛。

9.4　GAN 案例：DCGAN

代码文件：chapter_9_example_1.py

本案例使用 CIFAR-10 数据集作为输入。CIFAR-10 数据集包含 60000 幅 32 像素 ×32 像素的彩色 RGB 图像，其中 50000 幅用于训练，10000 幅用于测试。本案例将使用 GAN 学习这些彩色图像数据，并使其能生成类似的图像。因此，GAN 中的生成器和鉴别器都会用到卷积神经网络，这个结构称为 DCGAN（Deep Convolutional Generative Adversarial Network，深度卷积对抗生成网络）。

第一步：载入需要的库

```
1   from numpy import zeros, ones
2   from numpy.random import randn
3   from numpy.random import randint
4   from keras.datasets.cifar10 import load_data
5   from keras.optimizers import Adam
6   from keras.models import Sequential
7   from keras.layers import Dense, Reshape, Flatten, Conv2D, Con-
    v2DTranspose, LeakyReLU, Dropout
8   from matplotlib import pyplot
```

第二步：构建生成器

```
9    def define_generator(latent_dim):
10       model = Sequential()
11       n_nodes = 256 * 4 * 4
12       model.add(Dense(n_nodes, input_dim=latent_dim))
13       model.add(LeakyReLU(alpha=0.2))
14       model.add(Reshape((4, 4, 256)))
15       model.add(Conv2DTranspose(128, kernel_size=(4, 4), strides=
         (2, 2), padding='same'))
16       model.add(LeakyReLU(alpha=0.2))
17       model.add(Conv2DTranspose(128, kernel_size=(4, 4), strides=
         (2, 2), padding='same'))
18       model.add(LeakyReLU(alpha=0.2))
19       model.add(Conv2DTranspose(128, kernel_size=(4, 4), strides=
         (2, 2), padding='same'))
20       model.add(LeakyReLU(alpha=0.2))
21       model.add(Conv2D(3, (3, 3), activation='tanh', padding='same'))
22       return model
```

这段代码用卷积神经网络构建了一个生成器。因为不像 VAE 那样层与层之间存在并联关系，所以在第 10 行将生成器定义成一个序列模型。

我们知道生成器的输入为一个向量，输出为一个高维矩阵或张量，而输出的维度要等于生成的 RGB 图像的维度，即 32×32×3，所以在搭建每一层网络时要考虑到维度问题。

第 11 行定义的变量 n_nodes 是第 12 行 Dense 层的神经元数量。

第 12 行定义第一层为 Dense 层，输入维度 input_dim 设置成 latent_dim，并且后面会将 latent_dim 设置为 100。latent_dim 是一个超参数，读者可以按照自己的喜好更改它的值。那么此时生成器的输入是一个 100 维度的向量，又因为第一层有 256×4×4 个神经元，所以这一层有 409600 个权重参数。

第 13 行设置了一个激活函数 Leaky ReLU（第 3 章有详细介绍），并将它的参数设置成 0.2，因为我们不希望当 Dense 层输出的值为负数时，激活函数失效。

Dense 层输出的 4096 维度的向量需要经过第 14 行的 Reshape 层变成一个 4×4×256 的三维张量。于是在第 15 行用一个 Conv2DTranspose 层将这个 4×4×256 的三维张量向上采样到 8×8×128 的维度尺寸。

第 16 行同样设置了一个激活函数 Leaky ReLU。

第 17 ~ 20 行重复以上步骤，直到可以输出维度尺寸为 32×32×128 的张量。

最终在第 21 行用 Conv2D 层将这个 32×32×128 的张量的维度尺寸转换成 32×32×3，即一幅输入图像的维度尺寸。这里使用的激活函数是 tanh 函数。

读者在自己构建图像生成器时，一定要注意维度的变化，确保可以从输入维度顺利转换到想要的输出维度。

第三步：构建鉴别器

```
23  def define_discriminator(in_shape=(32, 32, 3)):
24      model = Sequential()
25      model.add(Conv2D(64, kernel_size=(3, 3), padding='same', input_
        shape=in_shape))
26      model.add(LeakyReLU(alpha=0.2))
27      model.add(Conv2D(128, kernel_size=(3, 3), strides=(2, 2), padding
        ='same'))
28      model.add(LeakyReLU(alpha=0.2))
29      model.add(Conv2D(128, kernel_size=(3, 3), strides=(2, 2), padding
        ='same'))
30      model.add(LeakyReLU(alpha=0.2))
31      model.add(Conv2D(256, kernel_size=(3, 3), strides=(2, 2), padding
        ='same'))
32      model.add(LeakyReLU(alpha=0.2))
```

```
33    model.add(Flatten())
34    model.add(Dropout(0.4))
35    model.add(Dense(1, activation='sigmoid'))
36    optimizer = Adam(lr=0.0002, beta_1=0.5)
37    model.compile(loss='binary_crossentropy', optimizer=optimizer,
      metrics=['accuracy'])
38    return model
```

和生成器一样，在第 24 行将鉴别器定义为序列模型。

对于鉴别器来说，输入维度是 32×32×3，输出是一个标量，整个网络的搭建不能违反这个规则。此外，这个网络的结构类似于第 5 章搭建的图像分类的 CNN 模型。

首先在第 25 行用 Conv2D 对输入图像进行处理，得到的维度是 32×32×64。接着在第 26 行设置了一个激活函数 Leaky ReLU。

第 27 行、第 29 行、第 31 行的连续 3 个 strides=(2, 2) 使得输出维度变为 4×4×256。然后在第 33 行用 Flatten() 函数把这个 4×4×256 的输出"拉直"。

因为担心出现过拟合，所以在第 34 行引入了 Dropout 并将参数设置为 0.4。在后期可以更改这个参数，看看能否提升网络性能。

最后在第 35 行用了一个仅有一个神经元的 Dense 层直接完成标量的输出。因为这里要实现二分类，所以激活函数是 sigmoid。

第 36 行和第 37 行分别设置了 Adam 优化算法和模型的编译。

第四步：定义 GAN

```
39    def define_gan(gen_model, dis_model):
40        dis_model.trainable = False
41        model = Sequential()
42        model.add(gen_model)
43        model.add(dis_model)
44        opt = Adam(lr=0.0002, beta_1=0.5)
45        model.compile(loss='binary_crossentropy', optimizer=opt)
46        return model
```

第 40 行把参数 trainable 设置成 False，表示固定鉴别器的参数。接着在第 41 行设置了序列模型。然后在第 42 行和第 43 行把生成器和鉴别器模型组装起来。最后在第 44 行设置 Adam 优化算法，在第 45 行进行编译。

第五步：从 CIFAR-10 数据集载入数据

```
47    def load_real_samples():
48        (trainX, _), (_, _) = load_data()
49        X = trainX.astype('float32')
50        X = (X - 127.5) / 127.5
51        return X
```

首先在第 48 行使用 load_data() 函数载入 CIFAR-10 数据集。因为不需要测试数据和分类标签，所以只需把输入图像赋给变量 trainX。接下来在第 49 行把输入图像矩阵中的数字转换为 float32 数据类型。X 的范围是 0～255，而我们需要将这个范围变为－1～＋1，所以用第 55 行完成转换。

第六步：从真实数据中随机采样

```
52    def generate_real_samples(dataset, n_samples):
53        ix = randint(0, dataset.shape[0], n_samples)
54        X = dataset[ix]
55        y = ones((n_samples, 1))
56        return X, y
```

从真实数据中随机采样的目的是训练鉴别器。鉴别器同时需要真实数据和"假"数据才能训练好。

第 53 行设置了一个 ix 数组，用于在 0 和样本数量 dataset.shape[0] 中随机取 n_samples 个数。这些随机数是从真实图像中随机采样的序号。例如，ix 是 [1, 30, 96]，则从真实图像中取第 1 幅、第 30 幅和第 96 幅图像。

第 54 行将取出的图像放到 X 中。

因为取出的都是真实图像，所以需要设定一个 y 作为标签，以便标注这些图像。设定 y 的另一个原因是鉴别器的学习属于监督学习，既然是监督学习，就必须做标签。在第 55 行用 ones() 函数完成了这项任务，得到的 y 是一个 n_samples×1 的向量。

第七步：生成用于触发生成器工作的随机向量

```
57   def generate_latent_points(latent_dim, n_samples):
58       x_input = randn(latent_dim * n_samples)
59       x_input = x_input.reshape(n_samples, latent_dim)
60       return x_input
```

生成器借助"吃"随机向量来生成数据，这段代码定义的函数就是用来给生成器"喂"向量的。第 58 行在标准正态分布（标准差为 1，均值为 0）中随机产生 latent_dim×n_samples 个数字，以形成一个数组，并在第 59 行把这些数字重新排布成二维矩阵，矩阵的维度是 n_samples×latent_dim。

第八步：用生成器生成"假"图像

```
61   def generate_fake_samples(gen_model, latent_dim, n_samples):
62       x_input = generate_latent_points(latent_dim, n_samples)
63       X = gen_model.predict(x_input)
64       y = zeros((n_samples, 1))
65       return X, y
```

这段代码定义的函数的作用是利用生成器生成"假"数据。先在第 62 行调用第七步中定义的函数生成向量。接着在第 63 行把这些向量全部"喂"给生成器 gen_model，并用 predict() 函数让生成器生成图像。因为生成的图像是"假"数据，所以在第 64 行用 zeros() 函数将标签 y 设置成全为 0。

第九步：绘制与保存图像

```
66   def save_plot(examples, epoch, n=7):
67       examples = (examples + 1) / 2.0
68       for i in range(n * n):
69           pyplot.subplot(n, n, 1 + i)
70           pyplot.axis('off')
71           pyplot.imshow(examples[i])
72       filename = 'generated_plot_e%03d.png' % (epoch + 1)
```

```
73        pyplot.savefig(filename)
74        pyplot.close()
```

这段代码定义的函数的作用是绘制和保存图像。第 67 行将代表生成图像的向量从 [-1, 1]
变成 [0, 1]。接着在第 68 ～ 71 行设置一个 7×7 的图像矩阵,每个元素代表一幅生成的图像。
然后在第 72 行和第 73 行存储这些图像。最后在第 74 行关闭图像。运行程序后就能在计算
机中找到生成的图像文件。

第十步: 评估模型的性能

```
75    def summarize_performance(epoch, gen_model, dis_model, dataset,
      latent_dim, n_samples=150):
76        X_real, y_real = generate_real_samples(dataset, n_samples)
77        _, acc_real = dis_model.evaluate(X_real, y_real, verbose=0)
78        x_fake, y_fake = generate_fake_samples(gen_model, latent_dim,
          n_samples)
79        _, acc_fake = dis_model.evaluate(x_fake, y_fake, verbose=0)
80        print('>Accuracy real: %.0f%%, fake: %.0f%%' % (acc_real * 100,
          acc_fake * 100))
81        save_plot(x_fake, epoch)
82        filename = 'generator_model_%03d.h5' % (epoch + 1)
83        gen_model.save(filename)
```

首先在第 76 行得到真实图像和标签,接着在第 77 行用 evaluate() 函数评估鉴别器对真
实图像的识别率。同样,在第 78 行和第 79 行评估鉴别器对 "假" 图像的识别率。第 82 行
和第 83 行存储生成器的权重参数,当然也可以修改为存储鉴别器的权重参数,然而在当前
任务下,笔者认为必要性并不大。

第十一步: 训练部署

```
84    def train(gen_model, dis_model, gan_model, dataset, latent_dim,
      n_epochs=200, batch_size=128):
85        bat_per_epo = int(dataset.shape[0] / batch_size)
86        half_batch = int(batch_size / 2)
```

```
87        for i in range(n_epochs):
88            for j in range(bat_per_epo):
89                X_real, y_real = generate_real_samples(dataset, half_
                  batch)
90                d_loss1, _ = dis_model.train_on_batch(X_real, y_real)
91                X_fake, y_fake = generate_fake_samples(gen_model, latent_
                  dim, half_batch)
92                d_loss2, _ = dis_model.train_on_batch(X_fake, y_fake)
93                X_gan = generate_latent_points(latent_dim, batch_size)
94                y_gan = ones((batch_size, 1))
95                g_loss = gan_model.train_on_batch(X_gan, y_gan)
96                print('>%d, %d/%d, d1=%.3f, d2=%.3f g=%.3f' % (i + 1,
                  j + 1, bat_per_epo, d_loss1, d_loss2, g_loss))
97            if (i + 1) % 10 == 0:
98                summarize_performance(i, gen_model, dis_model, dataset,
                  latent_dim)
```

第 85 行用数据总量除以 batch_size，求得每一个 epoch 有多少批数据。

第 87 行和第 88 行设置两个循环，一个负责 epoch，另一个负责每个 epoch 中每一批数据的运算。

每一批数据来的时候，首先在第 89 行得到真实数据及对应的标签，接着在第 90 行利用 train_on_batch() 函数评估鉴别器对真实数据的识别能力。在第 91 行和第 92 行用生成器生成"假"数据，再利用 train_on_batch() 函数评估鉴别器对"假"数据的识别能力。在这几行中，我们只需要知道两个损失函数的值，同时，这里暂时没有对生成器进行参数更新，而是让鉴别器进行学习并更新参数。

在第 93 行生成触发生成器工作的向量 X_gan。接着在第 94 行得到真实数据的标签 y_gan。第 95 行更新整个 GAN 的参数，又因为在 gan_model 中关掉了鉴别器的参数更新（第 40 行），所以只有生成器的参数会参与更新。

实际上，在这个函数里做的事就是让鉴别器和生成器交替训练。先固定生成器参数，训练鉴别器；再固定鉴别器参数，训练生成器。如此循环往复，最终完成 GAN 的训练。

在第 96 行输出每个损失函数，用于监控训练。第 97 行和第 98 行表示每 10 个 epoch 就调用一次第十步定义的函数，并监控训练的准确率，同时存储生成器的参数。

第十二步：模型训练

```
99    latent_dim = 100
100   dis_model = define_discriminator()
101   gen_model = define_generator(latent_dim)
102   gan_model = define_gan(gen_model, dis_model)
103   dataset = load_real_samples()
104   train(gen_model, dis_model, gan_model, dataset, latent_dim)
```

前面几步把所有的函数都定义好了，模型训练也已部署好，现在终于可以开始训练了。首先在第 99 行把生成器的输入向量维度定为 100，然后在第 100～102 行分别得到鉴别器、生成器和 GAN 模型，再在第 103 行载入真实数据，最后在第 104 行调用第十一步定义的函数对模型进行训练。

第十三步：生成器的使用

```
105   def create_plot(examples, n):
106       for i in range(n * n):
107           pyplot.subplot(n, n, 1 + i)
108           pyplot.axis('off')
109           pyplot.imshow(examples[i, :, :])
110       pyplot.show()
```

这段代码定义的函数用于绘图，和第九步定义的函数类似，故不再详细解释。

随后可以用 load_model() 函数调取存储的参数，再用 generate_latent_points() 函数生成用于触发生成器工作的向量。接着将生成的向量作为 predict() 函数的输入，就可以得到生成器的输出。但要注意的是，训练时生成器的输入范围是 -1～+1，那么输出也是 -1～+1，需要把这个范围变成 0～1，具体方法在前面讲过，故不再赘述。最后可以用 create_plot() 函数将生成的图像绘制出来。

希望大家在理解这个案例的基础上修改一些参数，并检查它们是否可以对提升 DCGAN 的性能起到一定的作用。

第 10 章

AI 的眼睛 I
——基于 CNN 的图像识别

- VGGNet
- Inception
- ResNet
- 迁移学习

在本章开始之前，先回想一下生活中常见的场景：用手机自拍时，拍照 App 能自动识别出人脸，并用方框"框"出来，以便进行对焦等操作；在相册管理 App 中指定一张照片，App 就能用文字精准地描述照片的内容；在高速公路上开车不小心超速，车牌被摄像机拍下后，车牌中的字母和数字会被识别出来，交给交管部门通知车主缴纳罚款。让这一切得以实现的就是深度学习，而在深度学习中，这些应用场景都属于图像识别这一分支领域。

新手常会混淆图像识别与计算机视觉（Computer Vision，CV）这两个概念。笔者认为，计算机视觉旨在用计算机模拟人的视觉系统，并做出一定的后续反应。例如，自动驾驶汽车上的计算机视觉系统通过摄像头传回的路况照片发现了前方的行人或其他车辆，并对行人或其他车辆进行跟踪和测距，从而指挥本车减速或避让。而图像识别则是让计算机告诉我们图像中有什么，或者对图像进行分类。例如，相册管理 App 识别出照片中有一只小狗并为照片添加"狗"的标签，智能辅助诊断系统通过 CT 影像判断病人是否感染，OCR 软件将手写文稿的照片转换成可编辑文档。图像识别可以视为计算机视觉的一个分支领域。

图像识别的应用范围非常广，可以说是当前最"接地气"的深度学习分支领域之一。第 5 章学习的 CNN 让图像识别任务变得非常简单。CNN 具有独特的优势，即同一个特征在图像上的任何位置都不会影响 CNN 对这个特征的识别，这使得 CNN 特别适合应用于图像识别。因此，CNN 自诞生以来一直活跃在图像识别这一"战场"的最前线。

随着计算机运算能力的提升，科学家们开始优化网络结构并冲击更高的识别精准率，各种基于 CNN 的深度卷积神经网络相继面世。下图展示了基于 CNN 的深度神经网络的发展历史[①]。这些研究图像识别的研究组也喜欢用 ImageNet 的数据来训练他们研究的新网络结构。2012 年，拥有 60 兆大小权重参数的 AlexNet 的错误率为 16.4%；两年之后，仅有 24 兆大小权重参数的 Inception V3 的错误率只有 3.5%；紧接着，由微软公司的华裔研究团队提出的 ResNet 的错误率也只有 3.5% 左右。可见其发展速度还是相当惊人的。在移动端的应用上，也有人将传统的复杂深度图像识别网络进行一定精简之后提出了 MobileNet 系列网络结构，使手机端的图像识别效率得到大幅提高。

图像识别领域的知识相当丰富，很难用一章的篇幅讲完。因此，本章会先带大家了解三种使用最广泛的图像分类结构：VGGNet、Inception、ResNet。了解了这三种网络的基本思想和结构，理解甚至应用其他图像识别类网络就绝非难事了。然后还会讲解如何借助迁移学习运用一些预先训练好的模型，完成自己的图像识别任务。

---

① 来源：https://arxiv.org/ftp/arxiv/papers/1901/1901.06032.pdf

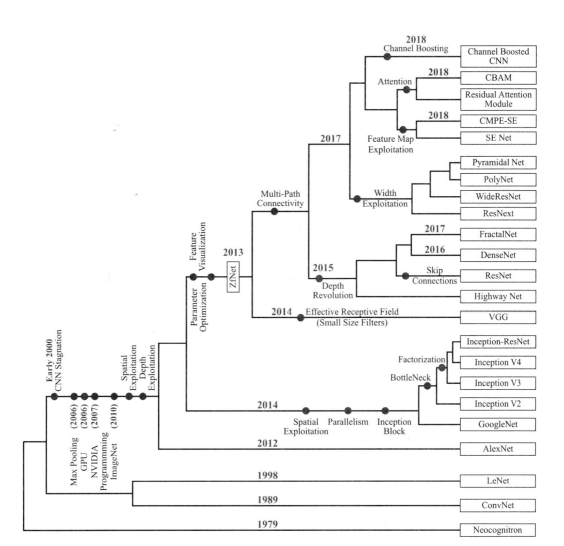

10.1　VGGNet

　　VGG（Visual Geometry Group）是一支来自牛津大学的研究团队，专注于计算机视觉领域，著名的 VGG13、VGG16、VGG19 等系列结构都出自该团队之手。他们在研究过程中发现了如下能在一定程度上提升 CNN 结构性能的"独门秘籍"：首先，增加卷积层数量；接着在卷积层中使用 3×3 滤波器，将步长设置成 1，永远使用 SAME 填充方式；在最大池化层中使用 2×2 滤波器，将步长设置成 1。在 2014 年的 ILSVRC（ImageNet Large-Scale Visual Recognition Challenge，ImageNet 大规模图像识别挑战赛）中，该团队凭借 VGG16 获得了分类＋定位任务的冠军。因此，本节以 VGG16 为例进行讲解。

1．VGG16 的基本结构

VGG16 的基本结构如下图[①] 所示，其与第 5 章中讲解的一般 CNN 结构十分类似，因此搭建难度较低。

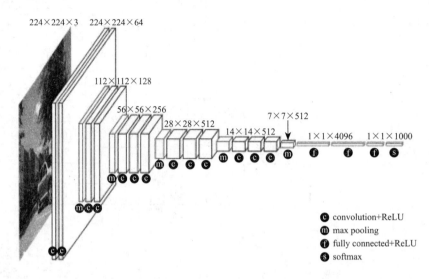

我们可以按照下表[②] 搭建 VGG16 网络。

ConvNet Configuration					
A	A-LRN	B	C	D	E
11 weight layers	11 weight layers	13 weight layers	16 weight layers	16 weight layers	19 weight layers
input (224 × 224 RGB image)					
conv3-64	conv3-64 **LRN**	conv3-64 **conv3-64**	conv3-64 conv3-64	conv3-64 conv3-64	conv3-64 conv3-64
maxpool					
conv3-128	conv3-128	conv3-128 **conv3-128**	conv3-128 conv3-128	conv3-128 conv3-128	conv3-128 conv3-128
maxpool					
conv3-256 conv3-256	conv3-256 conv3-256	conv3-256 conv3-256	conv3-256 conv3-256 **conv1-256**	conv3-256 conv3-256 **conv3-256**	conv3-256 conv3-256 conv3-256 **conv3-256**

---

① 来源：https://www.cs.toronto.edu/~frossard/post/vgg16/。
② 来源：https://arxiv.org/pdf/1409.1556.pdf。

续表

ConvNet Configuration					
A	A-LRN	B	C	D	E
maxpool					
conv3-512 conv3-512	conv3-512 conv3-512	conv3-512 conv3-512	conv3-512 conv3-512 **conv1-512**	conv3-512 conv3-512 **conv3-512**	conv3-512 conv3-512 conv3-512 **conv3-512**
maxpool					
conv3-512 conv3-512	conv3-512 conv3-512	conv3-512 conv3-512	conv3-512 conv3-512 **conv1-512**	conv3-512 conv3-512 **conv3-512**	conv3-512 conv3-512 conv3-512 **conv3-512**
maxpool					
FC-4096					
FC-4096					
FC-1000					
softmax					

从上表可以看出，C 和 D 都有 16 层，VGG16 因此而得名。其中"conv3-64"代表选择卷积层，滤波器大小是 3×3，通道数（滤波器数量）是 64。

2. 手动编写代码搭建 VGG16 模型

代码文件：chapter_10_VGG_16_manual.py

这里从上表中选择 D 进行搭建。

第一步：载入需要的库

```
from keras.layers import Conv2D, MaxPooling2D, Flatten, Dense
from keras.models import Sequential
from keras.utils.vis_utils import plot_model
```

第二步：添加卷积层

```
model=Sequential()
```

```
5   model.add(Conv2D(input_shape=(224, 224, 3), filters=64, kernel_
    size=(3, 3), padding='same', activation='relu'))
6   model.add(Conv2D(filters=64, kernel_size=(3, 3), padding='same',
    activation='relu'))
7   model.add(MaxPooling2D(pool_size=(2, 2), strides=(2, 2)))
8   model.add(Conv2D(filters=128, kernel_size=(3, 3), padding='same',
    activation='relu'))
9   model.add(Conv2D(filters=128, kernel_size=(3, 3), padding='same',
    activation='relu'))
10  model.add(MaxPooling2D(pool_size=(2, 2), strides=(2, 2)))
11  model.add(Conv2D(filters=256, kernel_size=(3, 3), padding='same',
    activation='relu'))
12  model.add(Conv2D(filters=256, kernel_size=(3, 3), padding='same',
    activation='relu'))
13  model.add(Conv2D(filters=256, kernel_size=(3, 3), padding='same',
    activation='relu'))
14  model.add(MaxPooling2D(pool_size=(2, 2), strides=(2, 2)))
15  model.add(Conv2D(filters=512, kernel_size=(3, 3), padding='same',
    activation='relu'))
16  model.add(Conv2D(filters=512, kernel_size=(3, 3), padding='same',
    activation='relu'))
17  model.add(Conv2D(filters=512, kernel_size=(3, 3), padding='same',
    activation='relu'))
18  model.add(MaxPooling2D(pool_size=(2, 2), strides=(2, 2)))
19  model.add(Conv2D(filters=512, kernel_size=(3, 3), padding='same',
    activation='relu'))
20  model.add(Conv2D(filters=512, kernel_size=(3, 3), padding='same',
    activation='relu'))
21  model.add(Conv2D(filters=512, kernel_size=(3, 3), padding='same',
    activation='relu'))
22  model.add(MaxPooling2D(pool_size=(2, 2), strides=(2, 2)))
```

因为网络没有其他形式的连接，所以在第 4 行建立一个序列模型。

第 5 行输入的数据是 224×224×3 的彩色 RGB 图像。因为论文原文使用的输入向量的维度尺寸是 224×224×3，所以这里也用这个尺寸举例。读者可以更改为其他尺寸，但是切记要将整个网络的维度平衡计算正确。

按照前面的表格，在第 6 行设置 64 个滤波器，然后在第 7 行设置池化层。按照这种"卷积层＋池化层"的方式不断堆叠，最终来到第 22 行，建立最后一个池化层。

第三步：添加全连接层

```
23    model.add(Flatten())
24    model.add(Dense(units=4096, activation='relu'))
25    model.add(Dense(units=4096, activation='relu'))
26    model.add(Dense(units=1000, activation='softmax'))
```

为了连接后面的全连接层，必须在连接之前将多维向量"拉直"。最后一个池化层输出的向量维度是 7×7×512，所以在第 23 行用 Flatten() 函数把这个向量变成一维向量。

第 24～26 行是连续 3 个全连接层。在第 26 行中，有多少个类别（标签），就需要将 units 设置成多少，并用 softmax 作为激活函数。

如果要编译模型，可以选择 Adam 优化算法和 categorical_crossentropy 损失函数。

第四步：查看模型

```
27    model.summary()
28    plot_model(model, to_file='vgg_16.png', show_shapes=True, show_
      layer_names=True)
```

这一步查看模型总结并生成模型框图。有了这个模型，就可以像第 5 章最后的案例那样加入自己的训练数据了。

3．用 Keras 快速搭建 VGG16 模型

代码文件：chapter_10_VGG_16_keras.py

因为 VGG 模型已经比较成熟，所以 Keras 也提供了搭建模型的捷径。使用如下代码即可建立 VGG16 模型：

```
1    from keras.applications.vgg16 import VGG16
2    model = VGG16()
3    print(model.summary())
```

第 1 行载入库，第 2 行引入 VGG16 模型，第 3 行查看模型结构。这个模型的结构应该和前面手动搭建的 VGG16 完全相同。读者也可引入自己的数据重新训练 VGG16，只需设置 VGG16(weights=None)。

如果要用现成的 VGG16 模型进行预测，那么可以用以下代码实现：

```
1   from keras.preprocessing import image
2   from keras.applications.vgg16 import preprocess_input, decode_
    predictions, VGG16
3   import numpy as np
4   model = VGG16(weight='imagenet')
5   img_path = '/path/your_image.jpg'
6   img = image.load_image(image, target_size=(224, 224))
7   x = image.img_to_array(img)
8   x = np.expand_dims(x, axis=0)
9   x = preprocess_input(x)
10  y_pred = model.predict(x)
11  print(decode_predictions(y_pred, top=3)[0])
```

第 4 行在 VGG16 里加载已经训练好的权重参数。第 5 行设定图片路径。第 6～9 行完成图片的加载和前处理。第 10 行将图片交给模型进行预测，并得到结果矩阵 y_pred。最后，第 11 行使用 decode_predictions() 函数把 y_pred 解读出来。需要注意的是，首次加载模型可能需要等待几分钟。

10.2 Inception

Inception 网络结构是谷歌的研究团队在 2014 年发表的论文 "Going Deeper with Convolutions" 中提出的。它凭借出色的性能在当年的 ILSVRC 中获得了目标检测任务的冠军。谷歌在此基础上再接再厉，相继推出了 Inception V2、Inception V3 等升级版结构。目前，这个模型被广泛应用在计算机视觉的多个分支领域。

1. Inception 模块的基本结构

第 5 章介绍的 CNN 和 10.1 节介绍的 VGGNet 在结构上都是将卷积层、池化层等串联起来，因此只需要建立一个序列模型（在 Keras 中用 Sequential 来构建）。但这类结构存在一种限制，在滤波器的选择上会遇到一些麻烦。为什么这么说呢？来看下面的三张图片。

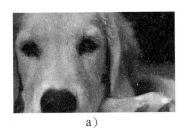  

        a）   b）   c）

三张图片中的狗在图片中占据的面积依次减小。尺寸较大的滤波器对占据图片面积较大的特征比较敏感；相反，尺寸较小的滤波器对占据图片面积较小的特征比较敏感。如果这三张图片都出现在训练数据集里，为了保证训练效果，该怎么办呢？有些读者也许会脱口而出：效果不够，层数来凑，神经元来凑。但是，层数太多会导致过拟合（参见第 4 章），而且对计算资源的消耗很大，程序会运行得非常慢。此时你也许会想：如果可以把大的滤波器和小的滤波器放在同一个卷积层中一起使用，不就解决问题了吗？正是这个"贪婪"的想法启发了研究人员，从而设计出了 Inception 结构。

Inception 模块的具体结构如下图[①]所示。

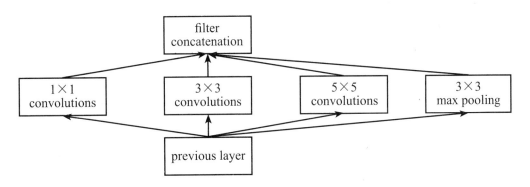

一个大网络应包含多个 Inception 模块，例如，GoogleNet 就包含 9 个这样的模块。上图清楚地描述了如何实现前面那个"贪婪"的想法：3 个尺寸分别为 1×1、3×3 和 5×5 的滤波器被并联到输入和输出之间，此外还有一个 3×3 的最大池化层。每个滤波器都会用到 SAME 填充，这就意味着滤波器输出的维度与输入数据在宽度和高度上相同，在通道数方向上不同，而通道数方向上的维度由滤波器数量决定。这 4 个并联的模块最终会在 filter concatenation 模块汇合并在通道数方向上堆叠在一起。下面以论文原文为例做一次维度运算。

---

① 来源：https://arxiv.org/pdf/1312.4400.pdf。

假设这个 Inception 模块的输入数据的维度尺寸是 28×28×192（在 previous layer），那么经过 64 个 1×1 的滤波器、128 个 3×3 的滤波器、32 个 5×5 的滤波器后得到的 3 个输出的维度尺寸分别是 28×28×64、28×28×128、28×28×32。这几个输出的宽度和高度都是 28，因此可以在第三个维度（即通道数方向）上进行堆叠。要让最大池化层的输出也可以堆叠，需要用到步长为 1 的 Same Max Pooling。论文最终在这个最大池化层后得到了维度为 28×28×32 的输出，最后将这 4 组结果进行堆叠，可得到维度为 28×28×256 的输出。

接下来看看运算成本。输入数据的维度尺寸为 28×28×192，经过 64 个 1×1 的滤波器后，得到维度尺寸为 28×28×64 的输出。可以计算出一个滤波器中需要 1×1×192 个参数。为了得到 28×28×64 的输出，需要运算 28×28×64×1×1×192 ≈ 960 万次。接下来的 128 个 3×3 的滤波器需要运算 28×28×128×3×3×192 ≈ 1.7 亿次，32 个 5×5 的滤波器需要运算 28×28×32×5×5×192 ≈ 1.2 亿次。由此可见，这个 Inception 模块对计算资源的消耗相当大。运算量等于输出矩阵的元素数量和单个滤波器参数数量的乘积，如果输出矩阵的维度一定，那么可以通过修改滤波器维度来减少运算次数。而滤波器尺寸（这里指 1×1、3×3 等）不可能修改，那么就修改滤波器厚度。滤波器厚度又要和输入矩阵的厚度相等，此时我们希望可以对输入矩阵进行厚度方向上的降维，第 5 章讲过用滤波器可以做到。将这个原理套用在 Inception 模块中，可以得到如下图[1]所示的结构。

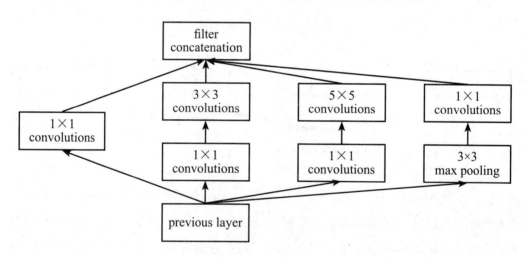

该结构在 3×3 和 5×5 滤波器的卷积层前分别加了一个 1×1 滤波器的卷积层。下面以 3×3 滤波器的卷积层为例进行讲解。输入矩阵仍然是 28×28×192，经过 16 个 1×1 滤波器后，得到的输出矩阵维度是 28×28×16。这一步需要运算 28×28×16×1×1×192 ≈ 240

① 来源：https://arxiv.org/pdf/1312.4400.pdf。

万次。接下来的维度为 28×28×16 的矩阵会作为含有 128 个 3×3 滤波器的卷积层的输入。为了得到 28×28×128 的输出，要运算 28×28×128×3×3×16 ≈ 1445 万次。两次运算共计约 1700 万次。按照同样的方法，可以得到整个 Inception 模块的运算次数。用上图的方法，运算次数会大大降低，从而大大提高了运算速度。

2．手动编写代码搭建 Inception 模块

代码文件：chapter_10_inception_manual.py

下面来看看如何手动搭建一个 Inception 模块。

第一步：载入需要的库

```
1  from keras.layers import Input，Conv2D, MaxPooling2D
2  from keras.utils.vis_utils import plot_model
3  import keras
```

第二步：搭建 Inception 模块

```
4   input_layer = Input(shape=(28, 28, 192))
5   branch_1 = Conv2D(filters=64, kernel_size=(1, 1), padding='same',
    activation='relu')(input_layer)
6   branch_2 = Conv2D(filters=16, kernel_size=(1, 1), padding='same',
    activation='relu')(input_layer)
7   branch_2 = Conv2D(filters=128, kernel_size=(3, 3), padding='same',
    activation='relu')(branch_2)
8   branch_3 = Conv2D(filters=16, kernel_size=(1, 1), padding='same',
    activation='relu')(input_layer)
9   branch_3 = Conv2D(filters=32, kernel_size=(5, 5), padding='same',
    activation='relu')(branch_3)
10  branch_4 = MaxPooling2D(pool_size=(3, 3), strides=(1, 1), padding
    ='same')(Input_layer)
11  branch_4 = Conv2D(filters=16, kernel_size=(1, 1), padding='same',
    activation='relu')(branch_4)
12  Inception_output = keras.layers.concatenate([branch_1, branch_2,
    branch_3, branch_4], axis=3)
```

```
13   model = keras.model(inputs=Input_layer, outputs=Inception_output,
     name='inception_model')
14   model.summary()
15   plot_modl(model, to_file='inception.jpg', show_shapes=True, show_
     layer_names=True)
```

从 Inception 模块示意图的最左边开始搭建。首先是一个包含 1×1 滤波器的卷积层，即第 5 行的 branch_1。

接着来看包含 3×3 滤波器的卷积层。先在第 6 行用 input_layer 作为 branch_2 的第一层输入，由包含 16 个 1×1 滤波器的卷积层进行降维之后，在第 7 行用 branch_2 作为输入，完成第二层包含 3×3 滤波器的卷积层的计算。

使用同样的方法，得到右边的 branch_3 和 branch_4。

最后，在第 12 行用 concatenate() 函数将几个 branch 汇总，方向是 axis=3，即厚度方向。在前面几行代码中使用 SAME 填充是为了保证在 axis=3 方向上可以进行堆叠。

如果想手动搭建自定义 Inception 网络，那么只需要把以上代码段放入一个函数中，再不停地调用这个函数就可以了。

我们可以把这个 Inception 模块不断地串联叠加成 Inception 网络。第一代 Inception 网络（Inception V1）即 GoogleNet，其结构示意图见本书配套的学习资源。该图看似复杂，但基于笔者对 Inception 模块的了解，其还是很好理解的。只有一点需要注意，这个网络中出现了好几个 softmax 分类器。研究人员这么做是因为网络比较大，出现过拟合的可能性就比较高。为了避免这种情况，他们加了几个 softmax 分类器。通过这几个 softmax 分类器得到的损失会被求和，最终得到一个相对较大的损失。在原始论文中，作者并不是将这几个损失简单相加，而是给了 softmax0 和 softmax1 0.3 的权重，故总损失 = softmax2 带来的损失 + 0.3×(softmax0 带来的损失 + softmax1 带来的损失)。因此，这几个 softmax 分类器也有一定的归一化效果，能在一定程度上减少过拟合。还有人发现，增加两个 softmax 分类器对避免梯度消失也有一定作用。不过，在预测时，这几条拥有 softmax 分类器的分支会被禁用。

3．用 Keras 快速搭建 Inception V3 模型

代码文件：chapter_10_inceptionv3_keras.py

提出 Inception 的研究人员随后不断改进模型，并在 "Rethinking the Inception Architecture for Computer Vision"一文中提出了"魔改"后的 Inception V3，如下图①所示。感兴趣读者可以根据论文的详细内容对网络结构进行复现。

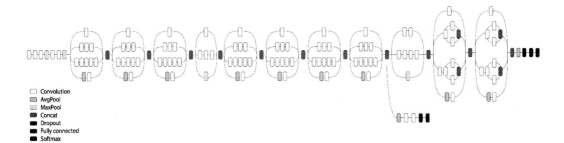

因为对计算资源的要求较高，所以重新训练一个 Inception V3 对大部分人来说并不现实。不过不必担心，Keras 已经准备好了原厂内置的 Inception V3 模型和训练好的参数，通过以下几行代码即可轻松调用 Inception V3 模型：

```
1   from keras.applications.inception_v3 import InceptionV3
2   from keras.preprocessing import image
3   from keras.applications.inception_v3 import preprocess_input, de-
    code_predictions
4   import numpy as np
5   model = InceptionV3(weights='imagenet')
6   img_path = '/path/your_image.jpg'
7   img = image.load_img(img_path, target_size=(299, 299))
8   x = image.img_to_array(img)
9   x = np.expand_dims(x, axis=0)
10  x = preprocess_input(x)
11  y_pred = model.predict(x)
12  print(decode_predictions(y_pred, top=3)[0])
```

第 1～4 行载入需要的库。第 5 行引入已经训练好的 Inception V3 模型及参数。第 6～10 行完成图片载入、尺寸修改和数据前处理。第 11 行对图片进行预测，其中 x 是输入向量。

如果对 ImageNet 这个训练样本的训练结果不满意，也可以重新训练属于自己的 Inception V3 模型。需要将第 5 行改成 inception_v3_model = InceptionV3(input_shape=input_shape, include_top=False, weights=None)。输入的维度 input_shape 需要事先定义好。如果输入尺

---

① 来源：https://medium.com/google-cloud/keras-inception-v3-on-google-compute-engine-a54918b0058。

寸不是 299×299×3，则必须将 include_top 设置成 False。此外，还要将 weights 设置成 None，否则会取默认值 'imagenet'。然后在后面设置好模型的输入和输出 model = Model(inputs=inception_v3_model.input, outputs=y)，并手动定义最后的分类器。

10.3　ResNet

如果要提高神经网络的性能，增加神经网络的深度也许是个不错的办法。然而，随着神经网络深度的增加，梯度消失和梯度爆炸的问题会变得越来越显著。并且实验结果证明，当深度增加到一定程度以后，神经网络的性能会达到饱和，继续增加网络的深度反而有可能降低网络的性能。如下图[①]所示，当深度从 20 层增加到 56 层后，不论是测试误差还是训练误差都增加了，因此，这种现象并不是过拟合造成的。

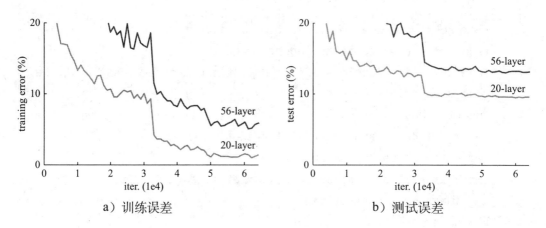

a）训练误差　　　　　　　　　　　　　b）测试误差

我们希望网络增加到一定层数、性能被优化到极致时，继续增加层数不会降低性能。例如，当层数为 30 时，性能被完全"榨取干净"了，此时再增加几层，性能不会下降。那么，继续增加的几层必须要完成等效映射（identity mapping），即函数的输出等于输入，如 $f(x)=x$。因此，第 30 层的输出经过后面的几层并不会发生变化。为了达到这个目的，科学家提出了如下图所示的想法。

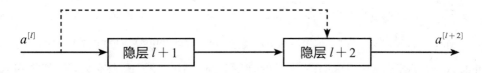

---

① 来源：https://arxiv.org/pdf/1512.03385.pdf。

在上图中，$a^{[l]}$ 是第 l 层的输出，$a^{[l+2]}$ 是第 $l+2$ 层的输出。虚线箭头使这几个隐层组成了一个 Residual Block。下面从数学角度分析它的具体原理。

从第 l 层到第 $l+1$ 层：

$$z^{[l+1]}=W^{[l+1]}a^{[l]}+b^{[l+1]} \qquad a^{[l+1]}=g(z^{[l+1]})$$

从第 $l+1$ 层到第 $l+2$ 层：

$$z^{[l+2]}=W^{[l+2]}a^{[l+1]}+b^{[l+2]} \qquad a^{[l+2]}=g(z^{[l+2]}+a^{[l]})$$

以上公式中，除了 $a^{[l]}$，其他部分和前面章节中学的没有区别。$a^{[l]}$ 对应的是上图中的虚线箭头。就是这个看似简单的操作，对计算机视觉领域的发展起到了巨大的推动作用。

如果网络在第 l 层达到了性能巅峰，那么我们希望 $a^{[l+2]}=a^{[l]}$。随着训练的进行，网络会在最后将 $a^{[l+2]}$ 中的参数逐渐优化到十分接近 0。因此，在训练结束时，$z^{[l+2]}$ 也会是一个接近 0 的矩阵，此时 $a^{[l+2]}=g(a^{[l]})$。如果将激活函数 g 假定为 ReLU，那么只要 $a^{[l]}$ 被激活，$a^{[l+2]}$ 就和 $a^{[l]}$ 相等，网络完成等效映射。这就是上图中虚线箭头的作用。

同样，如果后面还有更多的 Residual Block，那么网络最终的输出依然会停留在 $a^{[l]}$。简而言之，就是这根箭头让网络具备了自动找到最优层数的功能，一旦网络发现自己已经找到了最优层数，它就会自动屏蔽后面的隐层。

上面的例子使用的是 MLP 的正向传播公式，其原理同样可以套用在 CNN 中。如果没有这根箭头，且还要让网络完成等效映射，那么网络会感觉到"压力山大"。因此，我们习惯将这根箭头称为"捷径"（shortcut）。这样的结构还有一个好处，就是没有增加额外的学习参数，因而没有给计算机带来额外的运算压力。是不是很巧妙呢？本节就要讲解基于 Residual Block 设计的 ResNet。

1．ResNet 的基本结构

在提出 ResNet 的论文中，作者将卷积层放入 Residual Block 结构中，并用一个 34 层的 ResNet 击败了没有 Residual Block 结构（plain network）的 34 层网络。在本书配套的学习资源中提供了论文中的 ResNet 结构示意图。

仔细观察 ResNet 结构示意图可以发现，Residual Block 可能存在不同的滤波器参数，例如，有的是 512 个滤波器，有的是 256 个滤波器。我们可以将 Residual Block 放入函数，将滤波器参数作为函数的输入。图中共有两种 Residual Block：一种需要改变输入维度（用虚线箭头表示),另一种则不需要(用实线箭头表示)。如果要改变输入维度,那么需要在"捷径"上加入包含 1×1 滤波器的卷积层,如下图所示。这个卷积层称为 Convolutional Block。

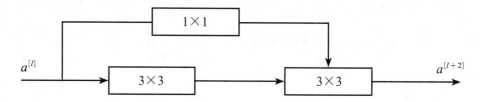

用实线箭头表示的 Residual Block 称为 Identity Block,和上图的不同在于"捷径"上没有包含 1×1 滤波器的卷积层。

2．手动编写代码搭建 ResNet

代码文件: chapter_10_resnet_manual.py

如果要用 Keras 手动搭建 ResNet,可以把 Identity Block 和 Convolutional Block 分别放入不同的函数,最后再用一个大的函数来控制它们的堆叠。

第一步: 导入需要的库

```
1  from keras.layers import Input, Conv2D, MaxPooling2D, BatchNor-
   malization, Activation, Add, Dense, AveragePooling2D, Flatten
2  from keras.utils.vis_utils import plot_model
3  from keras.models import Model
```

第二步: 搭建 Identity Block

```
4   def identity_block(filters, X):
5       X_shortcut = X
6       X = Conv2D(filters=filters, kernel_size=(3, 3), padding=
        'same')(X)
7       X = BatchNormalization(axis=-1)(X)
8       X = Activation('relu')(X)
9       X = Conv2D(filters=filters, kernel_size=(3, 3), padding=
        'same')(X)
10      X = BatchNormalization(axis=-1)(X)
```

```
11      X = Add()([X, X_shortcut])
12      X = Activation('relu')(X)
13      return X
```

第 4 行定义函数，用滤波器大小（filters）和 X 作为函数的输入。

我们必须在一开始就定义一个"捷径"，因此在第 5 行把输入 X 复制到 X_shortcut 中。

第 6 行和第 9 行建立了卷积层。在卷积层中，一定要记得使用 SAME 填充，否则会导致第 11 行的 Add() 函数因为维度问题无法进行计算。每一个卷积层的输出又要经历批量归一化再进行 ReLU 激活。最终将 X 和"捷径"在第 11 行相加，再在第 12 行激活。

要注意 BatchNormalization() 函数的参数 axis 的设置。批量归一化通常作用在通道所在的轴上，这里假设通道在最后一个轴，所以将 axis 设置成 -1。如果图片中的通道在第一个轴，那么要将 axis 设置成 1。Keras 会对除通道以外的所有轴方向计算均值和标准差。

第三步：搭建 Convolutional Block

```
14  def convolutional_block(filters, X):
15      X_shortcut = X
16      X = Conv2D(filters=filters, kernel_size=(3, 3))(X)
17      X = BatchNormalization(axis=-1)(X)
18      X = Activation('relu')(X)
19      X = Conv2D(filters=filters, kernel_size=(3, 3))(X)
20      X = BatchNormalization(axis=-1)(X)
21      X_shortcut = Conv2D(filters=filters, kernel_size=(1, 1),
        strides=(1, 1))(X_shortcut)
22      X = BatchNormalization(axis=-1)(X_shortcut)
23      X = Add()([X, X_shortcut])
24      X = Activation('relu')(X)
25      return X
```

Convolutional Block 的构造和 Identity Block 很相似，但是第 21 行和第 22 行在"捷径"上加了卷积层和批量归一化，目的是让第 23 行 Add() 函数中的 X 和 X_shortcut 的维度尺寸相等。

第四步：搭建 34 层的 ResNet

```
26   def ResNet(input_shape, num_classes):
27       X_input = Input(input_shape)
28       X = Conv2D(filters=64, kernel_size=(7, 7))(X)
29       X = BatchNormalization(axis=-1)(X)
30       X = Activation('relu')(X)
31       X = MaxPooling2D(pool_size=(3, 3), strides=(2, 2))(X)
32       X = convolutional_block(64, X)
33       X = identity_block(64, X)
34       X = identity_block(64, X)
35       X = convolutional_block(128, X)
36       X = identity_block(128, X)
37       X = identity_block(128, X)
38       X = identity_block(128, X)
39       X = convolutional_block(256, X)
40       X = identity_block(256, X)
41       X = identity_block(256, X)
42       X = identity_block(256, X)
43       X = identity_block(256, X)
44       X = identity_block(256, X)
45       X = convolutional_block(512, X)
46       X = identity_block(512, X)
47       X = identity_block(512, X)
48       X = AveragePooling2D(pool_size=(2, 2), padding='same')(X)
49       X = Flatten()(X)
50       X = Dense(units=num_classes, activation='softmax')(X)
51       model = Model(inputs=X_input, outputs=X)
52       return model
```

这一步的代码比较容易理解，故不做详细解释。

第五步：模型编译

```
53   input_shape = (300, 300, 3)
54   num_classes = 100
55   model = ResNet(input_shape=input_shape, classes=num_classes)
```

```
56    model.compile(optimizer='adam', loss='categorical_crossentropy',
      metrics=['accuracy'])
```

这一步将前几步定义好的函数放入模型中并进行编译。第 53 行和第 54 行中，参数 input_shape 和 num_classes 的值要根据训练数据的实际情况更改。第 56 行进行模型的编译，选择分类任务中常用的参数搭配，即 Adam 优化算法和 categorical_crossentropy 损失函数。

接下来可以导入数据并做好前处理，例如，将输入图像 X 中的每一个像素点除以 255，利用 to_categorical() 函数将标签 Y 全部变成 one-hot 向量。然后用 model.fit() 函数训练模型，训练结束后，用 model.predict() 函数进行预测。

到这里，ResNet 的核心算法就讲解完毕了。我们可以用同样的方法去构建 ResNet50、ResNet101 和 ResNet152。下表[①]对比了几种不同层数的 ResNet 结构。

layer name	output size	18-layer	34-layer	50-layer	101-layer	152-layer
conv1	112×112	7×7, 64, stride 2				
conv2_x	56×56	3×3 max pool, stride 2				
		$\begin{bmatrix} 3\times3, 64 \\ 3\times3, 64 \end{bmatrix}\times2$	$\begin{bmatrix} 3\times3, 64 \\ 3\times3, 64 \end{bmatrix}\times3$	$\begin{bmatrix} 1\times1, 64 \\ 3\times3, 64 \\ 1\times1, 256 \end{bmatrix}\times3$	$\begin{bmatrix} 1\times1, 64 \\ 3\times3, 64 \\ 1\times1, 256 \end{bmatrix}\times3$	$\begin{bmatrix} 1\times1, 64 \\ 3\times3, 64 \\ 1\times1, 256 \end{bmatrix}\times3$
conv3_x	28×28	$\begin{bmatrix} 3\times3, 128 \\ 3\times3, 128 \end{bmatrix}\times2$	$\begin{bmatrix} 3\times3, 128 \\ 3\times3, 128 \end{bmatrix}\times4$	$\begin{bmatrix} 1\times1, 128 \\ 3\times3, 128 \\ 1\times1, 512 \end{bmatrix}\times4$	$\begin{bmatrix} 1\times1, 128 \\ 3\times3, 128 \\ 1\times1, 512 \end{bmatrix}\times4$	$\begin{bmatrix} 1\times1, 128 \\ 3\times3, 128 \\ 1\times1, 512 \end{bmatrix}\times8$
conv4_x	14×14	$\begin{bmatrix} 3\times3, 256 \\ 3\times3, 256 \end{bmatrix}\times2$	$\begin{bmatrix} 3\times3, 256 \\ 3\times3, 256 \end{bmatrix}\times6$	$\begin{bmatrix} 1\times1, 256 \\ 3\times3, 256 \\ 1\times1, 1024 \end{bmatrix}\times6$	$\begin{bmatrix} 1\times1, 256 \\ 3\times3, 256 \\ 1\times1, 1024 \end{bmatrix}\times23$	$\begin{bmatrix} 1\times1, 256 \\ 3\times3, 256 \\ 1\times1, 1024 \end{bmatrix}\times36$
conv5_x	7×7	$\begin{bmatrix} 3\times3, 512 \\ 3\times3, 512 \end{bmatrix}\times2$	$\begin{bmatrix} 3\times3, 512 \\ 3\times3, 512 \end{bmatrix}\times3$	$\begin{bmatrix} 1\times1, 512 \\ 3\times3, 512 \\ 1\times1, 2048 \end{bmatrix}\times3$	$\begin{bmatrix} 1\times1, 512 \\ 3\times3, 512 \\ 1\times1, 2048 \end{bmatrix}\times3$	$\begin{bmatrix} 1\times1, 512 \\ 3\times3, 512 \\ 1\times1, 2048 \end{bmatrix}\times3$
	1×1	average pool, 1000-d fc, softmax				
FLOPs		1.8×10^9	3.6×10^9	3.8×10^9	7.6×10^9	11.3×10^9

---

① 来源：https://arxiv.org/pdf/1512.03385.pdf。

3. 用 Keras 快速搭建 ResNet

代码文件：chapter_10_resnet_keras.py

如果觉得手动搭建一个 ResNet 模型很耗费精力，还可以用 Keras 内置的功能快速搭建 ResNet 模型。具体代码如下：

```
1   from keras.applications.resnet50 import ResNet50
2   from tensorflow.keras.preprocessing import image
3   from tensorflow.keras.applications.resnet50 import preprocess_
    input, decode_predictions
4   import numpy as np
5   model = ResNet50(weights='imagenet')
6   img_path = '/path/your_image.jpg'
7   img = image.load_img(img_path, target_size=(224, 224))
8   x = image.img_to_array(img)
9   x = np.expand_dims(x, axis=0)
10  x = preprocess_input(x)
11  y_pred = model.predict(x)
12  print(decode_predictions(y_pred, top=3)[0])
```

同样，也可以在载入 ResNet 模型以后，用自己准备的数据对模型进行重新训练，从而得到最合适的参数。

10.4　迁移学习

如果读者在前面几节中尝试过训练自己的 VGG、Inception 或 ResNet 模型，那么一定会发现一个问题——训练时间非常长。因为这类网络模型复杂，参数众多，所以它们的训练非常耗费运算资源。如果计算机上没有配备一块很好的 GPU，那么训练时间可能漫长到无法想象。遇到这种情况也不需要担心，我们可以用其他人训练好的参数来完成自己的训练任务，例如，可以用 Keras 内置的各个网络通过训练 ImageNet 数据得到的参数来完成自己的训练任务。这种训练手段称为迁移学习（transfer learning）。

前面讲过如何加载一个预先训练好的模型，并用模型自带的参数完成预测。Keras 内置的训练好的模型的参数是通过训练 100 万张图、共计 1000 个类别得到的。这 1000 个类别可以满足大多数训练任务的要求。下面以 VGG16 为例讲解如何进行迁移学习。

先载入 VGG16 模型。代码如下：

```
1    from keras.applications.vgg16 import VGG16
2    from keras.models import Model
3    from keras.layers import Dense, Flatten
4    model = VGG16()
```

第 4 行中，在 VGG16() 函数的括号中没有设置参数 weights 的值，则该参数会取默认值 'imagenet'。接着输入以下代码来查看 VGG16 网络的结构：

```
1    model.summary()
```

如果想看到更加直观的模型结构，可以通过以下代码实现：

```
1    from keras.utils import plot_model
2    plot_model(model)
```

假设现在需要让模型分辨出猫、狗、熊三种类别的图像，并且训练数据已经准备好。首先要做的是将模型的最后三层替换掉。从 model.summary() 函数的输出结果中可以看到分类数量为 1000，而现在只有三种分类，因此，要把最后的 Dense 层的神经元数量从 1000 修改为 3。又因为是分类任务，所以用 softmax 作为激活函数。相应代码如下：

```
1    model.layers.pop()
2    output_layer = Dense(3, activation='softmax')(model.outputs)
```

在第 1 行用一个 pop() 函数将模型的最后一层去除，再在第 2 行加入一个 Dense 层作为自定义的输出层。

也可以在加载模型时把模型最后的分类器忽略掉，相应代码如下：

```
1    model = VGG(include_top=False, input_shape=input_shape)
```

如果把参数 include_top 设置成 False，最后三层的 Dense 就不存在了。因此，需要在函数中将参数 input_shape 设置好。此外，需要在后面重新定义分类器，相应代码如下：

```
1   flat_1 = Flatten()(model.outputs)
2   fc1 = Dense(1024, activation='relu')(flat_1)
3   fc2 = Dense(3, activation='softmax')(fc1)
4   model = Model(inputs=model.inputs, outputs=fc2)
```

这样就重新定义了后面的分类器，网络结构就完整了。接下来要考虑如何训练。因为已经有了原厂参数，所以可以以它为起点开始我们自己的训练。此时需要冻结一些层的参数。

如下图所示是一个 VGG16 的简化版结构，我们可以将左边方框内所有层的参数冻结。

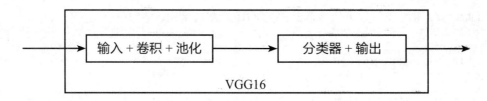

相应代码如下：

```
1   model = VGG(include_top=False, input_shape=input_shape)
2   for layer in model.layers:
3       layer.trainable = False
```

第 3 行的 trainable 属性就是用来设置是否冻结一层内的所有参数的。接下来只需要利用前面的代码在模型后面手动加入一个分类器，即可开始训练。

如果只需要将左边方框内一部分层的参数冻结，那么就必须要手动操作了，相应代码如下：

```
1   model.get_layer('block5_conv3').trainable = False
```

我们可以从 model.summary() 函数的输出结果中找到想冻结的层的名称，作为 get_lay-er() 函数的参数传入，再利用 trainable 属性就可以冻结指定层的参数了。理论上，如果数据量特别大，那么需要冻结的层数就会比较多，当然训练的速度也会相应减慢。

迁移学习同样可以运用在 Inception、ResNet 上，代码和以上代码类似。

迁移学习可以大大提高训练效率，并在一定程度上提高训练效果。但是迁移学习也是有限制的，初始参数必须来自可以完全涵盖我们自己的训练任务的数据。怎么理解呢？如果初始参数来自猫和狗的二分类任务，那么用这些参数去迁移学习并训练一个飞机、汽车和轮船的分类任务，是不可行的。但是，如果要训练猫狗分类器，使用的初始参数来自含有 1000 种分类并且包含猫和狗的训练数据，是可行的。Keras 提供的内置模型和参数可以帮助我们通过迁移学习完成大部分训练任务。

此外，迁移学习不但可以应用于图像识别领域，还可以应用于自然语言处理等领域。

第 11 章

AI 的眼睛 II
——基于 CNN 的目标检测

· · · ·

- R-CNN
- Fast R-CNN
- Faster R-CNN
- YOLO 算法

　　第 10 章详细介绍了几种性能比较出色的图像分类和识别算法结构，它们都是基于 CNN 结构的。CNN 结构除了能应用于图像识别，还能应用于目标检测。那么什么是目标检测呢？在第 10 章开头说明图像识别技术时举了手机中的照相 App 识别人脸的例子。照相 App 除了能识别出人脸，还能用一个方框将人脸"框"出来。简单地说，这种将目标"框"出来的技术就称为目标检测（object detection），它在自动驾驶、卫星侦察等应用场景中发挥了举足轻重的作用。

　　下图[①]是一张自动驾驶系统的摄像头拍摄的照片。可以看到，图像中所有的其他车辆（car、truck）、交通标志（traffic sign）都被"框"了出来。接下来自动驾驶系统可以对其他车辆进行避让，对交通标志进行文本识别并指挥汽车执行相应操作。由此可见，在不远的未来，我们会对目标检测技术产生足够的依赖。

　　从上面这个例子可以看出，目标检测需要对一幅图像中的多个目标进行识别并标注位置。之前讲解的 CNN（包括 ResNet、VGG 等）结构能对一幅图像中的单个目标进行精准的识别和分类。但是，如果要对一幅图像中的多个目标进行检测，这些 CNN 结构就无能为力了，因此，还需要在此基础上开发新的算法。

　　一直到 2012 年，目标检测技术的发展速度都比较缓慢，原因在于定位框的准确率还有待提高。直到 2013 年，来自加州大学伯克利分校研究团队的一篇题为 "Rich Feature Hierarchies for Accurate Object Detection and Semantic Segmentation" 的论文横空出世。这篇论

---

① 来源：https://pythonawesome.com/an-accurate-and-fast-object-detector-using-localization-uncertainty-for-autonomous-driving/。

文提出了一种叫 R-CNN 的网络，将目标检测技术推上了计算机视觉这个大舞台的"C 位"。到 2020 年，这篇论文的引用量已经近万。当然，R-CNN 也有自己的缺陷——慢，所以它的改进版本 Fast R-CNN 和 Faster R-CNN 相继问世，性能再创新高。在 R-CNN 之后，又诞生了现在被广泛使用的 YOLO 算法。这些算法的大体结构是先对图像做一些预处理，再将图像的一部分交给 CNN 识别，最后画出方框标注目标的位置。虽然本章不要求大家具备这些算法的复现和实践能力，但是学习这些算法的原理和基本思路有助于更深入地了解目标检测，并搭建自己的目标检测模型。

11.1　R-CNN

如下图[①]所示，R-CNN 的主要结构分为四个部分：首先由 Region Proposal 提供定位框（见图 a）；然后由 CNN 从定位框中提取图像特征向量（见图 b）；接着将提取的特征向量输入 SVM 进行分类（见图 c）；最后用回归算法算出定位框的参数（见图 d）。本节将按照这四个部分依次讲解 R-CNN 的基本原理。

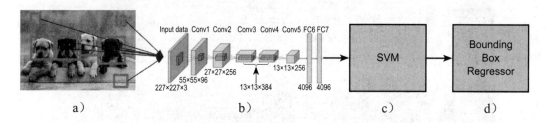

在开始讲解原理之前，先来了解 R-CNN 中的 CNN 输出的特征向量。在讲解图像识别时讲过，CNN 的输出 y 可以是一个 one-hot 向量，向量的维度等于类别的数量。假设一共有猫、狗、大象三个类别，那么 y 有可能是如下三个向量：

$$\begin{bmatrix} 1 \\ 0 \\ 0 \end{bmatrix} \quad \begin{bmatrix} 0 \\ 1 \\ 0 \end{bmatrix} \quad \begin{bmatrix} 0 \\ 0 \\ 1 \end{bmatrix}$$

但是在目标检测任务中，我们要给目标定位，那么输出向量 y 就要增加几个维度，分别是 P_c、x、y、w、h。

---

① 来源：https://towardsdatascience.com/r-cnn-3a9beddfd55a。

如果图像中有我们感兴趣的目标，那么 P_c 为 1，否则为 0。如果 P_c 为 0，那么向量 y 中其他维度的值就不需要考虑了。

x 和 y 分别代表目标中心点的横坐标和纵坐标，w 和 h 分别代表定位框的宽度和高度，如下图[1]所示。按照习惯，图像左上角的坐标是 $(0, 0)$，右下角的坐标是 $(1, 1)$。这就意味着 x、y、w、h 的取值范围在 $0 \sim 1$ 之间。

增加了上述几个维度后，输出向量 y 的表示方式如下（其中 n 是类别数量）：

$$\begin{bmatrix} P_c \\ x \\ y \\ w \\ h \\ c_1 \\ c_2 \\ \vdots \\ c_n \end{bmatrix}$$

现在开始讲解 R-CNN 的基本原理。在 R-CNN 的第一部分，要考虑如何准确地给图像中的目标画框。一开始，有人提出了一种叫作 Sliding-Window 的方法。这种方法的核心思

---
① 来源：https://www.eurologport.eu/on-the-road-to-autonomous-driving-mercedes-benz-on-automated-test-drive/。

路很简单：先定义一个方框的尺寸，然后将方框按照 CNN 中滤波器的移动方式从图像的一角移动到另一角。每移动一次，将方框内的图像发给 CNN 做图像分类，并给出评分。接着改变方框的尺寸，并重复进行一遍移动操作，就像开关窗户一样，所以叫 Sliding-Window。如果要对一幅像素尺寸非常大的图像进行目标检测，并且得到比较精确的定位框，那么就要不断地重复改变方框尺寸和移动方框的操作，其运算强度和运算速度可想而知。如果把这样的目标检测技术用在自动驾驶系统上，很可能车都撞了，自动驾驶系统还在画半个小时之前的方框。反过来说，如果要提高运算速度，那么定位精度就肯定比较差。正是这个问题限制了目标检测技术的发展。

为了解决上述问题，论文"Rich Feature Hierarchies for Accurate Object Detection and Semantic Segmentation"的作者们提出了一种叫"Recognition using regions"的思路。他们发现 Sliding-Window 的大部分方框中都是不感兴趣的内容，导致 CNN 在绝大部分时间内都在做无效运算。于是，作者们决定缩小搜索范围，在"Recognition using regions"的思路上引入了建立 Region Proposal 的想法。Region Proposal 也是原图像中的一片区域。他们把数个 Region Proposal 发给 CNN 做图像识别，如下图[1]所示。换而言之，CNN 只会"看"图像中 Region Proposal 内的内容，并给出"狗"的识别结果。评分最高的 Region Proposal 会被筛选出来作为目标的定位框。

相比 Sliding-Window 的方框数量，Region Proposal 会少很多，因而可以在一定程度上提高运算速度。

那么如何建立 Region Proposal 呢？方法有五种，分别为 Objectness、Constrained Para-

---

① 来源：https://www.sciencemag.org/news/2019/11/here-s-better-way-convert-dog-years-human-years-scientists-say。

metric Min-Cuts for Automatic Object Segmentation、Category Independent Object Proposals、Randomized Prim、Selective Search。论文中用的是 Selective Search（选择性搜索算法），下面就讲讲这种方法。这种方法的思路是：如果图像中一片区域的颜色、纹路、大小、形状兼容性和另一片区域有关系，就可以认为它们是相似区域，并对它们进行合并。具体操作如下：先分割输入图像，如下图[①]所示；将分割后的图像作为选择性搜索算法的输入，接着给图像中分割出来的区域加上定位框；然后对相邻定位框中图像内容的颜色、纹路、大小、形状兼容性这四个因素的相似性进行计算并求和，判断相邻定位框中的图像内容是否相似，如果图像内容有相似性，就合并定位框。

a）输入图像 b）分割后的图像

选择性搜索算法的整个流程如下图[②]所示。如果一开始定位框只框住了奶牛身上的一个部分，那么随着选择性搜索的进行，定位框会越来越大，直到刚好框住整头奶牛。

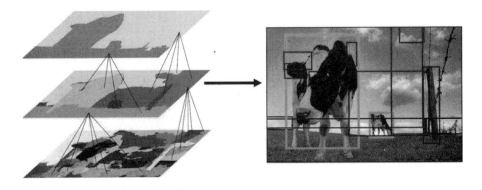

当然，这里并不需要选择性搜索算法提供一个完全准确的定位框，我们只要求以下几点：

• 提供的定位框数量比 Sliding-Window 少；

---

① 来源：https://www.learnopencv.com/selective-search-for-object-detection-cpp-python/。

② 来源：https://www.learnopencv.com/selective-search-for-object-detection-cpp-python/。

• 存在可以较为准确地框住目标的定位框。

在论文中，作者使用了选择性搜索算法后，每幅输入图像可得到约 2000 个 Region Pro-posal。虽然这个数不算小，但相对于 Sliding-Window 来说已经是一个飞跃了。因此，R-CNN 开头的字母 R 就来自 Region Proposal。

经过 Region Proposal 的过滤，定位框中的图像进入 R-CNN 的第二部分，来到 CNN 的 "入口"。论文作者使用了 O-Net 作为他们的 CNN 的主体结构（因为当时是 2013 年）。而在 今天，搭建 R-CNN 时可以考虑使用第 10 章介绍的那些用于图像识别的网络结构，性能也 许会有所提高。这里有几点需要注意：

• Region Proposal 输出的图像必须和 CNN 输入的维度一致，具体转换方法在第 10 章有 提到，故不再赘述。

• 如果使用预先训练好的 CNN 模型，那么必须移除最后的 softmax 层。因为这个 CNN 的作用是特征提取，所以从 CNN 得到的应该是一个经过 "浓缩" 的多维特征向量。另外， CNN 的训练是提前单独进行的（通常可以用预先训练好的模型参数作为初始参数），并不 是和整个 R-CNN 大结构的训练同时进行的，后期需要对这个 CNN 进行细微的调整性训练。

得到了图像的特征向量后，进入 R-CNN 的第三部分。论文作者使用 SVM 分类器对图 像的特征向量进行分类。如果有 n 个分类，那么就要有 n 个 SVM 分类器，一个特征向量应 该对应 n 个分类分数。如果 Region Proposal 中有一幅完整的奶牛图像，那么 CNN 将图像 的特征提取成一个高维特征向量后，SVM 会在 "奶牛" 这个分类上给出一个比较高的分类 分数（如 0.9 分），说明 Region Proposal 中的图像内容就是奶牛。

分类虽然弄好了，但是会出现一个问题：如果多个 Region Proposal 出现重合，那么势 必会导致对同一个目标的多次检测。例如，下图中的三个框都能让 SVM 告诉我们这是狗。

论文作者使用了一种叫 NMS（Non-Maximum Suppression，非极大值抵制）的算法来解决这个问题。介绍 NMS 之前，先要弄清一个概念——IoU（Intersection over Union，重叠度）。这个概念很简单，请看下图。图中方框 A 和方框 B 重叠的部分为 C。重叠以后整个图形的面积是 B 的一部分、C 的一部分和 A 的一部分的投影面积，可记为 $A \cup B$；C 的面积则可记为 $A \cap B$。那么 $IoU = \dfrac{A \cap B}{A \cup B}$。重叠部分的面积越大，IoU 的值就越大，反之则越小。

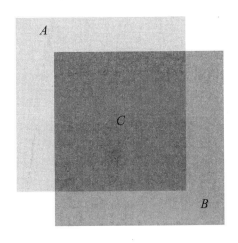

了解完 IoU，继续来了解 NMS。假设同时有 4 个定位框，如 1 号、2 号、3 号和 4 号，那么先将 4 个定位框按照分类分数进行排序，然后选出分数最高的一个框，如 4 号。接着用 1～3 号分别和 4 号做 IoU 计算。哪个框和 4 号做 IoU 计算的结果大于预先设定的一个阈值，就淘汰哪个框。如果现在 2 号和 4 号的 IoU 值以及 3 号和 4 号的 IoU 值均高于阈值，就可以把 2 号和 3 号淘汰，记录下 4 号。因为 2 号和 3 号很可能被认为是和 4 号同样的分类，但是分类分数更低，所以要淘汰。而 1 号则可能是其他分类，但是它和 4 号有一定重合，如骑在马上的人。只要用循环迭代的方式重复以上筛选步骤，就可以去除多余的定位框，筛选出有用的定位框。

最后进入 R-CNN 的第四部分——定位框回归。虽然有时 Region Proposal 可以提供一个比较高的分类分数，但 Region Proposal 不一定非常准确。如果 Region Proposal 中是一只狗的身体的一大部分，SVM 也能判断出是狗并给出一个还不错的分类分数。为了解决这个问题，论文作者在最后又使用了一个回归器。这个回归器通过回归原理可以得到结果向量 y 中的中心点横坐标、中心点纵坐标、定位框宽度、定位框高度 4 个参数，从而进一步修正定位框的位置。

下面用一个例子来简单描述 R-CNN 进行目标检测的流程。

第一步：将整幅图像[1] 作为输入

第二步：用选择性搜索找出 Region Proposal

---

① 来源：https://www.viator.com/sv-SE/tours/Ocho-Rios/Heritage-Beach-Horse-Ride/d434-3971HBR。

第三步：将找出的 Region Proposal 作为 CNN 的输入，供 CNN 进行识别和评分

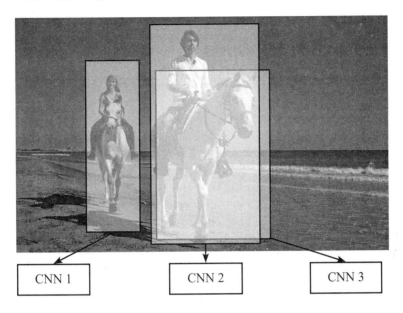

第四步：CNN 提取特征并将特征向量"移交"给 SVM 进行分类

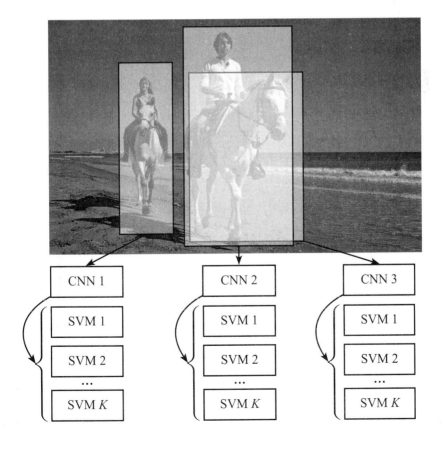

第五步：根据 SVM 分数选定的 Region Proposal 的位置和尺寸参数实现定位框回归

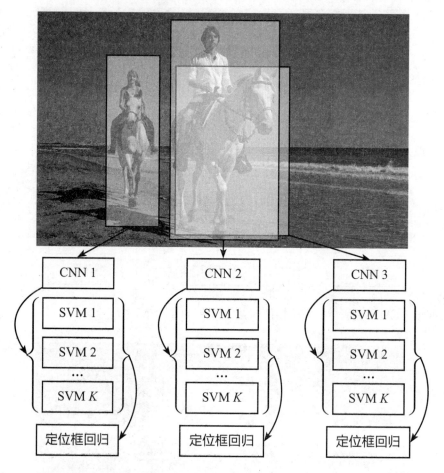

虽然 R-CNN 引起了轰动，但是它也存在一些问题：

① 选择性搜索是一种固定的算法，在整个训练过程中没有经过学习，因此肯定会导致大量不满足要求的 Region Proposal 产生。

② 进行一次目标检测会产生 2000 个 Region Proposal，CNN 就要工作 2000 次，这样的运算效率仍然有很大的提升空间。

③ 论文中指出，一次预测的运算时间大约为 47 秒，这样的运算速度决定了 R-CNN 仍然不能用作实时检测的工具。

为了提升 R-CNN 的性能，Fast R-CNN 应运而生，将在 11.2 节进行讲解。

11.2 Fast R-CNN

11.1 节讲到 R-CNN 的一些缺点，主要是运算效率较低和速度慢。这个"慢"具体体现在 R-CNN 将 2000 个 Region Proposal 逐个交给 CNN，所以 R-CNN 处理一幅图像就要调用 2000 次 CNN。R-CNN 论文的第一作者 Ross Girshick 在找到微软研究院的工作之后，继续对 R-CNN 的算法进行完善，于 2015 年提出了 Fast R-CNN。Fast R-CNN 最大的特点就是将 CNN 的 2000 次运算变成了 1 次。Fast R-CNN 的网络结构如下图[①]所示。

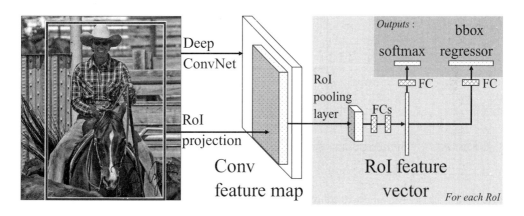

从图中可以看出，整个网络的输入变成了原图和一些 Region Proposal。Region Proposal 由选择性搜索得到。原图会经过一个深度 CNN 得到一个特征图（feature map）。在提出 Fast R-CNN 的论文中，作者使用 VGG16 网络来充当这个深度 CNN。在实际应用中，我们也可在 Keras 中调用其他预先训练好的 CNN。整幅原图都被这个深度 CNN 处理了，因此，所有 Region Proposal 内的信息也理所当然地被这个深度 CNN 处理了。

在论文中，作者把这些被 CNN 处理的 Region Proposal 称为 RoI（Region of Interest，感兴趣的区域）。这些被 CNN 处理后的 RoI 也理所当然地存在于 CNN 最终得到的特征图中。例如，上图所示的"人骑马"这个框内的信息最终肯定是内嵌在整幅图像的特征图中的。图中只有一个 RoI，实际应用中则可能存在多个 RoI。

接着，每一个被 CNN 处理后的 RoI 都会经过一个 RoI 池化层。这个 RoI 池化层也是 Fast R-CNN 的一个亮点。因为不同的 RoI 的形状和面积都不同，作者想在帮它们降维的同时让它们变成有相同的面积和形状（如 $H \times W$），以便后面处理全连接层。如果被 CNN 处理后的 RoI 的形状是 $h \times w$，那么这个 RoI 会被分成 $H \times W$ 个小区域，每一个小区域的面积

大小都是 $\frac{h}{H} \times \frac{w}{W}$。例如，下图所示为将一个 RoI 分成了 3×3 个小区域。接着需要对每一个像素为 $\frac{h}{H} \times \frac{w}{W}$ 的小区域求最大池化，即找到一个最大值。最终 RoI 池化得到的结果矩阵维度尺寸大小都是 $H \times W$（在这个例子中是 3×3）。其中 H 和 W 是超参数，需要在训练前就定义好。

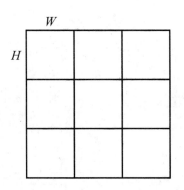

如果有 n 个 Region Proposal，那么就会得到 n 个 RoI，所以就有 n 次这样的池化计算。n 次 RoI 池化计算得到 n 个池化结果。最后这 n 个池化结果又会经过全连接层得到 n 个多维特征向量。这样一来，Fast R-CNN 只利用一次深度 CNN 计算、n 次池化计算及 n 次全连接层计算，就可得到每一个 Region Proposal 对应的特征向量。由此可以推断出 CNN 在这里的作用就是对原图进行特征提取，这中间包括了每一个 Region Proposal。提取到的每一个特征向量都会在经过一个全连接层后进入 softmax，从而完成分类任务。同时，每个特征向量又会进入定位框回归的模块对定位框进行精准定位。至此，Fast R-CNN 的整个运算流程就完成了。

下面介绍一下 Fast R-CNN 训练时的特点。首先，我们可以像 R-CNN 那样使用一个预先训练好的深度 CNN 模型，如 VGG 系列、Inception 系列、ResNet 系列等。将这些训练好的模型的权重参数作为初始参数，并在这个基础上微调网络参数。但要注意的是，调用这些预训练模型时，需要把它们的最后一个池化层变更为 RoI 池化层，把它们的最后一层 softmax 层变更为并联的 softmax 层和定位框回归层，最后整个网络需要被调整成能够同时接受原图和对应的一些 RoI 作为输入。因为 Fast R-CNN 的最终输出被分成了 softmax 分类和定位框回归两条线，所以需要重新定义损失函数。在论文中，作者对两条线的损失函数进行了求和。其中 softmax 分类的损失函数用一个 $-\log$ 就可以求得。定位框回归的损失函数则是通过不断对预测定位框参数（x、y、w、h）和目标定位框参数做 L1 损失而求得的。作者对两个损失函数求和后使用反向传播和优化算法可以最终得到分类和定位框。整个训练过程中，因为有 softmax 分类和定位框回归这两条线的存在，预先训练好的 CNN 的参数也会被进一步微调。和 R-CNN 相比，Fast R-CNN 的训练可以一次性进行，不需要对每个模块单独进行训练。

为了提高 Fast R-CNN 的检测速度，作者也是煞费苦心。虽然深度 CNN 只需要运行一次，但是在检测时，如果 Region Proposal 比较多，后面的全连接层还是要被调用很多次。为了提高速度，作者用 SVD（Singular Value Decomposition，奇异值分解）来分解全连接层，并简化全连接层的计算。这样一来，Fast R-CNN 的检测速度又有了一定的提升。在最终的性能测试中，作者也发现不论是训练还是检测，Fast R-CNN 都比 R-CNN 快了几十倍。同时，在检测时 NMS 算法也得到了运用。

虽然 Fast R-CNN 已经比较快了，但是选择性搜索仍然给 Fast R-CNN 的检测速度拖了后腿，因为选择性搜索构建 Region Proposal 的耗时已经明显超越了特征提取和分类定位的耗时。于是 Faster R-CNN 应运而生。

11.3 Faster R-CNN

2016 年，Ross Girshick 在他的微软公司同事何凯明等人（提出 ResNet 的团队）的帮助下，对 Fast R-CNN 进行了新一轮的改造与升级，提出了 Faster R-CNN。

11.2 节讲过，Fast R-CNN 如果想在检测速度上有进一步突破，最可行的一个切入点就是对选择性搜索这一步骤进行优化。提出 Faster R-CNN 的论文的作者发现，用一个小型的神经网络产生一些可能存在检测目标的定位框，要比依靠固定算法产生 Region Proposal 快很多，于是提出了 RPN（Region Proposal Network，区域生成网络）这一想法，这也是这篇论文最令人惊艳的地方。

Faster R-CNN 的结构如下图[①]所示。在整体结构上，Faster R-CNN 与 Fast R-CNN 差不多，只是移除了 Fast R-CNN 的选择性搜索模块，并且在深度 CNN 之后加入了一个 RPN，该 RPN 与 RoI 池化层及其后续结构为并联关系。

---

① 来源：https://towardsdatascience.com/faster-rcnn-object-detection-f865e5ed7fc4#:~:text=Faster%20R CNN%20is%20 an%20object,SSD%20(%20Single%20Shot%20Detector)。

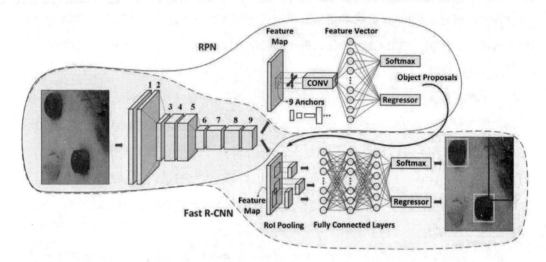

数据在整个 Faster R-CNN 中的"流动"过程是这样的：输入图像首先会进入一个深度 CNN，这个 CNN 可以是预先训练好的 VGG、Inception 等结构，它在这里扮演的角色和在 Fast R-CNN 中没有区别，就是提取特征，最终输出一个特征图。但是，在 Faster R-CNN 中，CNN 的输入只有原图，而不是像 Fast R-CNN 那样除了原图还有一些 RoI。

CNN 输出的特征图会作为输入进入 RPN。RPN 是一个很小型的神经网络，它包含三个卷积层以及两个并联的 softmax 分类层和回归层，作用是产生一些 Region Proposal。如下图[①]所示就是这个 RPN 的结构。

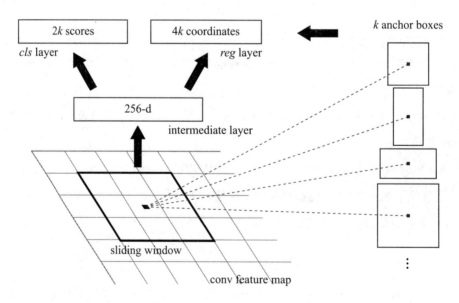

CNN 输出的特征图进入 RPN 后，会经过一个包含 512 或 256 个 $n \times n$ 滤波器并且 pad 为 1 的卷积层。在论文中，作者将 n 定为 3。滤波器对应的每一个感受野也是特征图上一个 $n \times n$ 的区域。作者在这个区域的正中心定义了一个点（上图中 sliding window 的中心点）。这个中心点的作用是定位多个候选定位框（anchor box）。在论文中，作者在每一个中心点上定义了多个候选定位框，并假设在一个中心点上最多存在 k 个可能被最终选用的 Region Proposal。k 是怎么来的呢？在论文中，作者在每一个中心点上定义了 3 种比例大小、3 种宽高比的候选定位框，因此 k 就等于 9。

如下图所示，这个滤波器会带着这些候选定位框移动，如果输入的特征图的尺寸是 $W \times H$，那么最终会产生 $W \times H \times k$ 个候选定位框。特征图被卷积层处理后，会映射到一个特征向量上。这个特征向量会分别与一个回归器及一个二分类器并联相接。分类器提示候选定位框中是否有待检测目标，如果有，那么回归器会计算定位框的大小。因此，这个 RPN 的损失函数也要考虑分类器和回归器。训练前，应该在训练数据图上做一些定位框标注，以帮助 RPN 进行学习。

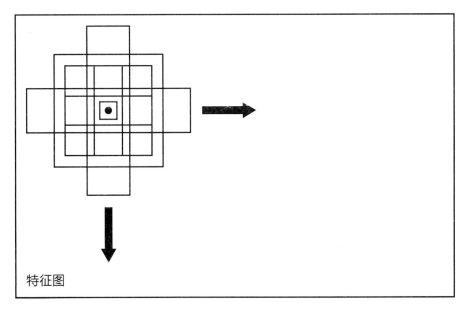

特征图

值得一提的是，RPN 并不需要提供准确的目标位置和定位形状大小，只需要提供一些候选定位框区域。因此，RPN 存在的目的就是通过"粗略"地分析图像信息得到图像中哪些地方有可能存在 RoI。换言之，RPN 训练好之后，就可以在进行目标检测前告诉网络应该去注意图像中的哪些区域。粗略的目标定位信息从 RPN 出来之后，会进入 RoI 池化层、全连接层等部分。这些部分和 Fast R-CNN 是一样的，故不再赘述。虽然 RPN 给出的定位框信息并不准确，但是后面还会用回归器对定位框进行修正，用 NMS 去除多余的定位框。这样一来，Faster R-CNN 最终可以高效地提供准确的目标检测结果。

11.4 节将在目标检测上继续深入，带大家了解 YOLO 算法。

11.4　YOLO 算法

提出 Faster R-CNN 之后，Ross Girshick 离开微软，来到 Facebook，和他一起来到 Facebook 的还有对目标检测算法的执着追求。还是 2016 年，他和两个研究机构一同提出了一个叫 YOLO 的目标检测算法。YOLO 算法的名字特别有意思：You Only Look Once。YOLO 算法最主要的特点有三个：一是快，比 Faster R-CNN 还快；二是 YOLO "看" 的是全图，并且利用回归算法直接算出定位框，摒弃了 Region Proposal 的思路；三是整体结构比较简单。最终，YOLO 在检测速度上可以达到 45 fps，提速后的 Fast YOLO 更是达到了 155 fps。这种检测速度已经可以满足自动驾驶应用中实时监测和视频分析的要求了。

下面来了解 YOLO 的大体思路。YOLO 算法的基本结构如下图[①]所示。有些读者可能会发现：这不就是普通的 CNN 吗？是的，YOLO 的结构非常简单，定位框和分类是靠这个 CNN 直接回归出来的。

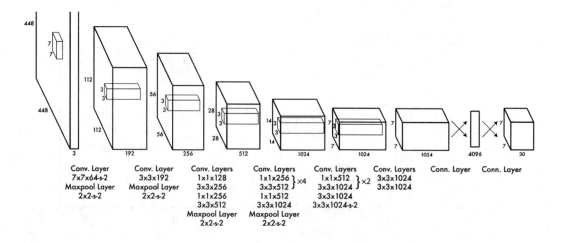

YOLO 的输入是一整幅图像。图像输入到 YOLO 之后，会被划分成 $S\times S$ 个网格。例如，如右图[①] 所示的图像被划分成 7×7 个网格。这样一来，每一个网格都要担负起责任。目标的中心点落在哪个网格上，哪个网格就负责完成目标检测任务（目标分类和定位框回归）。

在论文中，作者规定每一个网格要预测出 S 个定位框、B 个置信分数、C 个分类概率。其中，置信分数描述的是定位框中包含目标的可信度以及 YOLO 对定位框中目标进行分类的准确率。如果这个网格中没有目标，那么置信分数为 0。分类概率很好理解，例如，目标是小猫的概率为 0.3。同时，每一个定位框又自带五个参数：x、y、w、h、置信度。这个置信度其实就是预测定位框与真实定位框的 IoU 值。预测定位框越接近真实定位框，置信度就越大。如果 $S=7$、$B=2$、$C=20$，那么 YOLO 最终对整幅图像的输出应该是一个 $7\times7\times(5\times2+20)$ 维的张量。最后的全连接层采用线性激活，回归得到的结果应该就是多维度张量。为了得到最终检测结果，借助 NMS 等算法过滤掉不必要的定位框也是必不可少的步骤。

YOLO 的训练也比较简单。可以先把前面负责特征提取的卷积层和池化层拿出来进行预训练。把预训练好的参数作为前半部分的网络初始值，再配合后面新添加的负责检测的卷积层和全连接层进行训练。因为最后要用线性回归进行结果运算，作者在最后使用了线性激活函数。除此之外，其他的激活函数都是 Leaky ReLU。值得一提的是，作者在损失函数上还是下了一番功夫的。他们同时考虑了定位框、分类概率等因素，并用偏差平方和将各个损失相加。为了避免发散，作者又引入了修正系数，有意减少不包含目标的置信度预测所带来的损失，并且有意增加定位框预测失误所带来的损失。

当然，YOLO 仍有一定的缺陷。如果两个目标物体在图像中的距离很近或者目标物体在图像中所占的面积很小，那么 YOLO 提供的检测结果不一定准确。除此之外，YOLO 的泛化能力并不出色，如果预测目标是训练集中没有的数据，或者预测目标的尺寸比例（长

---

① 来源：https://arxiv.org/pdf/1506.02640.pdf。

宽比）和训练集中的数据不同，那么 YOLO 的预测不一定准确。于是 YOLO 又经历了一定的发展，目前最有名的就是 YOLO 的 V3 版本。

如果想体验 YOLO V3 的目标检测性能，网络上有很多开源代码，我们只需要略微改动即可使用。在代码中用到了 OpenCV 库，可以通过"pip install opencv-python"命令安装该库。除此之外，YOLO V3 的训练非常耗时。但是不要担心，利用不同训练集预训练好的权重参数已经开源并开放下载，链接为 https://pjreddie.com/darknet/yolo/。有了这些参数，就可以直接使用 YOLO V3 做目标检测了。准备一张 JPG 格式的图片，然后在程序中输入待检图片和权重文件的路径。如果 np.set_printoptions(threshold=np.nan) 出现报错，那么只需将 np.nan 改成一个非常大的数字，如 1000000。如果不想存储结果图片，只想当场看到结果，则可将 _main_ 方法的最后一行 cv.imwrite() 函数注释掉，替换为 plt.imshow(cv2.cvtColor (image, cv2.COLOR_BGR2GRB)) 和 plt.show()。当然，还需要在程序中加载 Matplotlib 库。如果以 11.1 节中人骑马的图片为例，最终 YOLO V3 的输出如下图所示，检测结果还是比较准确的。感兴趣的读者也可以用更多的图片来测试 YOLO V3。

经过第 10 章和第 11 章的学习，相信大家对"AI 的眼睛"已经有了一定的了解。如果读者觉得这些知识很有趣，可以通过阅读论文、做开源项目等方式更深入地探索计算机视觉领域，相信会有丰富的收获。

第 12 章

循环神经网络的进阶算法

- BRNN
- Encoder-Decoder
- 注意力机制

第 6 章介绍了 RNN（循环神经网络）的一些基础算法。RNN 主要用于处理时间序列数据，在自然语言处理领域有很多应用。但是仅靠第 6 章所学的知识无法解决实际应用中的一些问题，例如，翻译一个句子，训练一个对话机器人，准确预测句子中的一个词。因此，本章会讲解一些建立在 RNN 基础上的进阶算法，分别是 BRNN（Bidirectional RNN，双向循环神经网络）、Encoder-Decoder 结构和注意力机制（attention mechanism）。

在做英语完形填空题时，我们不仅要通过前文的信息判断要填入的单词，有时还要用到后文的信息来帮助判断。另外，在进行文本预测或手写字体预测时，我们通常也要结合前后文的内容来做判断。然而，RNN 在做此类任务时只能使用前文的信息作为判断依据，无法使用后文的信息作为判断依据。为了解决这个问题，BRNN 应运而生。在 BRNN 中，信息实现了双向流动，RNN 能考虑"未来"的信息了。

此外，用 RNN 做翻译机器人或对话机器人时，会用到 Encoder-Decoder 结构。这个结构有点类似第 7 章介绍的自动编码器。把一句话输入 Encoder，Encoder 会把这句话变成一串"代码"（可以理解为一个能概括输入句子意思的向量），最后 Decoder 会把这串"代码"转换成我们需要的句子。例如，输入为"你好"，Encoder 会把"你好"转换成一串"代码"，这串"代码"又会作为 Decoder 的输入，如果训练的是翻译机器人，最终会输出"Hello"，如果训练的是对话机器人，则最终会输出"很高兴见到你"。

如果有一串很长的句子需要翻译，或者希望对话机器人对输入的超长句做出正确反应，那么需要考虑在网络中增加注意力机制，以解决 RNN 对长序列数据记忆不佳的问题。例如，在写一篇文章时，结尾准备来一招"首尾呼应"，此时就需要注意文章开头的第一段了。

了解了这几个进阶算法，就初步具备了应用 RNN 解决实际问题的能力。

12.1　BRNN

我们先来看看下面的句子填空：

① 我很开心，所以我要＿＿。

② 我不开心，所以我需要＿＿。

这类问题需要根据前文的信息判断后文的词或短语，使用 RNN 可以比较容易地做到。在第一句中，RNN 看到"开心"，就会给经常与"开心"搭配出现的词和短语分配较高的概率。例如，"庆祝""把酒言欢""分享好消息"等词和短语会得到较高的概率，而"借酒消愁""振作"等词和短语会得到较低的概率。在第二句中，RNN 看到"不开心"，就不太可能在空白处填上"庆祝"。只要训练样本符合用语逻辑，RNN 就能很好地解决这类问题。

下面把句子变一下：

① 我___开心，所以我要庆祝。

② 我___开心，所以我需要借酒消愁。

此时问题变成了根据后文的信息判断前文的词或短语。在第一句中，根据后文中的"我要庆祝"，可以比较容易地判断出空白处应该填入"很""非常"等副词；在第二句中，根据后文中的"借酒消愁"，可以比较容易地判断出空白处应该填入"不""非常不"等副词。但是我们知道，RNN 只能使用前文的信息作为判断依据，无法使用后文的信息作为判断依据。如果让 RNN 来填空，就只能通过"我"来判断空白处的内容。通过如此少的信息进行判断，RNN 难免会出错，很可能得到像"我不开心，所以我要庆祝"这类搞笑的句子。要用 RNN 解决这类问题，需要让 RNN 能够看到空白处后面的词和短语，即"未来"的信息。提出解决方案的是 1997 年发表在 IEEE 上的一篇论文"Bidirectional Recurrent Neural Networks"。这篇论文的标题正是本节的主角——BRNN。"Bidirectional"一词反映了这种 RNN 结构打破常规，实现了信息的双向流动。

1. BRNN 的基本原理

BRNN 的结构如下图所示。

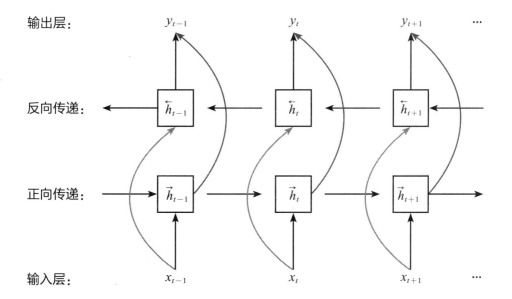

从图中可以看出，BRNN 在普通 RNN 的基础上增加了一层反向传递层，正是这一层让 BRNN 可以看到未来的信息。如果正向传递层处理的信息为"我很好"，那么反向传递层处理的信息则为"好很我"。图中用向右的箭头表示正向传递，用向左的箭头表示反向传递。图中的每个方框既可以使用普通的 RNN 模块，也可以使用 LSTM/GRU 模块。为方便计算，下面以普通的 RNN 模块为例讲解具体的计算过程：

$$\vec{h}_t = g\left(x_t W_{xh}^{\text{f}} + \vec{h}_{t-1} W_{hh}^{\text{f}} + b_h^{\text{f}}\right)$$

$$\overleftarrow{h}_t = g\left(x_t W_{xh}^{\text{b}} + \overleftarrow{h}_{t-1} W_{hh}^{\text{b}} + b_h^{\text{b}}\right)$$

$$h_t = \text{concat}\left(\vec{h}_t,\ \overleftarrow{h}_t\right)$$

$$y_t = g(h_t W_{hq} + b_q)$$

其中，W_{xh}^{f} 为正向传递方向上 x 到 h 之间的权重矩阵，W_{hh}^{f} 为正向传递方向上 h_{t-1} 到 h_t 之间的权重矩阵，b_h^{f} 和 b_h^{b} 则是偏移项。第 2 个公式中的上标 b 代表反向传递方向。第 3 个公式中，通过一个 concatenate 函数将 $\vec{h}_t$ 和 $\overleftarrow{h}_t$ 合并，得到 h_t，当然，h_t 也可以是 $\vec{h}_t$ 与 $\overleftarrow{h}_t$ 的和、平均值或向量乘积。最终在第 4 个公式中通过 h_t 得到输出 y_t。

2．BRNN 的代码实现

代码文件：chapter_12_example_1.py

在 Keras 中，可以直接用 Bidirectional() 函数来实现 BRNN，相应代码如下：

```
model.add(Bidirectional(LSTM(32, activation='relu'), input_shape
(rows, columns)))
```

在 Bidirectional() 函数中，还可以自定义正向传递层和反向传递层，示例代码如下：

```
forward_layer = LSTM(32, return_sequences=True)
backward_layer = LSTM(32, activation='relu', return_sequence=True,
go_backwards=True)
model.add(Bidirectional(forward_layer, backward_layer=backward_layer,
input_shape=(rows, columns)))
```

Bidirectional() 函数还有一个参数 merge_mode，其可取的值有 'sum'（求和）、'mul'（向量乘积）、'concat'（合并）、'ave'（求平均值）、'None'（无），其中 'concat'（合并）是默认值。

　　下面通过一个简单的案例来看看 LSTM BRNN 的效果。这个案例使用一个 Many-to-One 的结构，将人工合成的数据输入网络，我们希望网络拟合出一个对每一时间步的输入数据求和的函数。

第一步：载入需要的库

```
1   import numpy as np
2   from keras.models import Sequential, Model
3   from keras.layers.core import Activation, Dropout, Dense
4   from keras.layers import LSTM, Input, Bidirectional
```

第二步：模拟 X 数据

```
5   X = np.array([x ** 2 for x in range(60)])
```

　　这一步生成 0 ~ 59 的整数，再对每个整数做平方运算，得到 60 个数据点。当然，也可以做其他处理，如立方运算，或者加上或减去一个常数。此时 X 是一个由 60 个元素组成的 NumPy 数组。

第三步：改变 X 数据的格式

```
6   X = X.reshape(12, 5, 1)
```

　　把这 60 个数据点分成 12 组，每组 5 个时间步，每个时间步下有 1 个特征，这样比较容易被 RNN 识别。可以借助 print() 函数查看现在的 X。

第四步：模拟 Y 数据

```
7   Y = []
8   for x in X:
9       Y.append(x.sum())
10  Y = np.array(Y)
```

　　这一步令 Y 是 X 数据中每一组下的所有时间步之和，并且 Y 也是一个 NumPy 数组。

第五步：构建 BRNN

```
11   model = Sequential()
12   model.add(Bidirectional(LSTM(64, activation='relu', input_shape
     =(5, 1))))
13   model.add(Dense(1))
14   model.compile(optimizer='adam', loss='mse')
15   model.fit(X, Y, epochs=1000, verbose=1)
```

和以前一样，首先在第 11 行建立一个序列模型，然后在第 12 行建立一个 BRNN。这个 BRNN 的正向传递和反向传递都使用 LSTM 模块，且输入形状为 (5, 1)，说明这个网络有 5 个时间步，每个时间步下有 1 个特征。在第 13 行的输出层使用了一个 Dense(1)，并且没有激活函数，目的是用线性回归来求得最终的解。最后在第 15 行拟合这个网络。

第六步：验证 BRNN

```
16   test_input = np.array([3600, 3721, 3844, 3969, 4096])
17   test_input = test_input.reshape((1, 5, 1))
18   test_output = model.predict(test_input, verbose=0)
19   print(test_output)
```

这一步利用训练好的网络来外推一些新的数据。第 16 行给出新的输入数据为 [3600, 3721, 3844, 3969, 4096]，它们分别是 60 ~ 64 的平方。最终求得的平方和应该是 19230。而 BRNN 给出的结果是 19212.41，这个结果尚能接受。

为了通过对比进一步感受 BRNN 的拟合效果，可以将第五步的代码换成如下代码：

```
1   model = Sequential()
2   model.add(LSTM(64, activation='relu', input_shape=(5, 1)))
3   model.add(Dense(1))
4   model.compile(optimizer='adam', loss='mse')
```

以上代码将 LSTM BRNN 替换成普通的 LSTM RNN。最后用第六步来检验，发现普通 LSTM RNN 得到的结果是 19158.418。由此可见，LSTM BRNN 的拟合效果要比其他 LSTM 好一些。

当然, BRNN 也是有缺点的。因为增加了一层反向传递层, 所以 BRNN 的速度明显偏慢。在训练时 BRNN 有前文和后文作为判断依据, 如果在预测时 BRNN 只有前文作为判断依据, 那么预测结果不一定准确。所以, BRNN 适合运用于补全语句残缺部分等场景。在实践中, BRNN 的应用并不是特别广泛, 因此, 在使用 BRNN 时一定要谨慎。

12.2 Encoder-Decoder

在开始学习本节之前, 先来思考一个问题: 如果用 RNN 做一个翻译器, 将英文翻译成中文, 网络结构会是什么样的呢? 有些读者可能会觉得应该是如下图所示的网络结构。

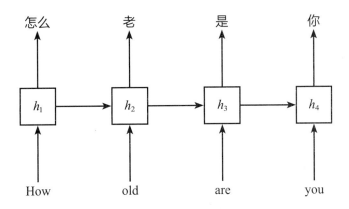

很显然, 将 "How old are you" 翻译成 "怎么老是你" 会造成天大的误会, 类似的笑话大家肯定也听过不少。这种 "一一对应" 的网络结构要求输入序列和输出序列的长度必须一样, 然而很多时候, 输入句子的长度和输出句子的长度不一样, 此外, 不同语言的语序也有所不同, 如英语的定语后置、倒装等用法。因此, 这种结构不能用来做翻译器。为了解决这个问题, 2014 年发表的两篇论文 "Sequence to sequence learning with neural networks" 和 "Learning phrase representations using RNN encoder-decoder for statistical machine translation" 提出了一种基于 RNN 的新网络结构——Encoder-Decoder。这种结构可以视为一种 Sequence-to-Sequence 模型, 后来曾被应用在谷歌的翻译器上。

Encoder-Decoder 结构的核心思想是用一个 Encoder 将输入句子编码成一个向量, 接着用一个 Decoder 解读这个向量里的信息, 并输出一个与 Encoder 的输入对应的句子。这样一来, 输入句子与输出句子的长度和语序问题都得到了解决。除了翻译器, Encoder-Decoder 结构还可以应用在对话机器人等场景中。

1．Encoder-Decoder 的基本原理

Encoder-Decoder 的结构如下图所示。图中左侧的大方框为 Encoder，右侧的大方框为 Decoder。T 和 T' 是不相等的。<EOS> 代表句子结束（End of Sentence）。将序列 ABC…输入网络，第一个 RNN 会将这个输入序列转换成向量 v。v 又会被作为第二个 RNN 的输入，最终输出序列 XYZ…。在两篇论文中，作者们都在小方框处应用了 LSTM 模块。

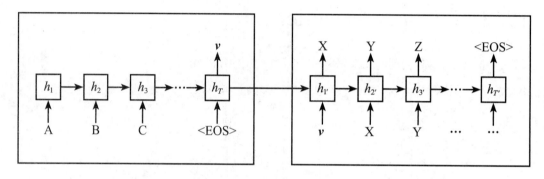

在训练时，输入数据是成对出现的，如 ('Hello', '你好')。在 Decoder 中，作者并没有将上一个时间步的输出作为下一个时间步的输入，而是用了一种叫 "teaching forcing" 的方法来搭建网络结构，即 Decoder 在训练时会用真实数据作为下一个时间步的判断依据，而不是用上一个时间步的输出作为下一个时间步的判断依据。这一原理如下图所示。

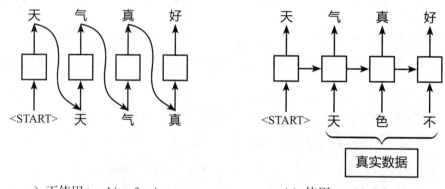

a）不使用 teaching forcing   b）使用 teaching forcing

2．Encoder-Decoder 的代码实现

代码文件：chapter_12_example_2.py

下面用 Encoder-Decoder 实现一个简单的英文 – 中文翻译器。这个程序的代码是从 Keras 的 GitHub 账号内复制到本地的。训练数据从 http://www.manythings.org/anki/ 下载，里面有

多种语言和英语互译的数据包,这里选择中英互译的数据包,文件名为 cmn-eng.zip。这个文件解压以后会得到一个文件夹 cmn-eng,训练数据位于文件夹下的 cmn.txt 文件中。在开始训练前,需要把代码文件第 55 行的 data_path 改成 cmn.txt 文件的实际路径。之后运行程序即可开始训练。如果用 CPU 训练,训练时间会比较长,需耐心等待。代码文件的第 149 行提示训练好的参数会被保存到一个名为 s2s.h5 的文件中。训练结束后,程序会自动在第 160～226 行进行翻译测试。

我们也可以创建两个 Python 脚本,分别用于训练和测试。第一个用于训练的脚本,只需要截取代码文件的第 1～149 行。第二个用于测试的脚本,可以将代码文件复制一份,然后做如下修改:先删除第 142～147 行,然后将原先的第 149 行更改为 model.load_weights('s2s.h5'),将训练好的参数加载到模型中。

最终程序会在训练数据中找一些英文句子翻译成中文。如果将第 219 行的 range() 函数中的范围改一改,能看到训练数据中其他一些语句的翻译。多试几次之后,会发现短句的翻译效果尚可,但是相对较长句子的翻译效果并不是特别理想。例如,程序将 "I don't blame you" 翻译成了 "我不想你"。

如果想体验翻译器对未出现在训练数据中的新句子的翻译性能,可以在第 58 行更改变量 input_texts 的值,例如,input_texts = ['I like eating.']。然后把第 219 行 range() 函数中的参数改成 1。运行程序后发现,翻译效果同样不是很理想。

为了优化翻译效果,可以做一些超参数的调整,甚至改变网络结构等,也可以训练更多的 epoch。此外,这个案例使用的训练数据量比较小,所以还可以想办法扩充训练数据来提高训练效果,让它变成一个真正的高性能翻译器。如果能找到交谈对话的数据,那么也可以用这个网络来训练一个对话机器人。但是这样的自然语言处理项目对数据量的要求非常高,并且高质量的数据也不容易获得。

12.3　注意力机制

2015 年发表的论文 "Neural Machine Translation by Jointly Learning to Align and Translate" 中提出的注意力机制无疑是深度学习领域在近几年最具影响力的发现之一。注意力机制有多种,比较著名的有 Bahdanau 注意力机制和 Luong 提出的注意力机制。目前,注意力机制已经被广泛应用到自然语言处理、图像捕捉等领域。后面诞生的 Transformer、BERT

网络也都受到注意力机制的影响。注意力机制原本是为了解决 Sequence-to-Sequence 模型（如 Encoder-Decoder）在进行神经机器翻译（Neural Machine Translation，NMT）时出现的一些问题而设计的。因此，本节将从 Sequence-to-Sequence（以下简称 Seq2Seq）模型开始讲解 Bahdanau 注意力机制。

1. 注意力机制的基本原理

回顾一下 Encoder-Decoder 的原理：Encoder 将输入句子转换成一个定长向量（长度一定的语境向量），这个向量中存储的是输入序列中所有的信息。接着 Decoder 会将向量中的信息"解码"成输出句子。因为向量长度一定，它不可能收录输入句子中所有的信息。这样一来，当遇到一个非常长的输入句子时，向量就有些"压力山大"了。在通常情况下，普通的 Encoder-Decoder 结构容易将输入序列中较先被处理的信息忘记。

我们来看一个长句子的英译中问题："Seq2Seq model turns one sequence into another sequence, it does so by use of two separate recurrent neural networks, one could be called encoder and the other one could be called decoder."如果把这个句子交给一个普通的 Encoder-Decoder 网络，让它翻译成中文，那么翻译结果非常有可能出问题。如果人工翻译这个句子，肯定是先按照意群把句子分开处理，这样会相对更容易记住句子的内容，理解句子的意思并翻译句子。

先看第一部分"Seq2Seq model turns one sequence into another sequence"，翻译成中文就是"Seq2Seq 模型将一个序列转换成另一个序列"。为了翻译好这个部分，肯定要将它拆分开来，分析词与词之间的联系。例如，turns 和 into 是一对经典搭配，那么看到 turns 首先会去找 into 并组成一个意思为"将 ×× 转换成 ××"的句式的动词词组。而这个动词词组肯定要与名词或代词搭配，在这里是 sequence 和 another。因此，在看到动词词组时肯定会将注意力集中在其中的名词或代词上。而 one 这个数量词的关系和 turns into 就没有那么近，后面两个部分和 turns into 的关系则更远了。

接着看第二部分"it does so by use of two separate recurrent neural networks"，此时会知道 it 指代的是 Seq2Seq model，看到 by 就会下意识地去找 by use of 这个词组。按照这样的方式，最终可以完美地翻译完整句话。

注意力机制就是受到了上述翻译思路的影响，这也是它最开始应用在 NMT 领域的原因。而在 Decoder 中进行解码翻译时，每个词的生成都会伴随一个语境向量的生成。这样一来，注意力机制就解决了定长语境向量带来的无法存储所有输入信息的问题。

接下来具体看看如何在 Seq2Seq 模型上使用注意力机制。在论文中，作者在 Encoder 中用到了 BRNN 结构，但是这里为了方便举例，使用单向 RNN 结构进行讲解。以一个简单的英译中问题作为示例：将英文句子 "I love deep learning" 翻译成中文。

先看第一个字的翻译。如下图所示，下面的部分为 Encoder，上面的部分为 Decoder。

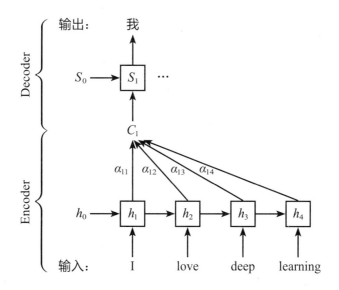

此时 Encoder 得到了一整句话 "I love deep learning"。因为无法获得 S_0，所以可以使用 Encoder 的最后一个 cell state（即 h_4）充当 S_0，作为 Decoder 的第一个输入。除此之外，还需要一个语境向量 C_1 作为输入才能预测出 "我"。如何得到这个语境向量呢？论文指出：

$$C_i = \sum_{j=1}^{T_x} \alpha_{ij} h_j$$

在这个示例中，存在 $C_1 = \alpha_{11} h_1 + \alpha_{12} h_2 + \alpha_{13} h_3 + \alpha_{14} h_4$。哪个权重 α 越大，就说明对哪个词的注意力越大。在翻译得到 "我" 这个字时，α_{11} 应该是比较大的。α 又是通过 softmax 函数得到的，公式为

$$\alpha_{ij} = \frac{\exp(e_{ij})}{\sum_{k=1}^{T_x} \exp(e_{ik})}$$

这个函数的输入是分数（score），即 e_{ij}。这个分数由一个小型神经网络计算得到。这个神经网络的输入是 h_j 和 S_{i-1}。在翻译得到 "我" 这个字时，神经网络的输入依次是 h_1 和 h_4、h_2

和 h_4、h_3 和 h_4、h_4 和 h_4，那么有

$$\alpha_{11} = \frac{\exp(\mathrm{NN}(h_1, h_4))}{\exp(\mathrm{NN}(h_1, h_4)) + \exp(\mathrm{NN}(h_2, h_4)) + \exp(\mathrm{NN}(h_3, h_4)) + \exp(\mathrm{NN}(h_4, h_4))}$$

其中 NN 代表小型神经网络。同理，

$$\alpha_{12} = \frac{\exp(\mathrm{NN}(h_2, h_4))}{\exp(\mathrm{NN}(h_1, h_4)) + \exp(\mathrm{NN}(h_2, h_4)) + \exp(\mathrm{NN}(h_3, h_4)) + \exp(\mathrm{NN}(h_4, h_4))}$$

依此类推，可以得到所有的 α。在这里部署一个神经网络的目的是让它学习如何建立预测出的词与输入句子中所有的词的联系，并将注意力合适地聚焦在关键词上。

按照同样的方法预测第二个字，如下图所示。

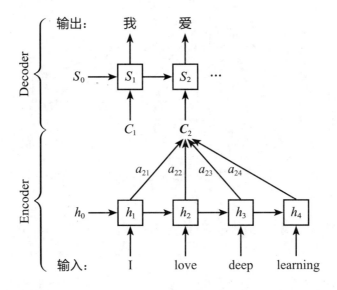

先把成对的输入 (S_1, h_1)、(S_1, h_2)、(S_1, h_3)、(S_1, h_4) 分别"喂"给小型神经网络，得到分数 e_{21}、e_{22}、e_{23}、e_{24}。通过对它们进行 softmax 运算，可得到权重 α_{21}、α_{22}、α_{23}、α_{24}。在这个示例中，我们可猜到利用 α_{22} 的值是比较大的。利用 4 个权重分别与 h_1、h_2、h_3、h_4 的乘积可以得到第二个语境向量 C_2。最终翻译得到"爱"字。

使用同样的方法可以得到 C_3 和 C_4。最终翻译得到整个句子"我爱深度学习"。如果想让翻译的效果好一点，可以使用 LSTM 模块，甚至和论文一样使用 BRNN 模块。如果使用 BRNN 模块，只需要注意 $h_j = \mathrm{concat}(\vec{h}_j, \overleftarrow{h}_j)$。

2．注意力机制的代码实现

代码文件：chapter_12_example_3_attention.py、custom_recurrents.py、tdd.py

下面通过一个简单的案例看一看注意力机制到底能起到什么作用。这个案例将 NMT 问题简化。假设输入序列为 6 个元素的 Python 列表，期待的输出序列由 6 个元素组成，其中前 3 个元素为输入序列的前 3 个元素整除 2 的商，后 3 个元素均为 0。例如，输入序列为 [20, 31, 3, 10, 1, 20]，那么期待的输出序列为 [10, 15, 1, 0, 0, 0]。我们可以把输入序列和输出序列中的数字想象成词在词典中的序号。那么输入序列的第一个元素 20 就代表第一个词在词典中的序号为 20。我们会在这个案例中对比 LSTM RNN 在有注意力机制和没有注意力机制情况下的性能。

Keras 没有提供关于注意力机制的库，我们需要借助第三方库，或者自己编写相应代码。这里使用的第三方库的 GitHub 项目地址为 https://github.com/datalogue/keras-attention/tree/master/models。我们需要将项目中的 custom_recurrents.py 和 tdd.py 这两个文件复制到本地，然后在编写代码时引入 custom_recurrents.py 中的类 AttentionDecoder，就能实现注意力机制。

第一步：引入需要的库

```
1    from random import randint
2    from numpy import array, argmax, array_equal
3    from keras.models import Sequential
4    from keras.layers import LSTM
5    from custom_recurrents import AttentionDecoder
```

第二步：创建输入数据

```
6    def generate_sequence(length, n_unique):
7        return [randint(0, n_unique - 1) for _ in range(length)]
```

generate_sequence() 函数会产生 length 个分布在 0 ～ n_unique - 1 之间的随机整数，并以 Python 列表的形式返回。例如，如果函数的输入是 (5, 10)，那么返回值可能是 [0, 9, 4, 5, 1]。

```
8    def one_hot_encode(sequence, n_unique):
9        encoding = list()
```

```
10      for value in sequence:
11          vector = [0 for _ in range(n_unique)]
12          vector[value] = 1
13          encoding.append(vector)
14      return array(encoding)
```

one_hot_encode() 函数做的事情很简单，就是将序列中的每一个元素变成一个 one-hot 向量，返回值的类型为 NumPy 数组。例如，函数的输入是 ([3, 2, 1], 4)，那么输出是 [[0, 0, 0, 1], [0, 0, 1, 0], [0, 1, 0, 0]]。

```
15  def get_pair(n_in, n_out, vocab_size):
16      sequence_in = generate_sequence(n_in, vocab_size)
17      sequence_out = sequence_in[:n_out] + [0 for _ in range(n_in -
        n_out)]
18      sequence_out = [element // 2 for element in sequence_out]
19      X = one_hot_encode(sequence_in, vocab_size)
20      y = one_hot_encode(sequence_out, vocab_size)
21      X = X.reshape((1, X.shape[0], X.shape[1]))
22      y = y.reshape((1, y.shape[0], y.shape[1]))
23      return X, y
```

get_pair() 函数的作用是得到输入数据对 (X, y)。第 16 行调用 generate_sequence() 函数得到输入序列 sequence_in。第 17 行让输出序列 sequence_out 的前 n_out 个元素和输入序列 sequence_in 相同，后面的元素一律为 0，此时 sequence_in 和 sequence_out 等长。第 18 行将 sequence_out 的所有元素转换为原元素整除 2 的商。第 19 行和第 20 行调用 one_hot_encode() 函数分别将 sequence_in 和 sequence_out 的所有元素转换成 one-hot 向量。第 21 行和第 22 行利用 reshape() 函数将 X 和 y 转换成 Keras 可以识别的形状。

```
24  def one_hot_decode(encoded_seq):
25      return [argmax(vector) for vector in encoded_seq]
```

one_hot_decode() 函数实质上是 one_hot_encode() 函数的逆向操作。例如，如果输入是 [[0, 0, 0, 1], [0, 0, 1, 0], [0, 1, 0, 0]]，那么输出是 [3, 2, 1]。

第三步：设置超参数

```
26    n_features = 50
27    n_timesteps_in = 6
28    n_timesteps_out = 3
```

读者也可以对以上超参数做一定修改来验证模型的效果。

第四步：定义模型

```
29    model = Sequential()
30    model.add(LSTM(150, input_shape=(n_timesteps_in, n_features), return_
      sequences=True))
31    model.add(AttentionDecoder(150, n_features))
32    model.compile(loss='categorical_crossentropy', optimizer='adam',
      metrics=['accuracy'])
```

模型非常简单，其中第 31 行用到了之前在第 5 行加载的 AttentionDecoder。

第五步：训练模型

```
33    for epoch in range(5000):
34        X, y = get_pair(n_timesteps_in, n_timesteps_out, n_features)
35        model.fit(X, y, epochs=1, verbose=2)
```

模型训练也很简单，因为 X 和 y 每次只包含一组数据，所以只需要将它们放入一个循环中。第 33 行的 range() 函数定义了 epoch 的数量。

第六步：模型预测与性能评估

```
36    total, correct = 100, 0
37    for _ in range(total):
38        X, y = get_pair(n_timesteps_in, n_timesteps_out, n_features)
39        yhat = model.predict(X, verbose=0)
40        if array_equal(one_hot_decode(y[0]), one_hot_decode(yhat[0])):
41            correct += 1
```

```
42    print('Accuracy: %.2f%%' % (float(correct) / float(total) * 100.0))
```

第 36 行设置 total 为 100，表示进行 100 次预测；设置 correct 为 0，代表暂时未发现正确。第 38 行得到输入数据 X 和目标序列 y。第 39 行利用 X 输入得到模型的预测结果序列 yhat。第 40 行判断预测结果和目标结果是否一样，如果一样，就在第 41 行将正确的数量加 1。这么做的目的是随机检测 100 次，看准确率大小。因为输入序列为随机生成，所以每一次的准确率会存在细微差别。不出意外的话，准确率会在 50% ～ 70%。

也可以把输入结果和输出结果打印出来，比较每一个输出序列和目标序列的具体差距，代码如下：

```
43    for _ in range(10):
44        X, y = get_pair(n_timesteps_in, n_timesteps_out, n_features)
45        yhat = model.predict(X, verbose=0)
46        print('input is ', one_hot_decode(X[0]), 'Expected:', one_hot_
          decode(y[0]), 'Predicted:', one_hot_decode(yhat[0]))
```

为进行对比，将模型更换成普通的 LSTM RNN，只需把第四步的代码更换成如下代码：

```
1    model = Sequential()
2    model.add(LSTM(150, input_shape=(n_timesteps_in, n_features)))
3    model.add(RepeatVector(n_timesteps_in))
4    model.add(LSTM(150, return_sequences=True))
5    model.add(TimeDistributed(Dense(n_features, activation='softmax')))
6    model.compile(loss='categorical_crossentropy', optimizer='adam',
     metrics=['accuracy'])
```

将模型更换成普通 LSTM RNN 后，预测准确率在 3% 左右，可以看到注意力机制对性能的提升是非常显著的。

基于注意力机制的优异性能，2017 年一篇出自谷歌的论文 "Attention is all you need" 提出了大名鼎鼎的 Transformer 网络。相较于 RNN，Transformer 在对长序列数据的记忆上效果更好，运算速度也更快，因而对自然语言处理领域产生了深远影响。笔者建议对自然语言处理感兴趣的读者阅读这篇论文，一定会受益匪浅。